JN180550

貝のストーリー

「貝的生活」をめぐる７つの謎解き

中嶋康裕 編著

東海大学出版部

Seven Biological Essays on Molluscan Life in Japan

Edited by Yasuhiro NAKASHIMA

Tokai University Press, 2016
ISBN978-4-486-02093-6

はじめに

アサリやハマグリなどの二枚貝，サザエやアワビなどの巻貝，ウミウシやナメクジ，それにイカやタコは軟体動物に分類される．これらの動物には体の内側にも外側にも骨格がないために柔らかく，櫛状の鰓をもち，外套膜と呼ばれる襞状の器官を備えているという共通点がある．外套膜から分泌される炭酸カルシウムでできた石灰質の殻をもつ仲間は「貝」と総称される．つまり，殻をもつことは軟体動物の二次的な特徴である．軟体動物を研究する学問分野は軟体動物学（malacology）であるが，日本の学術団体はこの英名を使いながらも，なぜか「日本貝類学会」と称している．殻のない軟体動物を研究している者にとっては，この名には少し違和感があり，ある種の肩身の狭ささえ感じる．しかし，長く同学会長を務められ，『貝のミラクル』（東海大学出版会，1997）を編集された奥谷喬司さんは，あとがきに「軟体動物学の本である」と記しながらも，書名に「貝」とつけることにためらいはなかったようだ．どうやら違和感を感じるのがおかしく，殻のない軟体動物を含めて「貝」と呼んでも不思議はないのだろう．そこで，前例を踏襲して，本書のタイトルにも「貝」と入れることにした．

学問の世界に国境はないとは言っても，お国柄のようなものも存在する．動物行動学を例にとると，日本には魚や昆虫の研究者がたくさんいるのに，アメリカやヨーロッパでは鳥や獣の研究が主流で，魚や虫は少数派となる．島国の日本では，魚にかぎらず水中の動物に親しみを感じる人が多い．そのため，甲殻類の研究者も多く，本も何冊もでている．それに比べると，「貝」について書かれた本はイカ・タコをのぞくとたいへん少なく寂しい状態で，『貝のミラクル』や『貝のパラダイス』（岩崎敬二著／東海大学出版会，1999）からもすでに20年近く経っている．しかし，この間にも「貝」の生き方についての研究は連綿と続けられていて，たいへん興味深く，そして意外な結果が発表されている．

山形出身の動物学者，阿部 襄さんが50年以上前に上梓した『貝の科学』（牧書店，1965）には磯の貝の暮らしぶりが詳しく紹介されている．時代的な制約もあって，阿部さんのおもな研究手法は徹底した観察と簡単な実験だけだが，たんに貝の行動を記述するのではなく，なぜそんな風に行動するのかを解き明かそうとする姿勢が貫かれている．阿部さんが観察した行動には，カサガイの仲間のヒラカラマツが毎日同じ窪みに戻る帰家習性など特別なものも含まれてはいるが，ただ這っているだけのなんでもない行動からもその貝の習性や能力を読み取ろうとするところに独自性がよく現れている．同じく1907年に生まれて，1973年にノーベル医学・生理学賞を受賞したオランダの動物行動学者ニコ・ティンバーゲンが1958年に著した“Curious Naturalists”（邦訳『好奇心の旺盛なナチュラリスト』思索社，1980）を彷彿とさせる．今読んでも新鮮に感じる内容なのだが，本の元となった研究はそれからさらに30年も昔に東北大学浅虫臨海実験所（青森）やパラオでおこなわれたもので，何本かの英文論文として発表されている．しかし，国内にかぎらず世界的にみても先見性のある優れた研究だったにもかかわらず，東北大学やパラオ実験所の紀要という知名度も流通性も低い学術雑誌に発表されたことや，阿部さんの関心が行動学から生態学にうつり，貝の行動の研究から離れたことなどから，その後顧みられることはほとんどなく，いつの間にか忘れ去られ，その研究を引き継ぐ人も久しく現れなかった．

この本は，阿部さんの志に倣って，80年の時を超えて現代版の『貝の科学』を書こうとした試みである．だから，貝殻を素に何かを語ることや，DNAを素に進化や系統を語ることはしていない．そのかわり，生きた貝の暮らしぶりから，その意味や仕組みを読み取ったストーリーが語られている．ときには，阿部さんの時代には存在しなかった研究手法が使われたり，新たな理論枠に基づいて解釈されたりもしているが，観察が研究の基本になっていることに変わりはない．ただ，阿部さんの本では磯の巻貝しか登場しなかったのに対して，この本では，殻のある貝，ない貝，海の貝，陸の貝など，できるだけ多様な軟体動物が登場することは大きく違っている．読み終えて，「貝もやるなあ」と感じてもらえると，たいへん嬉しい．

目次

第1章

暴走する愛
—カタツムリの交尾と恋の矢

木村一貴

オスでもメスでもあるということ

「あの子，すっごいカワイイ」「サッカーに真剣に取り組んでるとこに惚れた」．恋バナで盛り上がり，異性を意識するなんていうのはとても日常的なことだと思う．これは私たちヒトが，男と女に大別できるからこその世界だともいえる．しかし，自然界にはそうではない世界も多くあるのだ．そもそも性別がなく分裂して増えるような生物もいるが，この章では，ある1個体の中にオスもメスも存在する，そんな生物の恋愛模様・生き方に着目していきたい．そのような繁殖システムを雌雄同体と呼び，同じ時にオスかつメスならば同時的雌雄同体，時間をずらし一方から他方へ性転換するのであれば異時的雌雄同体（または隣接的雌雄同体）である（詳しくは中嶋，1997）．私はこれまで同時的雌雄同体の生物の繁殖行動を研究してきた．そのきっかけは至極単純で，「オスとしてはこう振る舞いたいけどメスとしてはああした方がメリットになるという状態があるんじゃないか？」，さらに，「どの行動のメリットが大きいかは交尾相手がどうふるまってくるかにも影響されるんじゃないか？」といったイメージを抱き，雌雄同体生物ではすごく複雑な行動決定がなされているだろうと想像したからである．今現在もこの考えのもとで研究を進行中であるが，これまでの研究成果の一部を紹介していきたい．

その前に，「オスとメスとで最適な振る舞い方が変わる」というのが妥当なのかを考えておこう．オスでもメスでも繁殖して多数の子孫を残すことの重要性に違いはないんじゃないか，と考える方もいるだろう．その意見はもっともであるが，オスとメスとでは大きく異なるものがある．それは配偶子の作り方である．オスとは小さい配偶子（精子）を生産し，メスとは大きい配偶子（卵）を生産する性だと定義される．雌雄異体生物の場合，オスとメスとの間にある差異（たとえば，オスだけがもつ立派な角や派手な体色など）を作り出す根源的な要因は，この配偶子に見られるサイズの二型性だといっても過言ではない．精子は，その小ささゆえに低コストであり大量に生産することが可能だ．一方卵はそうもいかず生産できる数は限られている．つまり，1個体のメスが保有している卵をすべて受精させたとしても，オスはまだまだ精子が余りまくっている状態だ．それゆえ，できるかぎり多くのメスと交尾をして，みんなに自分の子孫を残してもらうという戦略がオスには可能だということになる．しかしメスにとって，言い寄ってくるすべてのオスの子を残すのは産卵可能な卵数の面で不可能である．それゆえオスとは異なり，子孫にメリットを残せるような（たとえば，モテる容姿や健康的な身体を受け継がせられるような），良いオスを選択するべきだということになる．これこそが，「オスとメスとで最適なふるまい方が変わる」という状況である．たとえば，メスの選択にもれたオスが力で交尾を迫るというような，お互いが最適な行動をしようとすることによる対立は，生物界では日常茶飯事である．そして雌雄同体生物においては，体内のオスとメス両方の最適行動を考慮せねばならないのだ．

同時的雌雄同体な生物たち

さて，雌雄同体である生物といわれたとき，どのようなものをイメージするだろう．環形動物に含まれるミミズや再生することで有名な扁形動物のプラナリアあたりが定番だろうか．節足動物のフジツボやカメノテにも雌雄同体の種がいるし，本書第7章で出てくるカイメンの仲間にも多いようである．動物ばかりではない．私たちの目を楽しませてくれる美しい花々であるが，あれは繁殖のための器官であり，一つの花に雄しべと雌しべが含まれる雌雄同体というシステムを採っている．植物の場合興味深いのは，キュウリのように，一つの株が雄しべのみの花（雄花）と雌しべのみの花（雌花）の2種類を咲かせる，ということも可能な点だ．もちろんこの場合は雌雄同体の種である．イチョウのように，ある株は雄花のみ，別の株は雌花のみを開花させるという場合が雌雄異体の種ということになる．ここで挙げたものは一部であり，雌雄同体というシステムは生物界においてごく一般的なものなのである．そして，本書で扱われている貝（軟体動物）の中にも雌雄同体生物は多く含まれている．

軟体動物というと，やはり食のイメージではないだろうか．食卓を飾るイカやタコのお刺身，サザエのつぼ焼き，アサリのお味噌汁，そしてバジルの香りが食欲をそそるエスカルゴ．まあ，エスカルゴが日本の食卓に上ることは稀だろうが，カタツムリも軟体動物の立派な一員である．雨上がりにどこからともなく這い出してきたところを見かけた経験がある方も多いだろう．じつはカタツムリは，とても多様化した生物の一つであり，日本だけで800種以上確認されている．このカタツムリであるが，陸産貝類とも呼ばれ，海産・淡水産の巻貝と近い分類群である．より正確に述べると，カタツムリは陸上進出した複数種の巻貝を起源としている．そのため，あるグループの種は別グループのカタツムリより海産の巻貝に近い，ということになる（カタツムリを含む貝類全般の分類については，佐々木，2010に詳しい）．つまりカタツムリといっても起源によっていくつかのグループに大別できるのであるが，その中の一つが有肺類と呼ばれるグループである．他の原始紐舌目（げんしちゅうぜつもく）やアマオブネガイ目に属するカタツムリとは異なり，有肺類はおもに雌雄同体であることが知られており，本章での主役を演じてくれることになる．

カタツムリの奇妙な繁殖行動

雌雄同体という繁殖システムをもつ有肺類では，人の目を引く繁殖行動がいくつか報告されている．たとえばナメクジの交尾である．いきなりカタツムリじゃないじゃん，との意見もあるかもしれないが，ナメクジは進化の過程で殻を失ったものの，同じく有肺類に含まれる（そして雌雄同体だ）．そんなナメクジには，ひじょうに長いペニスをもつ種がいる（Baur, 1998 ; バークヘッド, 2003, pp 147-148）．コウラナメクジ属の *Limax corsicus* という種では60 cm もの長さのペニスをもち，体長の4～5倍相当にもなる．この属のナメクジの交尾はとても特徴的で，ねばねばの粘液で木の枝などからぶら下がりながら，2

図1-1 マダラコウラナメクジ *Limax maximus* の交尾（写真提供：Amgueddfa Cymru – National Museum Wales）．粘液でぶら下がりながら，白色半透明のペニスをお互いに絡ませ合っている．

個体がらせん状に絡まり合う．さらに，ふだんは体内に収納しているその長いペニスを露出させ，同様に絡ませ合う（図1-1）．そのくるくると回る姿が美しく，バレエを踊っているようと評されることもある．コウラナメクジ属のナメクジが多く分布するヨーロッパにおいて，この行動は古くから認識されてきたものの，なぜ，このように長いペニスをもっているのか，ぶら下がりながら絡ませることにどのような意味があるのか，など詳しいことはまだ判っていないのが現状である．

同様に，昔から研究者を含めた多くの人に認識されている有肺類の奇妙な繁殖行動に，ダートシューティング（dart shooting）と呼ばれ

図1-2　交尾中のカタツムリの姿勢．生殖口を密着させ，両方の個体が相手にペニスを挿入している．

図1-3　ラブダートを出すカタツムリ．交尾中に軽く突いてカタツムリ間に距離を取らせている．左側の個体がラブダートをパートナーの喉元に突きつける格好だ．

るものがある．それは交尾の際に，「ラブダート（Love dart）」もしくは「恋矢（れんし）」と呼ばれる硬い槍状構造物でパートナーに対しシュートしてグサグサと刺す，という行動である．なんと有肺類カタツムリには交尾の際に特別な武器を用いる種がいるのだ．同時的雌雄同体なので，1回の交尾でお互いにダートシューティングをおこない，そして互いにペニスを挿入し合うことになる．図1-2は，交尾真っ最中のカタツムリであるが，頭部をお互いにくっつけているように見える．じつは，カタツムリの生殖器は頭部付近にある．正確には，体内に収納されている生殖器への入口（生殖口と呼ばれる）が，人間でいえば頬のあたりにあるということだ．そして頬どうし（つまり生殖口どうし）を密着させて交尾をおこなう．日本産カタツムリの場合，ダートシューティングはこのような密着時におこなわれるので，気づかれないことも多い．しかし，綿棒などで軽く突いて距離を取らせてみるとラブダートが確認できる場合もある（強すぎると全身を引っ込めてしまうので注意が必要だ）．図1-3は，そのように距離を取らせたところである（図1-2とは別の種）．2個体をつなげる灰色の管がペニスである（よく見ると2本あるのが判るだろう）．そして，左側の個体が出している白い構造物がラブダートである．これを密着して刺すのであるから，かなり深く刺さるということが判る．ラブダートのサイズ（体サイズとの相対サイズ）は種によってさまざまであるが，驚くべきことに，大きすぎるラブダートをもつ種だと深く刺さるどころか，パートナーの体を突き抜けてしまう場合もある．その極端な例が，「動物行動の映像データベース」というウェブ上のデータベースに登録してあるので，可能な方は閲覧してみて欲しい（データ番号：momo150520un01b）．「動物行動の映像データベース」のトップページで「突き抜けるラブダート」というキーワードで検索すれば，登録された映像にたどり着ける．生で見てみたい，という方もそれほど困難ではないだろう．沖縄と北海道北部以外には，大き目で比較的観察しやすい種が分布している．林縁などで500円玉内外のサイズの殻をもつカタツムリを見かけたら，それはオナジマイマイ科（Bradybaenidae）マイマイ属に含まれる種である可能性が高い．乾燥させないよう注意しながら虫かごなどで飼育していれば交尾は観察できるだろう．運任せになってしまうが，あとは気長に待っていればダートシューティングのタイミングにうまく出会う日もくるのではないだろうか．同程度のサイズで，オナジマイマイ科ニッポンマイマイ属に含まれるカタツムリもいるが，そちらはダートシューティングをしない．試してみようという場合，カタツムリの種類について少し下調べをしてから実行してほしい．もう一つ注意事項として，カタツムリには人体に悪影響を及ぼす可能性がある寄生虫がいるかもしれないので，素手で触ったときは必ずよく手を洗うべきである．

ラブなの？

前節でダートシューティングの概要を説明したが，カタツムリはなぜこのような行動をするのだろうか？　18世紀半ば，その理由を説明しようと試みた最初の人物が現れた．「ラブダートを刺すことによってパートナーを刺激し興奮させる，そして自分との交尾を促している」，その人物はそのような仮説を立てたのである．そしてそのことを，ギリシャ神話の神エロスが矢で他の神を射抜き，恋に落とすことになぞらえて表現した．しかし，それ以降長い間検証されることなく仮説のままであった．20世紀も終わりに近づいてきた頃ようやく，ダートシューティングの効果に関して科学的に再考されることとなったようだ．その結果，残念ながら，振る舞いは似ているもののカタツムリが神エロスと同様の能力を備えているという仮説は否定された．これはラブダートでパートナーを刺すことに失敗してしまったとしても，成功した場合と比較して，交尾が成立しにくくなるわけではなかったからである（詳しくはChase, 2007の総説参照）．

ちなみに，カタツムリを歌った有名な童謡の歌詞に「ツノ出せ，ヤリ出せ，アタマ出せ～」というのがあるのは知っている方も多いだろう．殻に引っ込んでしまったカタツムリ，まず出てくるのはアタマである．そして頭部から生えている2本のツノが出てくる（ツノというが実際は目である）．それではヤリとは何だろうか？　一説には，ラブダートがヤリであるといわれているようだ．日本で童謡に残るぐらいである，カタツムリの交尾を見た大昔のギリシャ人も，その効果について考え，神話に反映させていたとすれば夢のある話だ．どちらについても，今となっては知るすべがないのが残念である．

さて，ダートシューティングをおこなう意味について話を戻そう．性的興奮を誘っているわけではなかったが，それ以外にも，「パートナーにカルシウムをプレゼントしている」という仮説が提唱されたこともある．こんなプレゼントの渡し方ってないだろうと思われるかもしれないが，このような説が提唱されたのにもそれなりの理由がある．まず一つに，当時ダートシューティングの研究で対象とされていたのは*Helix*属・*Cornu*属・*Cepaea*属の数種のみであるということが影響している．この三つの属はすべてマイマイ科（Helicidae）に含まれ，それなりに近縁なグループである．前節でダートシューティングを紹介した際に，グサグサと刺すと説明したのだが，じつはマイマイ科のカタツムリではそうではないのだ．「グサッ」なのである．つまり，1回の交尾で繰り返し何回も刺すのではなく，たった一撃にすべてをかけている．そして一撃を放った後，そのラブダートは自身の身体から切り離され，パートナーに刺さったままになる．しかも，何かの拍子で抜け落ちたときには，刺さっていたそのラブダートをパートナーが食べることも珍しくない．マイマイ科のカタツムリに着目し，そのような場面に出くわした研究者がプレゼント仮説を唱えるのもうなずける話だと言えよう．そしてもう一つ，ラブダートの主成分は炭酸カルシウムであり卵生成に必要不可欠なカルシウムが含まれているという事実も仮説をサポートしているように見えた．ラブダートを（つまりカルシウムを）与えてパートナーの産卵数が増加するのであれば，自身の子どもを産んでくれる数も増加する可能性があるだろう．このようなことからもっともらしく聞こえる仮説ではあったのだが，こちらも現在では否定されている．ラブダートがパートナーに渡される（刺さったままになる）のは一部の分類群であり，そうではない種も多くいることが判ってきたことが否定の理由の一つである．それにくわえて，そもそもラブダートに含まれるカルシウム量は，卵形成に必要な量と比較してとても微量だということが明らかにされたことも大きい（Chase, 2007）．そのようなちっぽけなプレゼントでは産卵数の増加は見込めないだろう．ちなみに，マイマイ科のカタツムリたちは，失ったラブダートを次の交尾までには再生産する．このような使い捨てはカルシウム量が少なくて済むからこそ可能な方法なのだろう．

以上の二つの仮説はともに，（「ラブ」ダートの名のとおり？）交尾している2個体のカタツムリが平和的な関係を築いているという考えを元にしたものであった．ダートシューティングという行動を知り（さらにその映像を見て），暴力的な行為であると感じた方は，そのことに違和感をもったかもしれない．私自身も，研究の開始当初に初めてこの行動を観察したときは，なんと痛そうなことをするのかと驚いた．もっと自己中心的な理由が存在しそうである．そこに愛はあるのだろうか？

特別な分泌液の注入とその効果

カタツムリは「開けゴマ」と唱える

交尾時以外では，ラブダートは体内の恋矢嚢という部位に収納されている．そして，多くの場合，恋矢嚢の付近には特別な付属腺が存在している．その付属腺からの分泌液は，ダートシューティングの際にラブダートの表面をコーティングしていて，パートナーに刺さることによって体内に送り込まれる．つまり，ダートシューティングという行動は付属腺液の注入のためにおこなわれているようなのである（Adamo and Chase, 1990；Chase, 2007）．それでは注入された付属腺液はどのような作用をもつのだろうか？　ダートシューティングは交尾時におこなわれるので，とくに生殖器への影響が重要だと考えられる．そこで次のような実験をおこなった．この実験で登場するのはミスジマイマイ *Euhadra peliomphala* という種である．

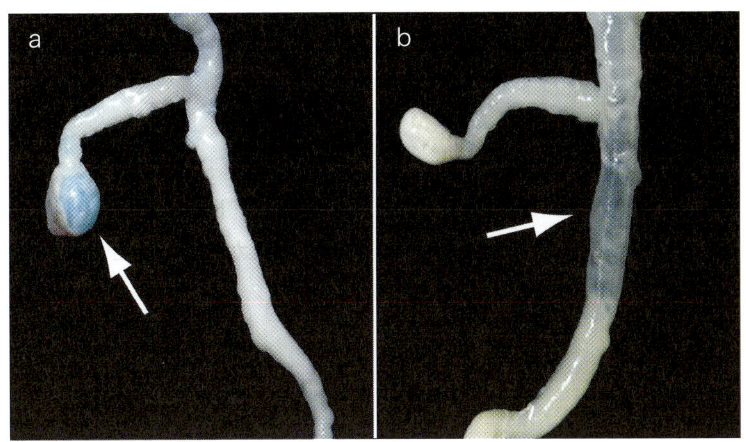

図1-4　生殖器のメス部分の一部．着色生理食塩水が到達した部位が矢印で示されている．(a) 生理食塩水を注射したとき．(b) 付属腺液を注射して，ダートシューティングを擬似的に再現したとき．Kimura et al., 2014を改変．

まず，ある個体の付属腺液を取り出して，麻酔された別のカタツムリに注射器で打ち込んでやる．これはダートシューティングを擬似的に再現した処理である．そして，生殖口（生殖器への入口）にプラスチックチューブを挿入し，着色された生理食塩水を送り込む．そうすることにより，生殖器内に存在するいくつかの通路のうちどこで物質流動が生じやすくなっているのかを調べたのである．図1-4は生殖器の一部を示しているのだが，図1-4a は付属腺液ではなく単なる生理食塩水を注射したときの結果，図1-4b は付属腺液を注射したときの結果である．図の上側から流れてきた着色生理食塩水の到達した部位（図中の矢印）が図1-4の a と b で異なることが判るだろう．つまり，ラブダートをコーティングしている付属腺液には，何らかの生理的変化を誘導し生殖器内の物質流動状態を変える効果があるということが明らかになったわけである（Koene and Chase, 1998 ; Kimura et al., 2014）．これは例えると，通行が制限されていた道路を解禁し，通行が自由だった道路を通行止めにしているようなものだ．「開けゴマ」「閉じろゴマ」と呪文を唱え通行量を操作しているのであるが，では，通行止めにされた，または通行量が増加したのはどのような道路なのだろうか．図1-4a での到達部位，つまり付属腺液によって通行止めにされた先にあるのは交尾嚢と呼ばれる器官だ（この部位を交尾嚢と呼ぶべきかどうかの議論もあるが，ここでは便宜的にその名称を用いる）．交尾嚢の役割の一つは，なんと交尾で受け取った精子を消化・吸収することだ．なぜそのような器官があるのかは後で述べるとして，せっかく渡した精子を消化されてしまっては卵を受精させることなどできない．精子の渡し手としては，交尾嚢への道路が通行しやすくなっているのはたまったものではないといえ，そこを通行止めにすることは渡した精子が受精に成功する確率を高めることになるだろう．それでは，通行量が増加した方の道路の先には何があるのだろうか．さまざまな器官があるのだが，精子にとって重要なのは貯精器官があることだ．その名のとおり，受精まで精子を貯めておく器官である．貯精器官にたどり着いた精子すべてが卵を受精させることができるわけではないが，そこへ到達することが受精への第一歩であるのは間違いない．つまり，交尾時にラブダートを刺してパートナーに付属腺液を注入すると，渡した精子は通常閉じている道を押し通って貯精器官へたどり着けるようになると想像できる．

実際にこの効果が絶大なものであることは，カナダの研究グループが明らかにしている．ラブダートをきちんとパートナーに刺すことができた場合では，渡した精子の貯精率は増加したし，貯精された精子が受精に成功する確率もちゃんと増加していた（Chase, 2007）．つまり，ダートシューティングをおこない付属腺液を注入することで，パートナーの生理状態を操作して自身の子どもを産ませているようなのである．

カタツムリはパートナーを萎えさせる

ダートシューティングによって閉じた道をこじ開けていることが明らかにされたわけだが，近年，その行動の効果はそれだけに留まらないことが判ってきた．精子消化の妨害だけではなく，あの手この手で受精成功率を高めようとするカタツムリの姿を紹介していこう．

カタツムリが交尾嚢という精子消化器官をもっていることは先に述べたが，これはなぜだろうか．じつは，カタツムリだけではなく，交尾をして体内受精をおこなうような雌雄同体生物では精子消化器官をもつのが一般的であり（Michiels, 1998），雌雄同体ならではの理由があるのだ．たとえば雌雄異体生物のメスを考えてみよう．保有している卵の受精に十分な交尾を経験した後，言い寄ってくるオスを追い払い続けられさえすれば，精子を受け取りすぎるなんて状況はそこまで起こらないだろう．しかし，同時にオスでもメスでもある場合はどうか．先に述べたように卵は精子のように大量に生産できるものではないので，メスとしては十分な精子を受け取ったけれど，オスとしてはまだまだ精子を渡すことができる，という状況が訪れる．そして新たなパートナーを見つけ，そのオスとしての欲望を満たすのだ．こうしてメスとしては過剰な交尾をこなし，受け取りすぎた精子の処理をする必要性が生じたために消化器官が進化してきたと考えられる．じゃあ交尾のときに精子を渡すだけで受け取らなければいいじゃん，というツッコミもあるだろうがここでは深く考えはしない．確かに，雌雄同体生物であっても，1回の交尾で片方の性的な役（オス役かメス役）しかこなさない種類もいる（たとえば，本書第4章で紹介されているイソアワモチの仲間など）．しかし，それでもオス役ばかりとるというわがままはとおらないために，やはり精子を受け取りすぎることになるのだろうと考えられる．

いずれにせよ，精子消化器官の必要性が生じるほど交尾をおこなうということは，ある個体の体内に多くの個体由来の精子が存在することになる．多くの子孫を残すためには，他の個体由来の精子に打ち勝って受精を成功させねばならない．精子の間で生じる卵を巡る競争のことを「精子競争」と呼ぶのであるが，ダートシューティングをおこなってパートナーの精子消化を妨害するのも精子競争への戦略だということができる．しかし，せっかく交尾をしたパートナーも，それまでに何回も交尾しているかもしれないし，それ以降も交尾し続ける可能性が高い．しかもどの個体もダートシューティングで消化妨害をして貯精を促進しているのである．他にも何か策を講じないと心許ないのではないだろうか？　そこで，ダートシューティングに他の精子競争戦略としての効果もあるのかを調査するため，次のような実験をおこなった．今回登場するのはヒダリマキマイマイ *Euhadra quaesita* という種だ．さきほどのミスジマイマイとは同属の種である．

まず，交尾時にラブダートで刺されたカタツムリと刺されなかったカタツムリとで次の交尾をおこなうまでの期間に差があるかを調べた．刺されなかった場合をどのように意図的に作成したのとかいうと，ダートシューティングのある性質を利用している．それは未交尾個体がラブダートをもっておらずダートシューティングをおこなわない，というものだ．つまり，1回交尾を経験した後ラブダートを作り始め，2回目以降からようやくそれを使用するのである．これがなぜなのかは今のところ不明なのだが，この実験で用いたヒダリマキマイマイが含まれるオナジマイマイ科ではそれが一般的なようである．先の説明を言い換えると，未交尾個体と交尾したカタツムリ（＝刺されなかったカタツムリ）と交尾済み個体と交尾したカタツムリ（＝刺されたカタツムリ）とで再交尾までの期間を比較した，ということになる．図1-5aはその結果を示している．交尾済み個体と交尾をおこないラブダートで刺されたカタツムリは，再交尾までに15日程度要し

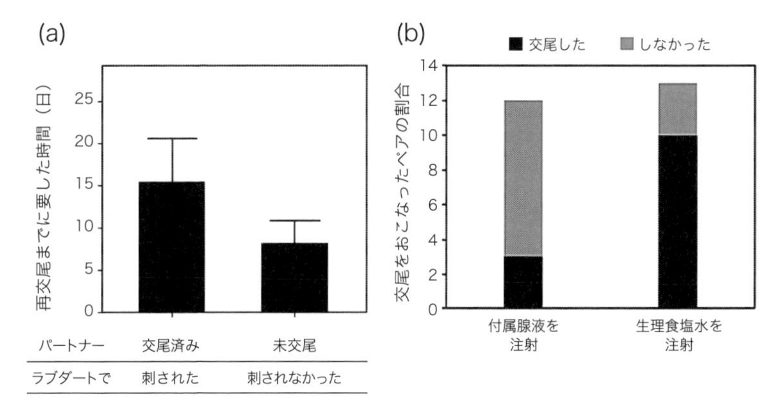

図1-5 (a) ダートシューティングが及ぼす再交尾しやすさへの影響．再交尾までに要した平均日数と標準誤差．サンプル数は両グループとも N = 20．Kimura et al., 2013 を改変．(b) 付属腺液が及ぼす交尾しやすさへの影響．実験期間内に交尾したペアの割合．

た．それに対して，未交尾個体と交尾をおこない刺されることを回避したカタツムリは，7日程経てば再交尾をおこなった（Kimura et al., 2013）．どちらの場合でも，再交尾をさせるパートナーはしばらく隔離された交尾に飢えた個体であったのだが，これだけの違いが生じたのは驚きだといえよう．「ラブダートで刺されると再交尾までの期間が長くなる」という新事実が得られたのだ！

いや，ちょっと待とう．この段階でそう結論づけるのは早計である．こちらが勝手においた「未交尾個体と交尾済み個体との違いは，ダートシューティングをするかどうかだけである」という仮定があるからだ．この仮定が正しくなかったとき，再交尾までの期間の差が，（なんだか判らないけど）じつは存在したそれ以外の違いによってもたらされた可能性が残ってしまう．ラブダートで刺されることこそがキーであるのかどうかを検証する必要がある．そこで次のような実験をおこない検証した．

鋭利なもので刺すという物理的刺激も重要なのかもしれないが，大まかにいえば，ダートシューティングとは付属腺液を注入するということが重要な意味をもつ行為だ．生殖器への効果を調査したときと同様に，付属腺液を人為的に注射する方法がここでも役立つだろう．おこなったことはとてもシンプルなもので，隔離され交尾に飢えた状態のカタツムリ2個体を，付属腺液を注射した後に一つのケース内に入れ，10時間以内に交尾をおこなうかを調べた．図1-5bはその結果を示している．比較のために生理食塩水を注射したカタツムリでは多くのペアが交尾したのに対して，付属腺液を注射したカタツムリはあまり交尾することはなかった（Kimura et al., 2013）．ここでの実験処理の差は，注射したのが生理食塩水か付属腺液かという違いのみである．ゆえにこの結果からは，付属腺液には交尾をしにくくする効果があるといえるだろう．二つの実験結果をまとめると，つまり，1番目の実験で確認された「交尾済み個体と交尾しダートシューティングを受けたカタツムリでは，再交尾までの期間が長くなる」という現象は，ラブダートで刺されたこと，もっといえば，ラブダートで付属腺液を注入されたことに起因していると結論づけられる．新事実が得られたのだ！

ダートシューティングには，精子消化を阻害することだけではなく再交尾を抑制する効果もあることが判ったのだが，この効果は精子競争と関係があるのだろうか？　じつは再交尾を抑制する行動じたいは多くの動物で精子競争戦略として進化してきているものである．たとえば，交尾終了後もメスを離さないトンボやメスの生殖器に栓をして再交尾できなくするオサムシなどが挙げられる．パートナーの再交尾が遅れれば，その間に多くの精子がきちんと貯精器官にたどり着けることになるだろう．また，パートナーが再交尾してしまうと新規の個体由来の精子がライバルとして加わることになる．それまでの精子競争が比較的弱い内に，なるべく多く産卵してもらえれば自分の精子が受精に利用してもらえる確率が高まるだろう．精子競争戦略としてとても優れたものだと考えられる．ではカタツムリにおいても，ラブダートを刺した個体はこのようなメリットを得ているのだろうか？それを考えるうえで重要な点がある．それは再交尾抑制のメカニズムである．たとえば，付属腺液を注入されて体調が悪くなったため再交尾ができなくなっていたとしたらどうだろう．たとえ交尾をしなくても同時に産卵もしなくなってしまったのではあまりメリットはないのではないか．そこで体調を悪化させずに再交尾を抑制しているのか，もしそうならばどのようなメカニズムなのかを調べるために次のような実験をおこなった．

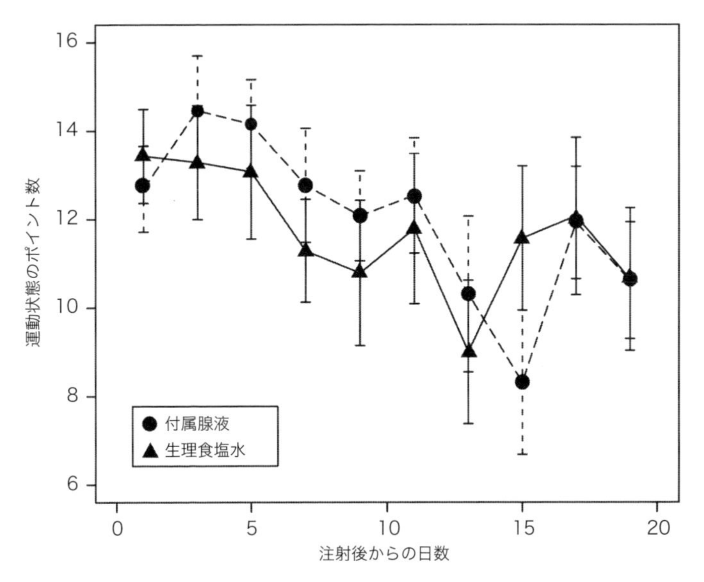

図1-6　付属腺液が及ぼす体調への影響．平均ポイント数と標準誤差．サンプル数は，付属腺液グループがN = 13，生理食塩水グループがN = 14．Kimura et al., 2015を改変．

まず，付属腺液を注射したカタツムリが元気に動き回るのかを調べるために，注射日の翌日から，湿度が高く保たれたケースにカタツムリを移動させ運動状態を観察した．再交尾抑制の効果が19日間は維持されることが先述した実験で判っていたため，1時間おきのチェックを10時間おこなうという作業を19日後まで1日おきに繰り返した．そして，運動状態の評価は次のようにおこなった．殻に体を引っ込めているとき0ポイント，体は殻から出ているが止まっているとき1ポイント，這っているとき2ポイント．ずっと動き回っていれば1日20ポイントということになる．図1-6はその結果を示している．生理食塩水を注射したカタツムリの運動状態と比較をしたが，注射後19日間すべてにおいて，動き回る量に違いは見られなかった（Kimura et al., 2015）．つまり，付属腺液を注入してもカタツムリの体調は悪化せず正常に動き回れることが明らかになったのである．

次に，付属腺液を注射したカタツムリが性的に興奮する状態なのかを調べるために，注射日の翌日から，交尾に飢えた個体と同じケースに入れて求愛行動を受けたときの性的興奮具合を観察した．こちらも

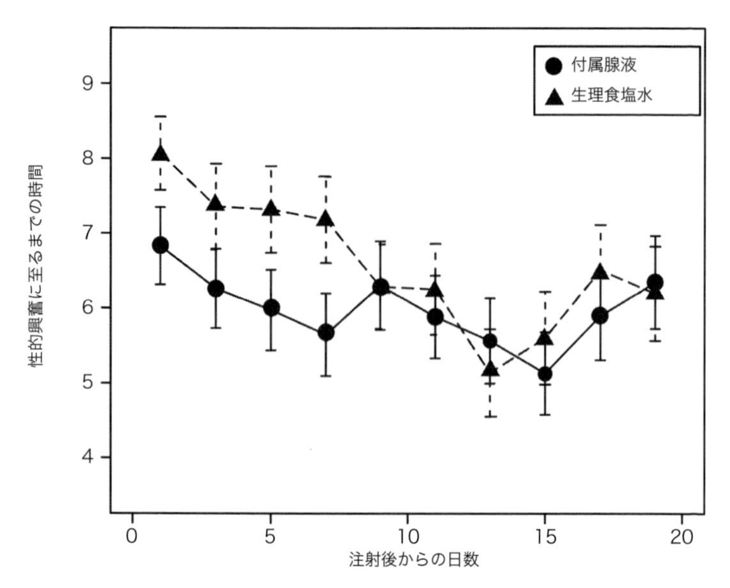

図1-7　付属腺液が及ぼす性欲への影響．興奮するまでの平均時間と標準誤差．サンプル数は両グループとも N＝25.

同様に19日後まで1日おきに10時間のチェックをおこなった．性的興奮状態にあるカタツムリが判るのかと驚かれるかもしれないが，ここで用いられたヒダリマキマイマイはとても判りやすい．求愛されたり魅力的な個体と出会ったとき，性的に興奮すると目と目の間が瘤のように膨らむのである（これは頭瘤（とうりゅう）と呼ばれる）．また，生殖口も同様に膨らむことがある．この実験ではこの2点のどちらか一方でも見られた場合，性的興奮状態と見なした．図1-7は興奮するまでの時間を示したグラフである．生理食塩水を注射したカタツムリと比較して，注射の7日後までは興奮するまでの時間が長くなっていることが判る（木村ほか，未発表）．つまり，付属腺液を注入するとカタツムリは性的に興奮しにくくなるといえるだろう．しかし，この性欲減退という発見じたいは興味深いものの，再交尾抑制のメカニズムを調べるという目的での実験結果としては少し物足りないものだった．なぜならば，以前の実験では10時間あっても交尾しなかったが，今回の実験では最終的に興奮した個体の割合には差がないからだ．さらに，再交尾が抑制されていたのは19日間だったが，ここでは7日間の性欲減退が見られるにとどまった．つまり，付属腺液の注入によって性的に興奮しにくくなるだけでなく，興奮状態に至っても交尾が成立しにくくなる何らかの変化が起きるのかもしれない．そしてじつはそちらの変化の方が19日間維持される可能性もある．付属腺液を注入されたカタツムリが，性的興奮後にどのようにふるまうかを調査するなど，このギャップを埋めるための実験が今後必要であろう．

ただし，この性的興奮についての実験では，最初の実験結果を考慮するための時間設定をしたが，現実世界では2個体のカタツムリが10時間も接触し続けるという状況はまずないだろう．ここで見られた性欲減退の効果が現実世界では再交尾抑制の戦略として十分な働きをする可能性もある．実験室で確認されたダートシューティングによる再交尾抑制や性欲減退という効果が，野外環境で及ぼす影響の強さについても今後検証していく必要がある．

まとめると，ダートシューティングによる付属腺液の注入は，パートナーの体調を悪化させることなく再交尾を抑制することができる．性欲減退の効果が再交尾抑制のメカニズムかはまだ不明であるが，やはり再交尾の抑制効果も精子消化の阻害と同様にダートシューティングの精子競争戦略としてのものだと考えられるだろう．

ちなみに，精子消化阻害についての実験ではミスジマイマイ，再交尾抑制についての実験ではヒダリマキマイマイを使用した．同じマイマイ属に含まれる近縁種であるが，もしかすると，ダートシューティングの効果は種によって違うんだと理解する方もいるかもしれない．正直にいえば，そのような可能性が生じないように同じ種を使いたかったのであるが，数十個体のカタツムリを解剖してしまう実験を一つの種で繰り返しおこなうことはできなかったので，仕方なく近縁種で調べている．きちんと調べるためには，ミスジマイマイでの再交尾抑制やヒダリマキマイマイでの精子消化阻害の実験をする必要がある．しかし，効果が種によって異なる可能性は低いと考えられる．なぜなら精子消化阻害についての実験はマイマイ科のヒメリンゴマイマイ *Cornu aspersum* という種についてもおこなわれており，同様の効果があることが判っているからだ．今のところ，どの種もダートシューティングによって精子消化阻害と再交尾抑制をしているのだろうと考えている．

すでにあるものを使い回して大きな効果

ここまでの話で，ダートシューティングという奇妙な行動が，精子消化阻害と再交尾抑制の効果をもつ精子競争戦略であるだろうことが判ってきた．雌雄同体のカタツムリにとって，精子競争に勝利することがいかに重要であるかがうかがえる．しかし，強い精子競争に直面したからといって，ラブダートでパートナーを刺して付属腺液を注入するという複雑な行動を簡単に獲得できるわけでもないだろう．そこで，カタツムリがどのようにダートシューティングを獲得したのかについて考えたい．それにはラブダートと付属腺液という道具が最低限必要になる．

まず，付属腺液とは何だろう．カタツムリが，パートナーの生殖器内の物質流動を変化させたり交尾をしにくい状態にしたりと，都合よく操作できる付属腺液を保有しているのはなぜなのだろう．それを説明する考えとして，「雌雄が同体である」という性質が大きく影響しているとする，感覚トラップ仮説というものがある．雌雄同体生物は，その性質上，体内での繁殖機構を調節するための物質セット（ホルモンなど）をオス・メス両方の性用に備えておかなければならない．たとえば，オスとして必要になる精子生産を誘導する物質も，メスとして必要になる排卵の誘導物質も同様に欠かせないものなのである．そして同種であれば，個体間でその調節物質にはほとんど違いはないであろう．つまり，自身のメス部分を調節するために生成した物質セットは，他個体のメス部分にも効果が期待できるということになる．それゆえ，自身のために生成する調節物質を使い回して，交尾パートナーの物質への感受性（感覚）を利用してしまおうという戦略が，雌雄同体では容易に進化し得ると考えられる．これが感覚トラップ仮説である．では，ダートシューティングで使用される付属腺液もそのような使い回しの調節物質なのであろうか？　このことを調べるため次のような実験をおこなった．この実験では再度ヒダリマキマイマイを用いている．

まず，付属腺液にどのようなペプチド・タンパク質が含まれているかを網羅的に調べた．さまざまな化学物質の中でタンパク類に絞ったのは，カタツムリの調節物質として重要なものがタンパク類であることが多かったためである．次に，付属腺液から検出されたタンパク類が，軟体動物のタンパク類に関するデータベースに登録されているものと対応するか調べた．軟体動物がどのようなタンパク質を生成し利用しているのか，そのタンパク質の機能はどのようなものか，といった事柄を先人たちが調べ蓄積してくれたデータベースがあるのだ．いくら感謝しても足りない，というのももちろん本心であるが，じつは現段階では，軟体動物のこのデータベースはそこまで整備されていない．今後データの蓄積が進めば付属腺液について判ることも増えるだろう．しかし，この段階での調査においてもすでに知られているタンパク類が300種類以上は含まれていることが明らかになった（木村ほか，未発表）．それでは，自身のメス部分をコントロールするために利用している物質がどれぐらい付属腺液に含まれていたかというと，そのうち15種類であった．機能を逐一記すことはしないが，生殖器内での物質輸送に関わると考えられるタンパク類は含まれていた．もしかすると精子消化阻害に役立っているタンパク類かもしれない．しかし，残念ながら，再交尾抑制を説明できそうな物質は含まれていなかった．ただし，ここでは実験設備の能力上，網羅的な調査といっても小さすぎる物質は把握しきれていない．かなり取りこぼしがあると考えられる．より高精度の実験がおこなえれば，既知の調節物質がより多く発見できる可能性は高いだろう．いずれにせよ，メス用の調節物質を多く含んでいることから，感覚トラップ仮説は正しく，カタツムリは調節物質をわざわざ特別な付属腺に貯めてパートナーを操作するために転用していると考えられる．

それではもう一つの重要な要素，ラブダートはどうなのだろう．軟らかい体の中に硬い武器を作れるのはなぜだろうか．不思議な気もするが，じつは驚くべきことでもないのかもしれない．なぜなら，カタツムリは硬い殻を作る能力を備えているのだからだ．どちらも炭酸カルシウムで硬度が保たれたものだ．（遺伝子によって制御された）殻を作るメカニズムを下地にして，殻を作る材料を利用すれば，ラブダートを生成することはそこまで困難ではないのかもしれない．もちろん，ラブダートを体内のあるべき場所で生成するために多くのアレンジが必要なのは間違いないが，殻形成の材料とメカニズムを転用してラブダートを獲得した可能性は高いようにみえる．こちらのラブダートに関しては，検証したいと考えている仮説の段階にすぎない．しかし，ダートシューティングが，既存のものの使い回しの連続で進化してきたものであり，カタツムリのものづくりに関する巧みさを示せる日も遠くないと考えている．

暴力なの？

ここまでの話で，ラブダートをパートナーに刺すことのメリットが示され，カタツムリが自身の繁殖成功を高めるためにダートシューティングをおこなっていることが解明されてきたといえるだろう．やはり，刺して恋に落としたりカルシウムをプレゼントしたりという平和的なものではなく，より自己中心的で暴力的な行動だったのだ，と納得した方も多いかもしれない．しかし，ここでもちょっと待ってほしい．確かに付属腺液を注入してパートナーの生理状態を操作しているようだが，先の実験では注入されてもとくに体調は悪くならず元気に動き回っていたではないか．暴力的というほど刺されたカタツムリはダメージを被るのだろうか？　見るからに痛々しいふるまいであるとは思う．人間であれば頭部付近を槍で貫かれればきっと致命傷だろう．しかし，先入観で物事を述べているだけの可能性もある．これはカタツムリの話なのである．硬い殻をもっているが，イカやタコと同じく（体の軟らかさが売りの？）軟体動物に属する生物なのである．もしかしたら，ラブダートで刺されるぐらいでは，足つぼマッサージみたいに痛気持ちいいというレベルのものなのかもしれない．そこで，ここからはダートシューティングの暴力性について検証していこう．今回の実験で登場するのはコハクオナジマイマイ *Bradybaena pellucida* という種になる．

ここでも最初に，未交尾個体と交尾済み個体を利用してラブダートで刺される場合と刺されない場合で実験をおこなう．まず，研究室で孵化した子どもを性成熟まで単独飼育して未交尾のカタツムリを用意し，4個体の交尾済みのパートナーと交尾をさせる（つまり毎回ラブ

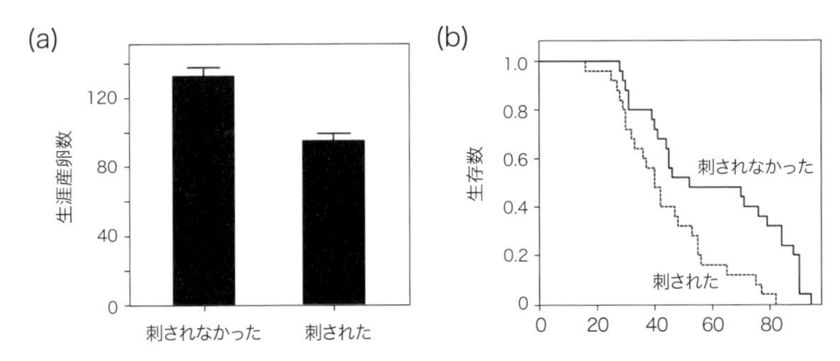

図1-8 (a) ダートシューティングが及ぼす生涯産卵数への影響．平均産卵数と標準誤差．サンプル数は両グループとも N = 25. (b) ダートシューティングが及ぼす寿命への影響．生存率の時間経過．サンプル数は両グループとも N = 25. Kimura and Chiba, 2015を改変．

ダートで刺されることになる)．4回の交尾後，産卵が可能な環境条件で飼育を開始し，死亡するまでの期間とその間に産んだ卵数を調べてみた．図1-8a は産卵数についての結果を示している．未交尾個体と交尾をしダートシューティングを受けることがなかったカタツムリと比較して，毎回刺されたカタツムリは生涯での産卵数が約30％も低下していた (Kimura and Chiba, 2015)．生存期間についての結果は図1-8b に示されているが，こちらも傾向は同じであった．交尾時にラブダートで刺されたカタツムリたちは，その後あまり長生きはできず，平均の生存期間は約25％も短くなった．産める子どもの数は減るわ寿命は短くなるわ，踏んだり蹴ったりである．さて，再交尾抑制に関する実験のところでもそうだったが，この段階では刺されたことが原因で起こったことなのかどうかはまだ断言できない．「未交尾個体と交尾済み個体との違いは，ダートシューティングをするかどうかだけである」という仮定の妥当性を考慮せねばならないということだ．今回の実験では，事前に2個体の未交尾個体を1回だけ交尾させて交尾済み個体を作成している．1回交尾をしたかどうかの違いしかないのであるから，この仮定は正しそうな気もするが，しかし，次のような仮説だって可能性としては考えられるだろう．

(1) 精子不足仮説：交尾済み個体は事前に1回交尾をしただけだが，その交尾によってオスとして枯れてしまって，あまり精子を渡すことができないかもしれない．もしそうならば，交尾済み個体とだけ交尾したカタツムリは精子をほとんど受け取っていないことになる．これでは産卵数が低下するのもうなずける．雌雄同体なのだから，自分の精子で受精させればよいではないかと思う方もいるだろう．確かに雌雄同体という繁殖システムがもつメリットの一つは自家受精が可能であるという点だといえる．しかし，雌雄同体カタツムリのどれぐらいの種が自家受精するのか，するとしたらどれぐらいの割合なのか，ということに関する研究は十分になされていないものの，どうやら自家受精をメインに据えているのは限られた種のみのようである．ここで用いられたコハクオナジマイマイに関しても，自家受精の割合はごく少なくほぼ他個体の精子を利用して繁殖する．それゆえ，精子不足は産卵数に影響する可能性はある．さらに付け加えると，精子は大量に生産できると最初に説明したのにも関わらず1回で枯れるかもしれないのか，とのツッコミもあるかもしれない．確かに一般的な経験則からは外れるかもしれないが，何にでも例外は存在するものだ．なにより「勝手に置いた仮定」を検証しようとしているところなのだから，さらに仮定を置いていくと科学的に不確かさが増してしまうだろう．それは避けるべきところだ．では，この可能性を検証した実験について述べていこうと思う．

まず，産卵数などを調べた先の実験と同様に，新たに用意した交尾済み個体もしくは未交尾個体を交尾させる．交尾終了直後に解剖して，渡した精子を調査する．精子は粘性のある精液と一体になって，精子塊を形成した状態で渡されるので，ここではその精子塊の乾燥後の重量を測定している．先の実験では4回交尾をさせているので，もちろんここでも1回目から4回目まで各回で渡した精子がどの程度なのかを調査している．しかし，傾向は変わらないので1・4回目の交尾時の結果だけを図1-9aに示す．未交尾個体と比較して，交尾済み個体の渡す精子塊が少ないということはなく同程度であることが判った（Kimura and Chiba, 2015）．やはり，1回の交尾でオスとして枯れてしまうなんてことはないようである．つまり，交尾済み個体と交尾したカタツムリは精子不足に陥ってはいないが産卵数が少ないのだ．

ではもう一つ仮説を考えよう．(2) オスとして頑張りすぎ仮説である．仮説1は交尾済み個体と未交尾個体が渡す精子，つまりオスとし

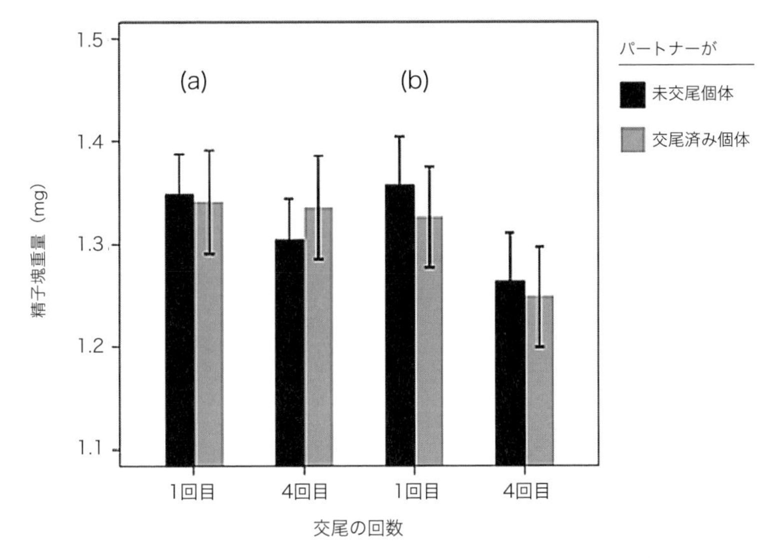

図1-9　(a) 1回目と4回目の交尾で受け取った精子．平均精子塊重量と標準誤差．サンプル数はどのグループも N = 21．(b) 1回目と4回目の交尾で渡した精子．平均精子塊重量と標準誤差．サンプル数はどのグループも N = 21．Kimura and Chiba, 2015を改変．

ての側面に着目している．ここではメスとしての側面に着目していることになる．交尾済み個体は，1回ではあるが交尾を経験している．つまり，すでに他個体から精子を受け取っているメスということである．そのような個体と交尾する際に，ライバルの精子との競争に打ち勝つために，カタツムリはもしかしたら多くの精子を渡すように調節しているかもしれない．もしそうならば，毎回交尾済み個体と交尾したカタツムリはオスとしてとても頑張ることになる．繁殖に利用できるエネルギーは無限ではないのだから，オスとして頑張った分，割を食うのはメスとして利用できるエネルギーだと考えられる．つまり，繁殖エネルギーを分割する必要がある雌雄同体生物の足かせと見ることができるだろう．メスとして利用できるエネルギーがなければ産卵数は低下してしまう．では，パートナーの交尾経験を判断してオスとしての努力量を変化させるなんてことができるのだろうか？　じつはこのような射精を調節する能力はよく知られており，報告されている分類群も昆虫・魚類・鳥類・哺乳類など多岐にわたる．精子競争に勝利することがいかに重要であるかを物語る良い例である．ではカタツムリではどうか．調べられた種数じたいとても少ないのだが，カタツムリにおいても調節する種は知られており，コハクオナジマイマイがそのような調節能力をもっている可能性はあるだろう．

では，この可能性を検証していくわけだが，おこなった実験は仮説1のときとほぼ同じである．オスとしての頑張り具合に着目しているので，「交尾済み個体が」渡す精子ではなく，「交尾済み個体に」渡す精子を測っている．図1-9bはその結果を示している．未交尾個体に渡す精子と比較して，交尾済み個体に渡す精子塊が多いということはなく同程度であることが判った（Kimura and Chiba, 2015）．つまり，交尾済み個体と交尾したときは，オスとして頑張りすぎているわけでもないのに産卵数が低下しているのだ．

これらの結果から，パートナーとして用いた未交尾個体と交尾済み個体は，オスとしてみてもメスとしてみても大きな違いはなく，どうやら「未交尾個体と交尾済み個体との違いは，ダートシューティングをするかどうかだけである」という仮定は妥当だといえそうだ．つまり，交尾済み個体と交尾したカタツムリが被ったダメージは，ラブダートで刺されたことによるものだと考えられる．つまりダートシューティングは，パートナーに大きなダメージを与え，足つぼマッサージなどとはかけ離れた暴力性をもつ行動と判る．これはダートシューティングに対して抱くだろう直観的イメージが正しかったということになる．では付属腺液の注入後に体調が変化しないという結果はどう理解したらよいのか．まず一つに，このダメージはダートシューティングの二つの側面，つまり付属腺液の注入とラブダートでグサグサ刺されることのトータルで生じているという点が重要である可能性がある．付属腺液による化学的な影響はダメージとしては小さく，物理的な影響がダメージをおもに生み出しているのであれば辻褄は合う．たとえば人間のように痛くない注射針を作ることにカタツムリが成功していたとしたら，たとえ付属腺液を注入していたとしても，ダートシューティングのダメージは微々たるものだったかもしれない．また，他の観点として，ダメージは生涯の産卵数や生存期間という長期的なもので捉えていることも重要かもしれない．つまり，刺されたダメージがすぐ顕在化するわけではないのだとすれば，今回の実験のように生存期間という長い時間スケールで観察しないと見えてこない可能性がある．これらの可能性は今後の検証を要する点ではあるが，いずれにせよ，付属腺液の注入だけによるノーダメージとダートシューティングによる大ダメージは矛盾するものではないだろうということである．

対立と攻防の果てに

ここまで見てきたようにダートシューティングは精子競争に勝利するための戦略であった．他個体の精子を押しのけて自身の精子で卵を受精させることさえできれば，高い繁殖成功が得られるだろう．しかし，それだけにとどまらず，カタツムリは勢い余ってパートナーの繁殖成功に損害を与えているのである．自身が多くの子孫を残すことが重要であるだけで，パートナーが払う犠牲は些末な問題だということだ．このようにダートシューティングは，精子の渡し手と受け手との間に利害の対立を引き起こしている．雌雄同体であり，1回の交尾でお互いにラブダートを刺し合うことになるにも関わらず，こんな対立状態にあるのは少し呆れてしまう．

雌雄異体・雌雄同体に関係なく，このようにオス側とメス側とで最適な状態が異なるために対立が生じるのは一般的な現象であり，性的対立と呼ばれる．性的対立は，生物の進化にひじょうに強い影響を与えると考えられている要因だ（Arnqvist and Rowe, 2005）．たとえばオスが武器を進化させたとき，たとえそれが他のオス個体との競争で利用されていたとしても，メスに損害を生じさせるならばメスは武器の効果をなくす盾を進化させるだろう．メスに無効なのでは他のオスとの競争に勝利できない．今度は，その盾を打ち破る強大な武器をオスが進化させるだろう．さらに次はメスが進化させる，といういたちごっこの軍拡競争が起こると考えられる．また，軍拡競争が場所によって違う発展を遂げることもある．たとえば，ある地域ではこん棒のような武器で盾ごと破壊する方向に進んだが，別の地域では二刀流にして一方で盾，他方で本体を攻撃する方向に進化した，という具合である．性的対立が引き起こす軍拡競争は，このようなプロセスで武器・盾などの形質の急速な進化や多様化の要因となり得るのである．

ではダートシューティングによって生じた性的対立ではどうなのだろう？　刺されることへの防御戦略を進化させているのか？　また，攻撃や防御戦略は地域によって異なる発展をしているのか？　残念ながら，これらの疑問はまだほとんど解明されておらず，現在鋭意取り組み中の課題である．防御戦略を調べるとしても，それはほとんど体内で見られるものだろう．なぜならば，自分がラブダートを刺すためには刺されることを受け入れねばならないため，刺される前に回避するといった戦略はうまく採れないからだ．体内で起こる現象の把握は困難だが，たとえば，前節（9頁）で述べた「生殖器が示す付属腺液への反応性」に地域間で違いがあることが判ってきている．つまり，同じ種のカタツムリであるが，ある集団の個体は高濃度の付属腺液にしか反応しないが，別の集団では低濃度でも反応するのである（木村，未発表）．さらに，反応性が鈍くなった集団の個体は，長いラブダートをもっていることも判った．ラブダートが長ければ，もちろん表面に付着する付属腺液も多くなるだろう．これは，付属腺液を注入する量と反応性の間で軍拡競争が起こっており，その激しさが地域間で異なるということなのかもしれない．実際にそうであるのかはまだ不明であるが，今後の研究で示すことができたら喜ばしいかぎりである．

しかし，軍拡競争を引き起こしてきたことの傍証となるような研究成果もある．ダートシューティングに関わる形質のなかで，少なくとも攻撃面を担っているものは，著しい多様化を遂げていることが明らかになってきているのである．たとえば，ラブダートの形態である．図1-10に示しているとおり，ラブダートの形態は種ごとにさまざまで，断面がシンプルな円状ものからいくつも刃が飛び出ているラブダートまで見ることができる（Koene and Schulenburg, 2005）．もう一つの例として，攻撃の仕方も多様化している．パートナーの刺し方にピンからキリまであり，1～2回刺すだけで終える種もいれば，なんと1回の交尾でパートナーのことを3,000回以上刺す種もいるのである（Koene and Chiba, 2006；木村，未発表）．そこには，シンプルな形態のラブダートをもつ種は刺す回数が多いという傾向が存在する．これは注入する付属腺液の量を増加させるために，ラブダートの表面積を大きくするという方向に進化する場合もあれば，何回も注入するとい

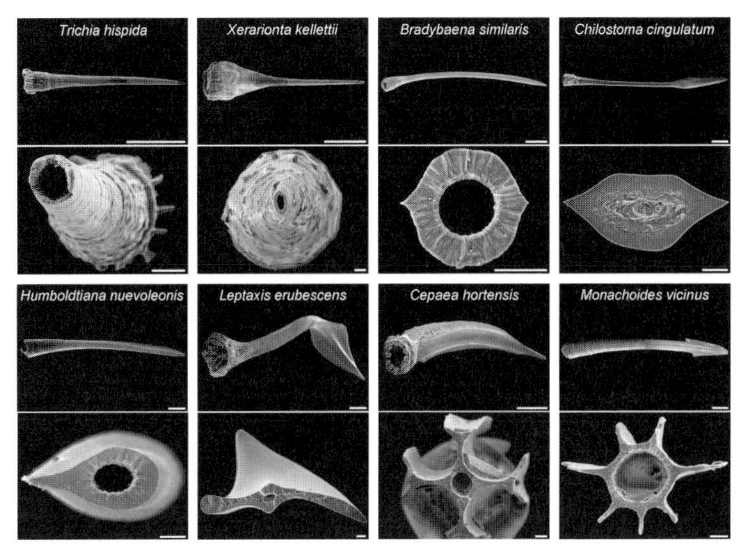

図1-10 多様なラブダートの形態．種ごとのラブダート全体像と断面図（Koene and Schulenburg, 2005より）．

う方向もあるということを示唆しているだろう．これらの結果からも，付属腺液を注入する量が重要そうであることが判る．くわえて，ダートシューティングによるダメージを巡る対立が多様化の引き金になっているという考えにも合致するものである．ラブダートのラブはピースとつながるものではなく，真逆の「ラブ＆暴力」という感じではあるが，そこで生じた対立は進化の駆動力として一役買っているのかもしれない．

おわりに

本章では，カタツムリが見せる奇妙な交尾行動の意味・暴力性・進化を駆動するポテンシャルについて紹介してきた．カタツムリに対する一般的なイメージを知ろうとウェブ上を検索してみると，「癒し」を求めて飼育している方がけっこういるようだ（ナメクジの場合はほとんど見つからないが）．日本産のカタツムリにはカラフルな種はほとんどおらず，目を楽しませる要素は少ないのではないかと思うが，あののんびりーとしたスローライフが気に入られる秘訣のように感じられた．今回の話では，そんなイメージからかけ離れた，カタツムリの新たな一面に驚いていただけたのではないかと思う．ここでは述べられなかったカタツムリ研究の魅力を少しだけ紹介して締めくくりたい．

まず本章で取り上げた内容に近いものとして，性的役割の研究が挙げられる．前節（11頁）で少し触れたが，種によっては1回の交尾でオス役・メス役の一方しかこなさない．さらに，同じパートナーと性的役割を交換して交尾を連続しておこなう種もいる．つまり，1回の出会いで交尾を2回することになる．それにとどまらず，なかには1回の出会いのなかで役割の交換を何回も繰り返す，なんて種もいる（木村，未発表）．性的役割の交換というシステムが雌雄同体生物においてどのような意義をもっているのかについては中嶋（1997）に詳しく述べられているが，このようなカタツムリたちを調べることで，どのような条件でどのような交換システムになるのか明らかになってくるかもしれない．

また，とろさに定評のあるカタツムリの移動距離は微々たるものである．たとえば，仙台の個体と山形の個体が出会うことはほぼないのではないだろうか．この「交流のなさ」は重要で，とても近くに存在しているものの独自の進化を遂げていることが少なくない．このカタツムリの「交流のなさ」は，研究するうえでとても使い勝手のよい性質である．これまで気づかれてこなかった独自の特徴・生き方もまだまだ多く眠っているだろうし，その種と近縁な比較対象がすぐ側にいるのだから．さまざまなアイデアを用いてそのような秘密が解き明かされていくことを期待したい．

引用文献

Adamo, S. A. and Chase, R. 1990. The 'love dart' of the snail *Helix aspersa* injects a pheromone that decreases courtship duration. *Journal of Experimental Zoology* 255: 80-87.

Arnqvist, G. and Rowe, L. 2005. Sexual Conflict. Princeton University Press, Princeton, New Jersey.

Baur, B. 1998. Sperm competition in molluscs. In: Sperm Competition and Sexual

Selection (Ed. by T. R. Birkhead & A. P. Møller), pp. 255-305. Academic Press, London.

Chase, R. 2007. The function of dart shooting in certain helicid snails. *American Malacological Bulletin* 23: 183–189.

Kimura, K. and Chiba, S. 2015. The direct cost of traumatic secretion transfer in hermaphroditic land snails: individuals stabbed with a love dart decrease lifetime fecundity. *Proceedings of the Royal Society B: Biological Sciences* 282: 20143063.

Kimura, K., Chiba, S. and Koene, J. M. 2014. Common effect of the mucus transferred during mating in two dart-shooting snail species from different families. *The Journal of Experimental Biology* 217: 1150–1153.

Kimura, K., Shibuya, K. and Chiba, S. 2013. The mucus of a land snail love-dart suppresses subsequent matings in darted individuals. *Animal Behaviour* 85: 631–635.

Kimura, K., Shibuya, K. and Chiba, S. 2015. Effect of injection of love-dart mucus on physical vigor in land snails: can remating suppression be explained by physical damage? *Ethology Ecology & Evolution*, in press.

Koene, J. M. and Chase, R. 1998. Changes in the reproductive system of the snail *Helix aspersa* caused by mucus from the love dart. *The Journal of Experimental Biology* 201: 2313-2319.

Koene, J. M. and Chiba, S. 2006. The way of the samurai snail. *American Naturalist* 168: 553-555.

Koene, J. M. and Schulenburg, H. 2005. Shooting darts: co-evolution and counter-adaptation in hermaphroditic snails. *BMC Evolutionary Biology* 5: 25.

Michiels, N. K. 1998. Mating conflicts and sperm competition in simultaneous hermaphrodites. In: Sperm Competition and Sexual Selection (Ed. by T. R. Birkhead & A. P. Møller), pp. 219-254. Academic Press, London.

中嶋康裕．1997．1．雌雄同体の進化『魚類の繁殖戦略2』（桑村哲生・中嶋康裕編）．海游舎

佐々木猛智．2010．『貝類学』東京大学出版会．

ティム・バークヘッド（訳者：小田亮，松本晶子）．2003．『乱交の生物学』新思索社．

第2章

ナメクジたちの春夏秋冬

宇高寛子

はじめに

雨上がりのブロック塀，家庭菜園の野菜の上，庭にある鉢植えの下…私たちの身近にナメクジは生息している．日本に住んでいて一度もナメクジを見たことがない人はいない，というくらいナメクジは私たちと近いところにいる．しかし，「何ナメクジをみましたか？」「何色でしたか？」と聞いてもたいていの場合「さぁ」と言われるほどにナメクジに注目している人は少ない．多くの人がナメクジに興味をもたないように，ナメクジの研究者は少なく，それはすなわちナメクジについてわからないことが，まだまだたくさんあるということでもある．

ナメクジはどういう生き物か

研究の内容に入る前に，まずナメクジについて簡単に説明しておきたい．そもそもこの貝の本にナメクジの項目があることを不思議に思っている方もいるかもしれない．カタツムリから殻を小さくする方向に進化したものがナメクジで，ナメクジも立派な陸貝である．殻を退化させたことで，ナメクジはより小さな隙間に身を隠すことができ，大きな殻を作るために大量のカルシウムを取る必要もなくなった．乾燥や温度，物理的刺激から軟体部を守るため，殻の代わりに体表から分泌される粘液を使うこともある．また，日中の乾燥を避けるために，ナメクジは基本的に夜行性であるが，雨が降った後など，湿度が高い場合は昼間でも姿を見ることができる．しかし，湿度も高ければ高いほどよいわけではなく，雨が降っている最中などは逆に活動が抑えられる．本書の5章や6章に登場するウミウシは，海産の巻貝が殻を失ったものである．ウミウシもナメクジも同じように発達した殻をなくした貝であるが，ウミウシは姿形も多様で青や黄色など色鮮やかな種がいるのに比べると，ナメクジは茶色や灰色でなんとも地味だと思われるだろう．たしかに，現在日本で見られるほとんどのナメクジは地味な色合いであるが，ヨーロッパではオレンジ色の *Arion rufus*，北米では黄色くてその名のとおりバナナのようなバナナナメクジ *Ariolimax californicus* がおり，案外多様な色彩のナメクジをみることができる．

日本の広い地域でおもにみられるナメクジは，成長した個体の大きさの順に，ヤマナメクジ *Meghimatium fruhstorferi*（図2 - 1a），ナメクジ *Meghimatium bilineata*（図2 - 1b），チャコウラナメクジ *Lehmannia valentiana*（図2 - 2a），ノハラナメクジ *Deroceras larvae*（図2 - 1c）の4種があげられる．最初の2種，ヤマナメクジ，ナメクジは元から日本にいる種，在来種と考えられており，チャコウラナメクジ，ノハラナメクジは明治以降に移入した種，外来種である．とくに現在都市部や人家の周りに多いのが，私が研究対象としているチャコウラナメクジである．単純に「ナメクジ」という種名がつけられていることでわかるように，もともと日本で「ナメクジ」と言えば灰色がかった体色のナメクジ *M. bilineata* のことだった．しかし，明治時代にキイロナメクジ *Limax flavus* という外来種ナメクジが移入し大発生した．ところが，キイロナメクジはチャコウラナメクジが戦後移入するとしだいにみられなくなり，近年分類学的にキイロナメクジと確認される個体はみつからず，日本から姿を消したと考えられている．もともと日本に生息していたナメクジ *M. bilineata* は，現在でも自然の豊かな場所でよく見られ，チャコウラナメクジととても近い所に生息している場合もある．キイロナメクジがいなくなってしまった現在，なぜキイロナメクジからチャコウラナメクジへの置き換わりが起こったのか，その原因を突き止めることは難しい．チャコウラナメクジはとくに攻撃的ではないので，チャコウラナメクジがキイロナメクジを直接攻撃してキイロナメクジがチャコウラナメクジに負けた，とは考えにくい．種どうしの直接的な競争の結果というよりも，気候の変化や都市化による乾燥といった生息環境の変化により，キイロナメクジが生存しにくくなったのかもしれない．

図2-1　現在日本でみられる代表的な種.（a）ヤマナメクジ,（b）ナメクジ,（c）ノハラナメクジ.

ナメクジ研究の始まり

私が研究生活を始めた大阪市立大学理学部生物学科では，4年生で研究室に配属され卒業研究を1年かけておこなっていた．私は動物の行動や生態を研究したいと考えていたが，他大学の公開臨海実習でフィールドワークの厳しさを知り，実験室の中でできる研究をすることに考えを変えた．細胞や遺伝子レベルではなく，個体レベルでの研究をしたかったので情報生物学研究室という研究室に入った．情報生物学研究室ではおもに昆虫を使って，生き物がどのように季節的に変化する環境に適応しているかの研究がおこなわれていた．配属後，指導教員の沼田英治教授（現・京都大学）と，同じく卒業研究をする同級生の三人で研究のテーマを話し合った．沼田先生から「今おもしろそうなテーマとして，オサムシの神経機構の研究とナメクジの研究がある．オサムシのテーマは研究室でのデータの蓄積があるから，かなり発展したところから研究は出発できるがオサムシは飼うのが難しい．ナメクジは森みどりさんという数年前の卒業研究生が1年研究しておもしろいことがわかりそうだが，先行研究も少ないし，これからどう研究が発展していくかは未知数．でもナメクジは飼うのは簡単」と二つのテーマを提示された．どちらもおもしろいテーマだと思ったが，ナメクジが飼いやすいということに加えて，なにより他に研究をしている人がいない，という点が私にはとくに魅力的に感じられた．ナメクジを飼うのが本当に簡単だったかどうかは後述するとして，どうせやるなら他人がやらないことをやりたい，という思いが現在まで続くナメクジ研究のきっかけである．

ナメクジ研究者への三つの質問

ナメクジを研究しているというと，よく聞かれることが三つある．一つ目は「子どもの頃からナメクジが好きだったから，研究しているのか？」．上記のように私がナメクジをよく知りたいと思ったのは大学3年生の終わりで，それまで特別ナメクジが大好きだったわけではない．何かの生き物を研究するのに，その対象が好きであることは大事なことである．しかし，小さな頃からその生き物が好きな人だけが研究者になるのかと言えば，そうではない．出会いが大人になってからでも研究者を志すのにまったく問題ない．

二つ目の質問は「ナメクジを食べたことがあるか？」．答えは「No」である．カタツムリがエスカルゴとして食用になっているためか，食とナメクジに関する質問もよくされる．昔の文献で，ナメクジを使った民間療法を紹介しているものを読んだことがあるし，実際にナメクジを食べる民間療法を家族が実践していたという人の話も聞いたことがある．しかし，ナメクジにはまれに寄生虫がいるし，解剖で腸の内容物などをたくさん見てきているので，ナメクジを食べたいという気持ちが起きたことは今までまったくなく，食べたこともない．

そして三つ目は，「庭や畑にたくさんいて困る．どうしたらいなくなるか」など駆除に関する質問である．じつはこの質問が一番答えにくい．なぜかというと，ナメクジの駆除には根気強い対策が必要であり，こうすればすぐにナメクジがいなくなるという方法がないからである（宇高・田中，2010）．また，自分の庭のナメクジをたとえゼロにできたとしても，隣家の庭から入ってくることも考えられ，いたちごっこになることが予想される．

大阪のチャコウラナメクジ

繁殖時期はいつ？

私が研究の対象としたナメクジは，外来種のチャコウラナメクジである（図2-2a）．チャコウラナメクジはヨーロッパを原産とする体長5 cmほどの中型のナメクジで，人為的移入により世界中の温帯域に分布している．日本へは第二次世界大戦後アメリカ軍の物資とともに移入したと考えられており，現在北海道から沖縄まで，日本全国で見つかっている．ということは，移入後約60年でチャコウラナメクジは日本中に分布域を広げたことになる（黒住，2002）．

日本の多くの地域でははっきりした四季があるが，国土が南北に長いため，国内の季節は地域ごとに異なっている．夏の暑さや冬の寒さだけでなく，それぞれの季節が始まるタイミングも同じではない．たとえば，九州や関西地方で桜が咲き始める3月下旬，沖縄では海開きがおこなわれている一方で，札幌では地面の多くがまだ雪に覆われている．このように幅広い日本の気候条件に，チャコウラナメクジはどのように対応しているのだろうか．そもそも，チャコウラナメクジはいつ繁殖しているのだろうか．この質問に多くの人は「梅雨でしょ」と答える．なぜなら，「ナメクジはじめじめした季節が好きそうだから」，「雨のときにたくさん壁を這っているのを見るから」．たしかに，ナメクジは乾燥した環境下ではとても生きてはいけないし，雨上がりなどによくみるが，だからといって本当に梅雨に繁殖しているのだろうか？　身近な生き物であるチャコウラナメクジだが，いつ繁殖しているかという基本的なことさえわかっていなかったのである．先輩の森さんの実験を引き継ぐかたちでまずは，野外採集による生活史の解明から研究を開始した．

野外採集

チャコウラナメクジが大阪でいつ繁殖しているのかを明らかにするため，4週間ごとに野外にいるチャコウラナメクジを30個体採集した．2002年11月に定期採集を開始し，採集場所は大阪市立大学の構内

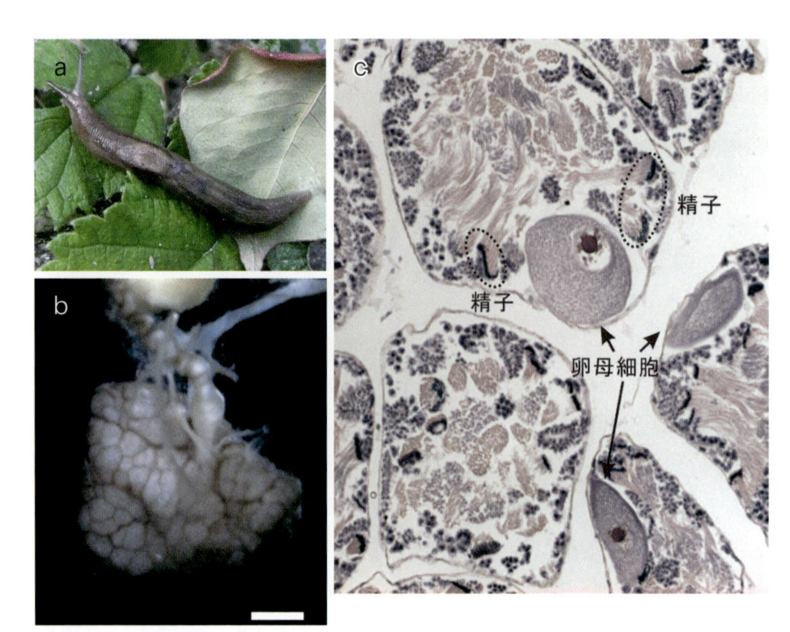

図2-2 チャコウラナメクジの成体（a）と発達した両性腺（スケールバー 1mm）（b）およびその切片像（c）.

だった．大学の構内というのは，公園や他の公共の場所よりも急激な変化が起こりにくく，「実験中」と書いておけば，実験器具を置きっぱなしにしていても撤去されたり，いたずらをされたりする心配が少なく，野外実験には良い場所である．また，多少奇妙な行動をとっていても，「あぁ，理学部の人がなにかしているのかな」と思ってくれ，よけいなトラブルを避けることができる．私自身は気づかなかったが，キャンパス外でナメクジ採集をしていた私を見た友人に，かなり怪しい，と言われたことがある．たしかに，片手にプラスチック容器，片手に長さ25cmのピンセットを持ち，ざかざかと落ち葉をかき分けたり，石をひっくり返してたりする姿は怪しい以外のなにものでもないだろう．フィールドワークをする研究者には，サンプル採集中や実験中に何かしらトラブルにあいそうになったり，警察に職務質問されたりした経験がある人は少なくない．私がそういう目に合わなかったのは，大学構内という研究行為に理解のある場所がフィールドだったからだろう．

30個体を採集した後，その体重と両性腺の重量を測定した．チャコウラナメクジは，一つの個体がオスとメス両方の機能をもつ雌雄同体である．ヒトをはじめ，オスの個体とメスの個体が存在する雌雄異体の生物では，精子はオスの精巣，卵母細胞（卵）はメスの卵巣で作られる．それが，雌雄同体のチャコウラナメクジでは，精巣と卵巣が一体になった両性腺という器官で精子と卵母細胞の両方が作られる（図2 - 2b, c）．精子と卵母細胞が隣り合って存在しているので，両性腺内で受精してしまいそうに思うが，両性腺の中にある卵母細胞はまだ完全には成熟した卵になっていないので，ここで受精してしまうことはない．雌雄同体の生物が，自分の精子と卵で次世代を作ることを自家受精という．ナメクジのなかには自家受精をよくする種も報告されているが，チャコウラナメクジでは自家受精は稀である．

図2 - 3aは体重に占める両性腺重量の割合である．なぜ単純に体重や両性腺の重さやだけの結果を示していないかと言うと，ナメクジの体の大きさは生まれてからの時間と必ずしも一致せず，体が大きければ性成熟している（また，その逆に小さい個体は性成熟していない）という証拠にはならないからである．実際，野外では成熟個体よりも体の大きな未成熟個体がみられる．野外では餌条件，生まれた時期の違いなどにより，さまざまな大きさのナメクジがいて，大きなナメクジが小さなナメクジよりも重い両性腺をもっていても不思議ではない．そのため，両性腺の重さだけをみても成熟しているのか単に体が大きい個体を採集したからなのかを区別しにくい．

大阪で野外採集を始めた11月は両性腺が体重に占める割合は2〜5%であったが，4月に向かって徐々にその割合は低くなっていき，5月では採集した個体の約70%で，6月から9月ではすべて，または90%以上の個体で両性腺は体重の0.05%しかなかった（図2 - 3a）（Udaka et al., 2007）．ところが10月上旬になると，両性腺の割合が高い個体が現れはじめ，10月下旬や11月ではほとんどの個体で両性腺の割合は３%以上に上った．

では，両性腺内での精子形成や卵母細胞の発達はどうなっているのだろうか．両性腺の中にある精子や卵母細胞をどのように調べたのかを少し説明したい．両性腺はぐにゃぐにゃしているし，小さいのでピンセットなどで切り開いて中を観察するのは難しい．そこで，パラフ

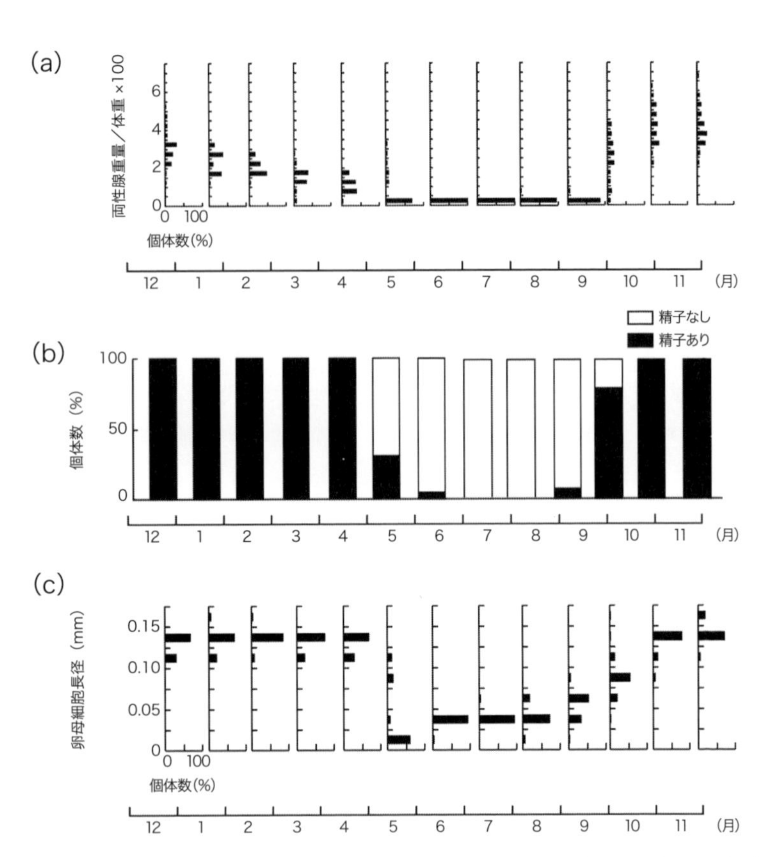

図2-3　大阪におけるチャコウラナメクジの性成熟の季節変化．(a) 体重に占める両性腺重量の割合，(b) 精子形成，(c) 卵母細胞の発達．(Udaka et al., 2007を改変)．

ィン（ロウ）で両性腺を固め，それを専用の機械を使って薄く切っていく．できた薄切りをスライドガラスに貼り付け，いくつかの処理によりパラフィンを除去すると，薄く切られた両性腺だけがスライドガラスの上に残る．この薄切りの両性腺じたいには色がほとんどなく，そのままでは精子の有無や，どこからどこまでが卵母細胞なのかといった組織の違いがわからない．そこで，この切片をヘマトキシリンとエオシンという2種類の染色液を使い，核を青色に，細胞質や組織を赤色に染め分けることで観察しやすくした．こうすると図2-2cにあるように，両性腺の中の状態を詳しく見ることができる．観察したい器官や組織を薄く切り，染色して断面や内部を顕微鏡で観察するというのは，生物学では古典的といっていいほど基本的な研究手法である．両性腺内のようすを詳しく見るために私は10μm（1mmの百分の一）の厚さで両性腺の切片を作成したが，発達した両性腺は大きさが数ミリメートルになるので，一つの両性腺をすべて切片にすると数百枚の切片ができる．これをすべて観察して精子はあるか，大きな卵母細胞はどれかを30個体分調べるので，なかなか骨の折れる作業になる．成熟個体では両性腺は外から見てもわかるほど発達しており，取り出すのは簡単なのだが，切片作りとその観察は未成熟な両性腺の何倍も時間がかかりたいへんな仕事となった．

両性腺の切片を作り観察した結果，12月から4月はすべての個体が精子をもっていたが，その割合は5月には25％に減り，7，8月に精子をもった個体はいなかった（図2-3b）．その後，9月に精子をもった個体が再び現れ，10月下旬，11月には採集したすべての個体が精子をもっていた．両性腺内には大きさが異なる卵母細胞が多数存在している．両性腺をすべて切片にし，染色したものをすべて観察し，その個体がもつ卵母細胞のうち大きい方から上位5個の直径を平均した値を，その個体の卵母細胞の大きさとした．卵母細胞はおおむね球形なので，連続する切片を顕微鏡で観察し，一番直径が大きくなるところを探して測定した．測定には，ビデオマイクロメータという画像計測の装置を使った．両性腺の割合，精子形成の季節変化から予想されるように，卵母細胞も11月から4月に0.1から0.2㎜と大きいが，6〜8月ではほとんどの個体で0.05㎜以下と小さかった（図2-3c）．精子がみられはじめるのが9月，一方，卵母細胞が大きくなるのは11月と，精子形成は卵母細胞よりも早く完了することがわかる．このようにオスの機能の方が早く成熟することを雄性先熟という．以上の野外採集の結果から，大阪のチャコウラナメクジは，多くの予想に反して夏は未成熟な状態ですごし秋に性成熟していることが明らかになった．

大阪での産卵・孵化時期を調べる

野外で起こっていることを調べる場合，1年分だけの結果ではたまたまその年に起こったことを見ただけではないか，という指摘をされることがある．私と森さん，二人が数年空けて野外採集をおこない，その結果は同じであったことから，野外採集の結果は偶然ではなく，チャコウラナメクジの生活史を議論するのに十分な結果と言えた．また，野外採集個体の結果を見てみると，11月下旬からしだいに両性腺重量が体重に占める割合は減っているが，両性腺内には精子も大きな卵母細胞も依然として見られることがわかる．これは，交尾や産卵により体内の精子や卵母細胞が両性腺から排出されたためと考えられた．定期採集だけで，チャコウラナメクジの大阪での生活史を明らかにできたと考え，これらの野外採集結果をまとめて原稿を科学雑誌に送った．多くの場合，学術雑誌に送られた原稿は二，三人の査読者により記述におかしなことはないか，実験結果の説明は正しいかなどの査読を受け，雑誌に掲載するに値する成果かどうかを判断される．ある雑誌に投稿した際，査読者の一人から「昆虫の中には性成熟は秋にするが，産卵は翌年の春にするものもいる．産卵データなしにこれらの結果だけで秋から春に繁殖していると結論づけることはできない」という指摘を受けた．これはもっともな指摘である．しかし，産卵のデータを追加するとなると，論文が雑誌に掲載される時期がさらに遅くなることを意味している．論文は研究者として生きていくためには欠かせない業績である．修士の学生だった私は，就職をするか博士課程に進むかを迷っていて，この野外採集の結果をいつ出版できるかに自分の進路をかけていたところがあった．そのため，産卵のデータは足さずに論文を掲載してくれる別の雑誌に投稿しなおすことも考えた．いろいろ迷ったが，ここまできたらきちんと産卵や孵化が起こっている時期も調べて，チャコウラナメクジの生活史を明らかにしよう，と決断した．その結果，論文が掲載されたのは予定よりも1年ほど遅れることになったが，産卵や孵化のデータはその後いろいろな場面で役に立っているし，よりしっかりした論文を書くことができたと満足している．

さて，実験に話しを戻すと，産卵・孵化時期を調べるために，野外条件でチャコウラナメクジを飼育した（図2-4）．9月14日と10月18，28日の3回野外から親世代を採集し，10個体ずつ餌やなどを入れたプラスチック容器で飼育した（図2-5矢印）．直射日光が当らない野外に置いた棚にこの飼育容器を並べ，毎日産卵数や，親個体の数を調べ

図2-4 野外飼育のようす．ジョウロの上段が，親ナメクジの飼育容器（右3列）と，脱脂綿にくるんだ卵の入った容器．

た．産卵があった場合は卵の数を数え，ぬらした脱脂綿を敷いたプラスチックシャーレに移し，親ナメクジと同様に外に設置した棚に置き，孵化までの日数と孵化率を調べた．

この年の産卵は11月2日に始まり，翌年の5月15日までみられた（図2-5a 棒グラフ）．約6ヶ月の産卵期間で合計16796個の卵が産まれ，そのうち6285個が孵化した．産卵時期によって孵化率の変動はあるが，平均孵化率は37％だった．産卵数は一定ではなく，11月と12月は多いが1月と2月中旬は少なくなり，2月下旬から4月下旬にまた多くなるという2山型であった．5月にも少数の卵が産まれたが，それらの卵は孵化しなかった．親のナメクジは2月上旬まで約80％が生きていたが，少しずつ死んでいき4月中旬には半数になり，5月31日にはすべて死んでしまった．産卵は11月に始まったが，冬が近づくにつれ気温が下がるため，徐々に孵化までの日数が長くなった．その結果，孵化数は春になって気温が高くなる4月に多くなり，孵化の44％は4月にみられた（図2-5b）．親世代が5月にはすべて死んでしまったこと，子世代のチャコウラナメクジの多くは4月までに生まれたことから，大阪の野外ではチャコウラナメクジは11月から4月頃に生まれ次の年の5月頃

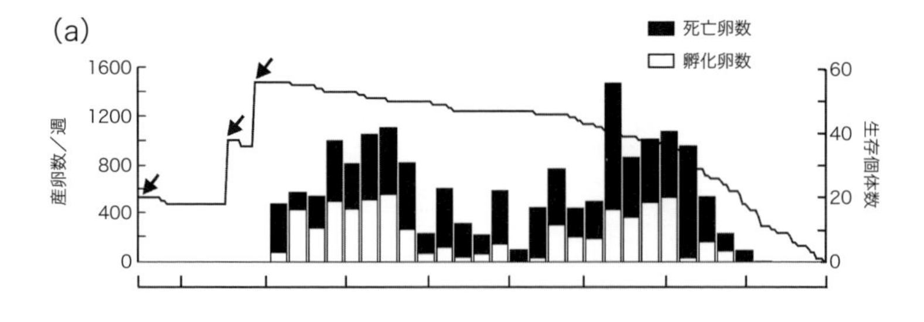

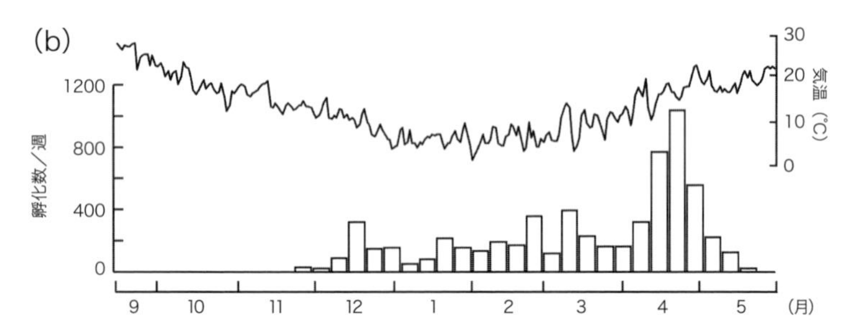

図2-5 チャコウラナメクジの大阪での産卵と孵化時期．(a) 親世代の生存曲線（線グラフ，矢印は野外採集日を示す）と，1週間ごとの産卵数（棒グラフ）．(b) 実験時の大阪の日平均気温（線グラフ，気象庁による）と，1週間ごとの孵化数（棒グラフ）．(Udaka et al., 2007を改変)．

には死んでしまう，つまり寿命は1年，長くても1年半と考えられる．

なぜ夏に繁殖しないのか

性成熟の季節変化に続いて，産卵や孵化の時期を調べたことで，チャコウラナメクジは大阪では秋に性成熟し晩秋から春にかけて繁殖していることが明らかになった．ここで他の生き物の繁殖時期について，少し考えて欲しい．春，夏，秋，冬，それぞれの季節を頭に思いうかべたとき，冬に卵や子どもを産む生き物をいくつ思い浮かべることができただろうか．もし2種以上言えたなら，あなたはとても生物に詳しいといっても過言ではない．まったく思い浮かべられなかったとしてもがっかりする必要はない．思い浮かべられないのは当然で，冬に繁殖する生き物というのはとてもめずらしい．なぜなのか．生き物が立ったり歩いたり，食べ物を消化するなど，すべての活動には熱（エネルギー）が必要である．鳥類と哺乳類をのぞくすべての動物は変温動物であり，外気温が下がれば，自分の体温も下がる．そうすると，冬の低温下では活動に必要な熱エネルギーを，自分を取り巻く環境から得ることができなくなるうえ，餌も少なくなるので，食物からエネルギーを作ることも難しくなる．さらに，冬の低温そのものも生存やその後の成長，生殖をおびやかす．寒い冬は多くの生物の繁殖に適さない季節である．そのため，冬のない熱帯から，冬のある温帯へ分布を拡大した昆虫は，冬の低温環境を生き延びるために，成長や生殖を積極的に止めた休眠という特殊な生理状態や，低温環境を生きのびるしくみを発達させてきた．温帯に生息する多くの変温動物が春から晩秋にかけ繁殖するのに対して，なぜチャコウウラナメクジは晩秋から春にかけて繁殖するのだろうか？

生活史を決める大きな環境要因の一つが，餌の有無である．どんな動物も活動を続けようとすれば餌が必要になる．そのため，寒い冬が来る前に十分に栄養を溜め込んだり，餌を必要としない卵や蛹といった餌を必要としない段階で成長を止めたりして冬をすごす．ナメクジのなかには肉食の種もいるが，チャコウウラナメクジを含め大部分の種は雑食性である．チャコウウラナメクジを解剖すると，その腸の内容物は落ち葉であることが多い．雑食，しかも落ち葉を食べて生きていけるとなると，年中食べものには困ることはないので，餌の有無がチャコウウラナメクジの生活史に影響するとは考えにくい．

卵と幼体の温度耐性

では，他にどのような環境要因が考えられるだろうか．もう一度，大阪での生活史をふり返ると，成体や未成熟個体は夏でも見られるが，卵や孵化したての幼体は夏には見られないことに気がつく．そこで，卵や幼体が夏の暑さに弱いことが，繁殖のタイミングに影響しているのではないかとの仮説を立てた．この仮説を検証するため，実験室でチャコウウラナメクジを飼育して卵と孵化したての幼体を得て，まず短時間の高温に対する耐性を調べた．卵や幼体を小さなプラスチックのチューブに入れ，20～28℃になるように調節した水槽を使い，目的の温度に1時間卵と幼体を曝した．その後，ぬれた紙を敷いたシャーレに卵や幼体を移し，幼体は実験から24時間後に生きている幼体の数（生存率）を調べた．卵は見た目では生きているかどうかを判断する

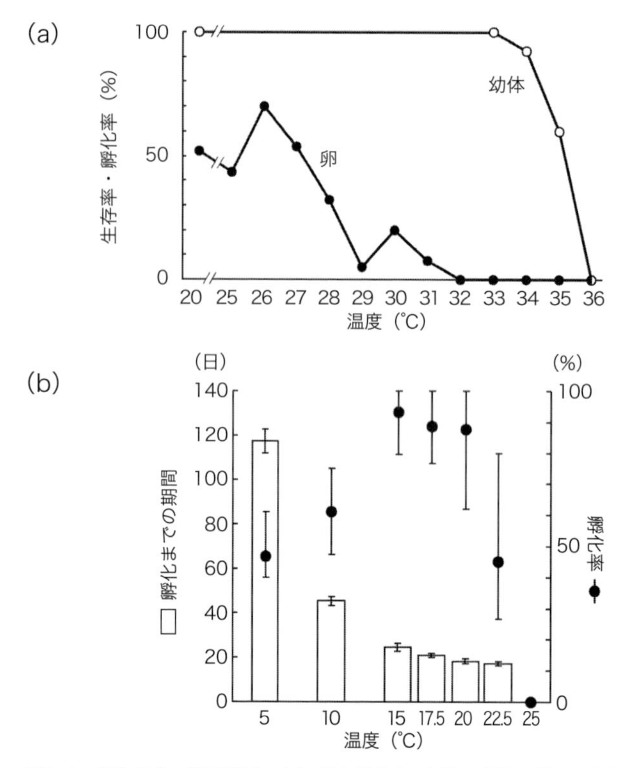

図2-6 卵と幼体の温度耐性.（a）卵と幼体を1時間の高温に曝した場合の孵化率と生存率.（b）卵をさまざまな温度に維持した場合の孵化までの日数と孵化率.（Udaka et al., 2007を改変）.

のが難しいため，20℃に3週間維持し，その間に何匹孵化するか（孵化率）を調べた.

卵と幼体における，短時間の高温への耐性を図2-6aに示す．36℃に1時間曝された場合，幼体も卵も生存率（孵化率）は0%だった．幼体は35℃以下であれば半数以上，33℃ではすべての個体が生存することができた．一方，卵は幼体よりも低い27℃以下にならなければ，半数以上が孵化することはできなかった.

さらに，短時間の温度ストレスではなく，長時間の温度ストレスへの卵の耐性を調べるために，5℃から25℃までの七つの温度条件に卵を孵化するまで維持した（図2-6b）．25℃に1時間曝された場合半数は孵化できていたが（図2-6a），産卵されてからずっと25℃で維持された場合の孵化率は0％だった．この実験から，卵の孵化にもっとも適した温度は15から20℃の範囲であること，5℃や10℃といった低温では孵化に必要な日数は長くなるものの，孵化率は高温（22.5，25℃）よりも高いことから，チャコウラナメクジの卵は高温より低温に強いことが明らかになった．

大阪の夏は暑い．実験をおこなった2006年当時，もっとも暑い7月や8月では最低気温でさえ25℃以上になる日が約20日あり，6月や9月でも，月に10日ほどは1日の平均気温が卵の孵化率が低かった29℃以上に達した．ナメクジは石や落ち葉など，何かの下に産卵する．直射日光が当る場所と当らない場所では多少温度は異なるが，大阪の夏の気温がチャコウラナメクジの卵の孵化を妨げるのに十分なくらい高いことがわかった．これらのことは，大阪に生息するチャコウラナメクジは，夏に産卵してもその卵は暑さで死んでしまうことを示している．つまり，夏に性成熟して産卵する性質をもつ個体が次世代を残すことは，卵が孵化できないほど夏が暑い大阪では不可能である．

繁殖のタイミングを知る方法－光周性

卵が高温に弱いことが，夏に繁殖しない理由であることは明らかになったが，では，繁殖の時期はどのようなしくみで決められているのだろうか．洞窟などのごく一部の環境をのぞき，生き物は季節的に変化する環境の中で生きている．環境が一定ではないということは，そこに棲む生き物は環境の変化に自分の生理状態を合わせなくては生きていけない．私たちヒトはカレンダーや天気予報をみて，夏や冬の到来までどの位の期間があるのかを知ることができるし，技術の発達により突然の暑い日や寒い日にもある程度すばやく対応することができる．しかし，他の生き物ではそうはいかず，冬や夏に備えるには時間がかかる．たとえば，身近な生き物であるイヌやネコは冬にはフサフサした冬毛を生やしているし，冬に大きな体を維持するほど餌が採れないヒグマは秋にたくさんサケなどを食べて脂肪を蓄える．これらの越冬準備は一日や二日でできるものではない．時間がかかるのであれば，準備は冬が来る前に始めなくてはならない．季節を知るためのおもな環境からの信号の代表として，温度と日の長さ（日長）があげ

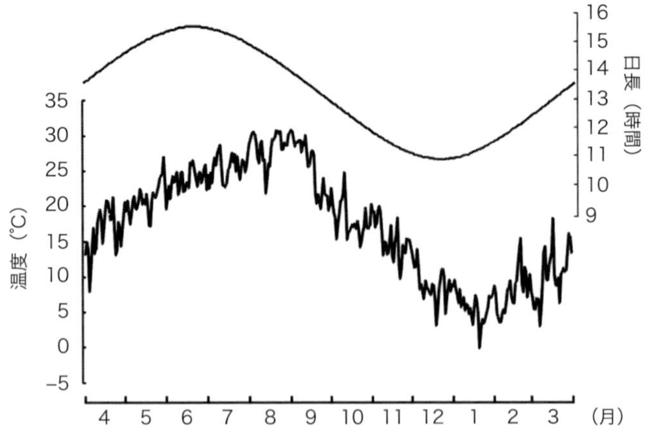

図2-7　大阪における日長と日平均気温の変化（気象庁による）.

られる．なかでも，日長を信号として使う生き物が温帯には多く生息している．この生物が日長に反応する性質を「光周性（こうしゅうせい）」と呼ぶ．光周性は1920年にメリーランドマンモスという品種のタバコで発見された．動物では，1923年にイチゴネアブラムシ *Aphis forbesi* において最初の報告がされ，現在では光周性は植物，動物で広く見られる性質であることがわかっている．軟体動物ではたとえば，海に棲むアメフラシ *Aplysia californica* や淡水にすむヨーロッパモノアラガイ *Lymnaea stagnalis*，陸生のうちカタツムリではエスカルゴとして有名な *Helix pomatia* や *Cornu aspersa*，ナメクジではマダラコウラナメクジ *Limax maximus* で成長や性成熟に日長が影響していることが報告されていた．

なぜ日長を頼りにするのだろうか．日長を指標とするよい点は二つある．一つ目は，日長変化は毎年規則的で，年によるばらつきがないことである．温度は長期的にみれば冬に低く，夏に高くという決まった変動はある．しかし，今年は冷夏だった，暖冬だった，というように年によって気温が違うことがよく起こる．また，冬が近づいてきたと思ったら突然暑い日があったり，逆に急にとても寒くなったりと，変化のしかたは一定ではない．一方，日長の変化は，地球が23.4°傾いた状態で太陽を回るため起こる．そのため，昼の長さは必ず夏至（太陽にもっとも近づいた日）に一番長く，冬至（太陽から遠い日）

東海大学出版部

出版案内

2015.No.4

「奄美群島の自然史学」より

東海大学出版部

〒259 - 1292 神奈川県平塚市北金目4 - 1 - 1

Tel.0463-58-7811 Fax.0463-58-7833

http://www.press.tokai.ac.jp/

ウェブサイトでは、刊行書籍の内容紹介や目次をご覧いただけます。

に一番短くなり，夏至よりも日長が長い日や冬至よりも日長が短い日は存在しない（図2-7）．また，同じ場所であれば，同じ日の日長は毎年同じである．このように，日長変化は規則性があり，年による違いがないので，季節を知る指標として温度よりも信頼性が高い．

二つ目のよい点は，日長の変化が気温変化よりも先に起こること，である．図2-7をもう一度見て欲しい．先ほど述べたように日長は6月の夏至に一番長く，12月の冬至に一番短くなる．一方，気温は日長よりも遅く8月にもっとも高くなり，2月にもっとも低くなる．したがって，日長を手がかりとすれば，温度が変動する前に準備を始めることができるのである．

日長をてがかりにするなら，温度はまったく影響をおよぼさないか，というとそうでもない．たとえば，日長は性成熟を誘導する条件であっても，温度がとても低ければ性成熟は起こらないなど，光周性への温度の影響が多くの昆虫で明らかになっている．

チャコウラナメクジの光周性

では，チャコウラナメクジは成長や性成熟に日長を利用しているのだろうか？　それとも温度だけだろうか？　このことを確かめるために，次の実験をおこなった．まず，6月に野外個体を採集した．これらの個体は，前述の野外採集の結果が示すようにすべて新しい世代の未成熟個体である．この未成熟個体を，二つの光周期条件と三つの温度条件を組み合わせた計6条件で60日飼育し，体重や両性腺重量，精子形成や卵母細胞の大きさを調べた．

飼育に使った光周期条件は，24時間のうち12時間が明るく，12時間が暗い条件（以降，短日条件）と，16時間明るく，8時間が暗い条件（以降，長日条件）の二つである．温度条件は15，20，25℃の三つを選び，短日・15℃，短日・20℃，短日・25℃，長日・15℃，長日・20℃，長日・25℃の6条件を作った．短日・15℃は晩秋，長日・25℃は夏に相当する．日長が12時間しかないのに気温が25℃（短日・25℃）と高く，逆に16時間と長いのに気温が15℃と低い（長日・15℃）ものもある．これらの2条件のような気候は大阪では起こり得ないが，チャコウラナメクジの成長と性成熟に，光周期と温度がどのような関係

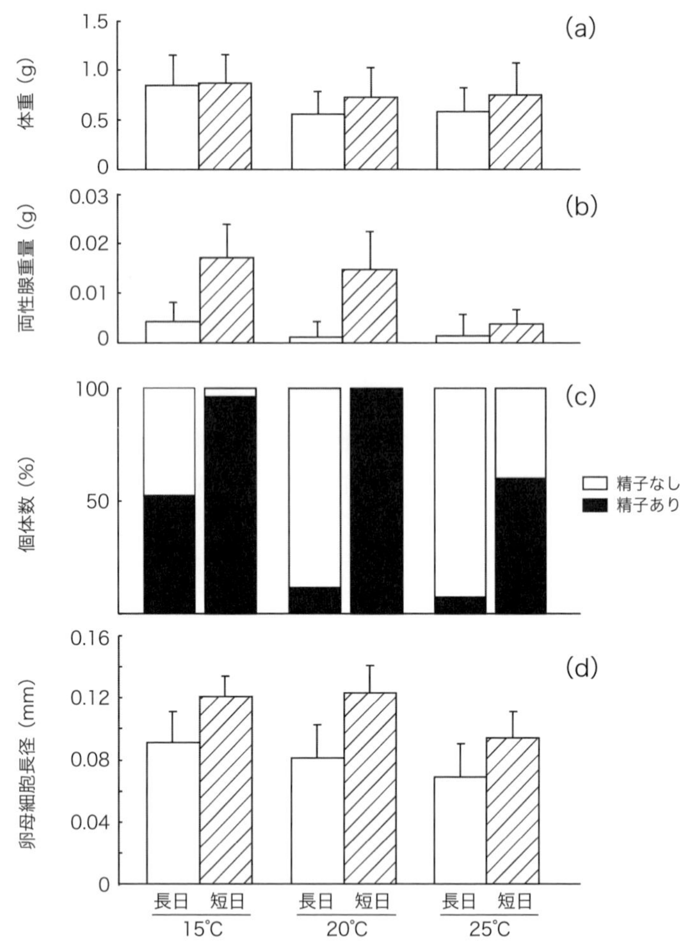

図2-8　光周期と温度が成長と性成熟におよぼす影響（大阪個体）（Udaka and Numata, 2008を改変）．研究室で孵化させた個体を60日，それぞれの条件で飼育した場合の（a）体重，（b）両性腺重量，（c）精子形成，（d）卵母細胞の発達．

で利用されているのかを明らかにするために用意した．

未成熟個体を60日飼育した結果が，図2-8である（Udaka and Numata, 2008）．まず，体重（図2-8a）を見ると，20℃，25℃では長日よりも短日で飼育したもの方がよく成長していることから，短日条件が成長を促し，チャコウラナメクジの成長は光周期によって影響されることを示している．しかし，15℃では短日でも長日でも同じくらいに大きく育ったことから，温度が低ければ光周期に関係なく成長することが明らかになった．

では，性成熟についてはどうだろうか．両性腺の重量は，どの温度でも短日条件で飼育した個体の方が重いことから，短日条件が両性腺の発達を誘導したことがわかる（図2-8b）．しかし，短日条件であっても25℃で飼育した個体では15℃，20℃で飼育下のものよりも両性腺は小さい．長日条件は短日条件ほど両性腺発達を誘導しないが，長日・15℃で飼育した個体は，短日・25℃で飼育した個体と同じくらいには重い両性腺をもっていた．光周期と温度がおよぼす影響は，精子ができているかどうかや卵母細胞の大きさでも同様の傾向が見られた（図2-8c, d）．これらのことから，性成熟については光周期と温度の両方が影響し，短日条件と低温が性成熟を誘導し，長日条件と高温は性成熟を抑制する効果があることが明らかになった．このような反応をもつことで，日長が短く，気温が下がり始める秋に性成熟をはじめ，日長が長く暑い夏の間は性成熟しないでいることで，大阪では卵が孵化できない夏に成熟しないようになっていることが明らかになった．

単発的な研究を含めても，これまで陸貝で成長や繁殖の光周反応を調べた例は，私の研究を含めても10例くらいしかない．そして，私の研究以前に報告された陸貝はすべて，長日条件によって成長や性成熟，産卵が誘導される光周反応をもっていたことから，私の結果は陸貝で初めて，短日条件により成長や性成熟が誘導される例があることを示した．これはもちろん，膨大な種数の陸貝のなかで大阪のチャコウラナメクジだけが，変わった光周反応をもつというわけではないはずで，今後研究される種が増えていけば，さらにおもしろい生活史や光周反応が明らかになっていくと期待している．

飼育は簡単だったか

ここまでの野外での産卵実験，実験室での温度や光周期の影響の解明など，さまざまな実験で，実験室で飼育したナメクジが産んだ卵を使ってきた．ナメクジに卵を産ませる．文章で書くとなんとも簡単なことであるが，じつは飼育し始めてから卵を産ませられるようになるまで一年半ほど苦労をした．私の数年前にチャコウラナメクジで卒業研究をした森さんに，当時どうやって飼育していたのかを教えてもらえたので，野外から採ってきたナメクジを実験室で飼うだけなら簡単であった．直径20cmくらいのプラスチック容器の下に，水で湿らせた紙を敷き湿度を保った．餌には最初カイコ用の人工飼料を与えていた．これは桑の葉やタンパク質などが練りこまれた，大きなソーセージのような形をしたもので，包丁で適当な大きさに切って与えていた．餌をそのまま紙の上に置くと，すぐに餌が悪くなってしまうので，小さなプラスチックシャーレの上に置くとよいと教えてもらった．飼い始めた当時は，どの位紙を湿らせたらよいのかわからず，ナメクジを干からびかけさせたり，逆に湿らせすぎて，弱らせたりもした．卒業研究が終わる頃にはすっかり飼い方にも慣れ，餌にはニンジンと魚の粉を固めたコオロギ用の餌の二つを与えるとよく育つこともわかったので，費用の安いこれらの餌を与えるなど，よりよく飼育するための工夫もした．また，チャコウラナメクジはニンジンを好んで食べるが，意外なことに成長するにはタンパク質が必要なため，ニンジンだけでは大きく育たないこともわかった．

しかし，実験を始めて一年以上経っても一向に実験室ではチャコウラナメクジは卵を産んでくれなかった．森さんに聞いても，ごくたまに1，2個産むことはあったが，大量には産まなかったそうである．一方，野外採集をしていると，卵を見つけることがあった．少し土に埋まっていることが多かったので，産卵には土が必要かと思い，土を入れた容器で飼育してみると，たしかに土には産卵した．これで産卵問題は解決か，と思ったが，土はカビが生えやすいなど多くの問題もあったし，卵は土にまみれているので，数を数えにくく孵化も観察するには適していなかった．どうすればうまく卵を集められるのだろうか，と日々悩んだ．悩みすぎてある日ナメクジが卵を産んだ！　という夢までみた．正夢かもしれないと喜んで研究室にいって容器をみても，産卵しておらずがっかりしたこともある．そんな修士1年の夏，初めて日本動物学会に参加した．そこで，チャコウラナメクジの脳を使って学習を研究している方と話をする機会があった．自分は飼育個体が卵を産まず困っている，どうやって飼っているのか，と聞くと，そこの研究室では捨てるほどたくさん卵を産んでいると言われショックを

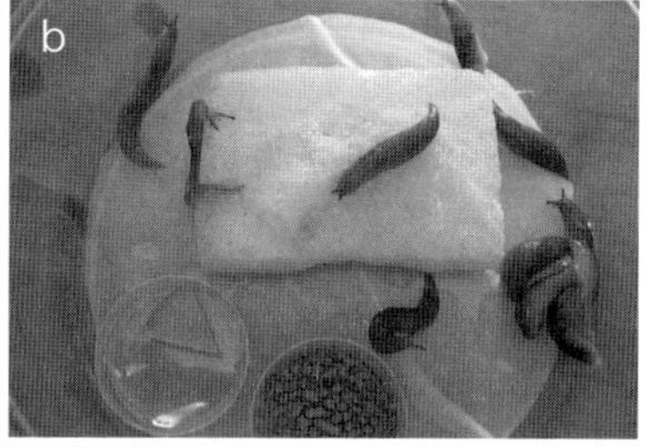

図2-9　飼育容器．(a) 外から見たようす．(b) 飼育容器の中．真ん中に見える四角いのがスポンジ．

受けた．詳しく聞くと，濡らしたスポンジを入れておくとその下に産卵するそうで，大阪に帰るとさっそくスポンジを買い，飼育ケースに入れた．すると，本当に次の日にはスポンジの下に20個ほどの卵があった．土を入れたとき以外に，これほど多くの卵を産んだことはなかったので，とてもうれしかったのをよく覚えている．こうして図2-9に示すように飼育し，順調にチャコウラナメクジの卵を得られるようになった．しかし，よく野外で卵があった場所を思い返すと，卵はいつも石や木の板，鉢植えなど何かの下にあった．ある程度の湿った環境が必要なのは，成体のナメクジも卵も同じなので，ナメクジが何もない開けた場所に産卵するはずはない．それなのに，私は飼育容器にそういった産卵場所を用意していなかった．少し野外でのことを考えれば，産卵場所が必要なことに気がついたはずである．この産卵についての出来事は，生き物と生息している環境について注意深く考えなくてはその生き物について理解できない，という教訓を私に残した．

暑さ寒さとナメクジ

成長したナメクジの温度耐性

　適切な時期に繁殖をすることは次世代をのこすために，とても重要なことであるが，繁殖にいたるまで親世代そのものが生き残ることも重要である．とくに冬の低温を生き延びることは，温帯に生息する生き物にとって重要な課題である．昆虫やナメクジのような変温動物は，基本的には環境の温度と体温が同じである．そのため，冬に温度が下がると自分の体温も下がり，低温麻痺や最終的には死亡につながる．多くの昆虫は，冬のない熱帯を起源とする．熱帯から寒い冬がある温帯へと生息域を広げる過程で，冬の低温に耐えるための機構を発達させてきた．餌不足を補うために脂肪を貯めたり，体を凍りにくくするために特殊なタンパク質や糖を貯めたりする（積木ほか，2010）．しかし，これらの準備にはやはり時間がかかる．そのため，温度よりも早く変化する日長によって季節を知ることで，実際に寒くなる前に越冬準備を始めることができるのである．陸貝の温度耐性の研究は，カタツムリで多くおこなわれている．カタツムリは全身を隠すことができる発達した殻や，カルシウムを多く含む粘液で蓋を作ることで，物理的な防御をすることができる．しかし，ナメクジには殻などはないため，夏の熱い外気や，冬の凍結の危険に水分の多い軟体部が直接曝されてしまう．一般に，多くの無脊椎動物が冬を越す際に摂食を止める．食べ物が消化管に入っていると，低温で体内に氷ができて死亡する原因になるためである．しかし，大阪のチャコウラナメクジは秋や冬でも活発に動き，摂食や繁殖をおこなうので，冬の低温をどのように乗り越えているのだろうか．

それを知るためにまず，野外での成体の温度耐性を定期的に調べ，その季節変化を明らかにした．温度耐性を調べるにはいくつかの指標がある．たとえば，変温動物をある低温や高温に曝すと死亡するよりも先に，体が麻痺して動けなくなるが，温度を戻してしばらくすると，その動物は麻痺から回復してまた動きはじめることができる．麻痺が始まる時間や温度，麻痺からの回復時間など，麻痺を指標として温度耐性を測ることができる．もう一つの温度耐性測定の指標は生死である．ある温度に一定時間曝して，生存率をみることで対象が耐えられる，つまり死亡しない温度を知る，というものである．

今回の実験では，生死を指標として温度耐性を測定した．というのも，ナメクジは好適な条件であっても，長時間動き続けることがないため，動かないのが低温・高温による麻痺なのかどうかを見分けるのが難しいためである．曝す温度は一つではなく，より変化を捉えやすくするため1℃刻みで最低二つの温度条件を使い，死亡率が25，50，75％になる温度を計算により求めた．50mℓチューブに10個体ほどのチャコウラナメクジを入れ，試験温度に設定した水やグリセロールを入れた水槽を使って1時間目的の温度に曝した．1時間経ったら，ナメ

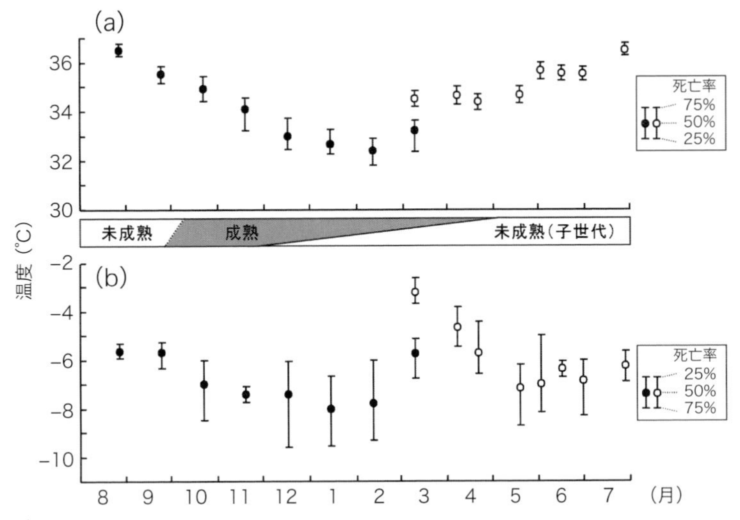

図2-10 大阪におけるチャコウラナメクジの温度耐性の季節変化．黒丸は親世代，白丸は子世代の結果．(a) 高温耐性，(b) 低温耐性．(Udaka et al., 2008を改変)．

クジを飼育容器に移し24時間後に生死判定をおこなった．実験に用いる個体数が少ないと，1個体の違いで大きく死亡率が変わる．たとえば10個体であれば1個体の死亡により死亡率は10%変わるが，100個体であれば1個体の死亡は1%である．できれば一つの条件を100個体で実験したいところだが，野外にチャコウラナメクジが多いといっても毎月何百個体も採集し続けるのは難しい．一つの温度あたり19から40個体を用いるのが精一杯であった．

8月から翌年7月まで野外個体の温度耐性を調べた（図2-10）(Udaka et al., 2008)．3月には前の年に産まれた新しい世代がかなり大きくなっていたので，新しい世代とその親の世代両方の温度耐性を調べた．その結果，高温には7月と8月にもっとも強く，その後は2月までゆるやかに弱くなっていき，3月に少し耐性が高まった（図2-10a)．3月の子世代は親世代よりも高温に強かった．子世代は夏に向かって徐々に高温に強くなっていった．高温耐性とは逆に，低温には8・9月に弱く，1・2月に強かった．3月の親世代は2月よりも低温に弱くなっていたが，子世代は親世代よりもさらに低温に弱かった（図2-10b)．子世代はその後5月に向かって徐々に低温に強くなっていったが，これは成長により体が大きくなったためと考えられる．夏に高温に強く冬は低温に強くなることは，当たり前のことのように思えるかもしれないが，陸貝の高温・低温耐性が1年を通じてどのように変化するかはそれまでに明らかになっていなかった．

温度耐性をどうやって変化させるのか

長期間，少し高いまたは低い温度に曝されることで，さらに高い温度や低い温度に強くなることを順化という．順化のメカニズムの詳細は明らかになっていないが，多くの生き物が順化によって温度耐性を高めることができる．では，チャコウラナメクジで見られた温度耐性の季節変化は，単に気温の上がり下がりに反応した順化によるものなのだろうか？　それとも，性成熟や成長と同じように，光周性によって決まっているものなのだろうか？

温度耐性の季節変化に，日長や温度がどのようにかかわっているかを明らかにするために，チャコウラナメクジを研究室で飼育しそれから得た卵を，20℃に維持し，孵化後48時間以内の幼体をさまざまな条件で飼育してその温度耐性を比較した．幼体はまず，光周期の違う二つのグループに分けた．グループ1は長日条件（24時間のうち16時間明るく，8時間暗い），グループ2は短日条件（24時間のうち12時間明るく，12時間暗い）とし，温度はどちらも20℃で45日飼育した．温度順化の効果を調べるため，飼育45日目にそれぞれのグループのうち3分の1はそれまでの飼育温度である20℃より5℃高い25℃，別の3分の1は20℃より5℃低い15℃に飼育温度を変更し，残りの3分の1は20℃のままで，さらに15日飼育した．もし，順化のみが温度耐性に影響するならば，光周期条件に関係なく短日条件でも長日条件でも，飼育期間の最後15日を25℃にしたグループがもっとも高温に強く，15℃のグループがもっとも低温に強くなるはずである．温度耐性は野外個体の実験と同様に，試験温度に1時間曝し，24時間後の死亡率を調べた．

まず，高温への耐性の結果だが，違いがはっきりしている34，35℃での死亡率に注目すると光周期に関わらず，25℃で飼育したグループが一番高温に強く，次が20℃，そして15℃で飼育したグループがもっとも高温に弱いことがよくわかる（図2-11；右の三つのグラフ）．25

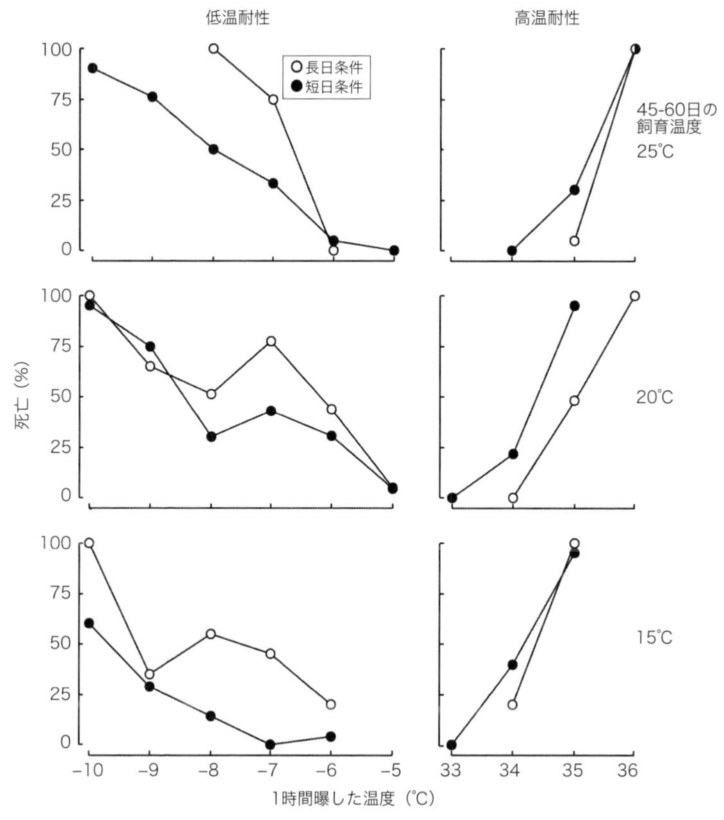

図2-11　温度耐性におよぼす温度と光周期の影響.

℃や15℃では高温への強さに対する光周期の影響はみられなかったが，20℃で60日飼育した場合のみ，短日条件より長日条件で飼育したグループの方が高温に強かった．このことから，高温耐性には順化が大きく影響し，光周期の影響は小さいことがわかる．低温耐性も同様に順化による影響がみられ，高温耐性とは逆に，15℃で飼育したグループが20℃や25℃のグループよりも低温に強くなっていた（図2-11；左の三つのグラフ）．また，15℃や25℃では，短日条件で飼育したグループの方が，長日条件で飼育したグループよりも低温に強くなっていたことから，低温耐性についても温度順化だけでなく，光周期が影響することが明らかになった．

野外採集個体と実験室で育てたチャコウラナメクジでの結果から，

春から夏の気温上昇と長日条件によって高温に強くなり，その後，秋や冬には気温が下がることで，高温には弱くなり，低温には，気温の高い夏の間は弱く，秋の気温の低下と短日条件によって強くなると考えられる．このようにチャコウラナメクジは，光周期とそして時には温度も頼りにして，成長や性成熟の時期，温度耐性の強化を季節変化に合わせておこなっている．

札幌で生きるチャコウラナメクジ

大阪以外に生息するチャコウラナメクジ

気候は地理的に異なっているので，ある場所の気候に適した性質が別の場所でも通用するとはかぎらない．はじめに述べたように，チャコウラナメクジは人為的移入によって日本では北海道から沖縄までと広く分布している．大阪では夏が暑いから夏に繁殖できない，となると，夏が涼しく冬に積雪がある北海道でも大阪と同じ時期に繁殖しているとは考えにくく，生活史は大阪と札幌では異なっていることが予想された．また，フランスの北西部，ブルゴーニュ地方にあるレンヌという所に生息するチャコウラナメクジは，短日条件より長日条件の方が多く産卵することが報告されている（Hommay et al., 2001）．この地域での生活史は明らかにされていないが，レンヌの冬は比較的温暖だが夏でも平均気温は20℃前後と涼しいことから，春先の長日条件によって性成熟が誘導され，初夏から秋にかけて繁殖しているのではないだろうか．このフランスの研究グループは，短日条件，長日条件で異なる温度条件を用いている．そのため，単純に光周期の性成熟におよぼす影響をレンヌ個体と大阪個体とを比較し議論することは難しいが，二つの研究結果はチャコウラナメクジの光周性が，地理的に異なっている可能性を示している．外来種であるチャコウラナメクジが，日本の幅広い気候にどのように対応しているのかを明らかにするために，札幌市のチャコウラナメクジの生活史と光周性を調べた．

雪の下のナメクジ

2005年6月から2006年5月まで，約30日に一度札幌市にある北海道大学へ行き採集をおこなった．大阪での採集と札幌での採集の大きな違

図2 - 12　札幌の採集地のようす．(a) 夏の採集地．(b) 冬の採集地．(c) 雪を掘って，落ち葉を露出させたところ．

いは冬の寒さと雪である．夏や秋の採集のときに，どこでどのくらい採れるのか場所を記録しておき，冬に雪が積もった後は，その記録を頼りに見当を付けてチャコウラナメクジを探した．多いときで1mほどに積もった雪をどけなくてはならず，木村正人教授と，当時，博士課程の学生だった高橋一男さん（現・岡山大学）をはじめとする木村先生の研究室の学生さんたちにはたいへんお世話になった（図2 - 12）．

採集をした2005年は12月下旬の採集で初めて地面は雪に覆われていた．当時，博士課程の学生だった私は，自分の研究費をもっていなかった．そこで，宿泊費を浮かせるためと，大量のチャコウラナメクジを飼育していて，何日も研究室を留守にすることはできなかったため，札幌採集は1泊2日でおこなっていた．まず大阪でナメクジの世話をした後，札幌に行っていたので北海道大学には夕方5時頃の到着だった．夏は札幌の日没は大阪よりも遅いので，到着した日にも採集をする時間は十分にあったが，冬の日没は札幌の方が早い．12月になると，同じ5時でももう外は真っ暗で，雪が積もっているところでは作業をすることはさらに困難であった．そこで，その日は採集をせず，次の日の朝に開始することにした．しかし，まだ夕飯までに時間があったので，採集の邪魔になる雪を今日のうちに除けてしまえば明日チャコウラナメクジを見つけるのに効率がよいのではないかと思いついた．高橋さんに手伝ってもらい，目星をつけていた場所の雪を1 m ×1 mの広さで2ヶ所ほど除き，落ち葉に覆われた地面をむき出しにした．これで明日の作業が楽になると満足して，その日の仕事を終了にした．ところが，翌朝同じ場所に行くと，落ち葉やその下数センチメートルの地表はすっかり凍ってしまっており，とてもチャコウラナメクジを探せるような状況ではなくなっていた．けっきょく，また雪を除ける作業からやり直し，採集をおこなった．このことが示すように，積雪には断熱効果があり，雪の上がたとえば−20℃であっても雪の下の地面は約0℃に保たれている．積雪がある限り，その下の地面の温度はそれ以上寒くなることはなく，また，湿度も約100％に保たれたとても安定した環境となる．

札幌での生活史

さて，札幌での定期採集の結果，両性腺が体重に占める割合は9月に最大になり（図2-13a），採集した個体の大部分は精子を8月下旬から4月（図2-13b），大きな卵母細胞を9月下旬から4月までもっているとわかった（図2-13c）（Udaka and Numata, 2010）．このことから，チャコウラナメクジは札幌では8月中旬には性成熟していることが明らかになった．大阪では10月後半に成熟していたことと比較すると，札幌では大阪よりも2ヶ月早く性成熟が始まっている．このことはチャコウラナメクジの生活史に地理的変異があることを示している．

札幌個体の産卵時期を，大阪個体のように飼育実験で確かめることは残念ながらまだできていない．大阪個体での実験から，両性腺が小さくなることは産卵のためであることが示されているので，札幌での産卵時期を推測することができる．札幌個体では，両性腺重量は9月から12月にかけて小さくなり，その後変化は緩やかになり，3月から4月にかけて再度小さくなっている．したがって，札幌個体は9月から12月に産卵し，地面が完全に雪に覆われている12月から3月は産卵せず，雪が解け始める3月に産卵を再開し，4月まで生み続けるというパターンで産卵しているのだろう．大阪では1月下旬から2月初旬のも

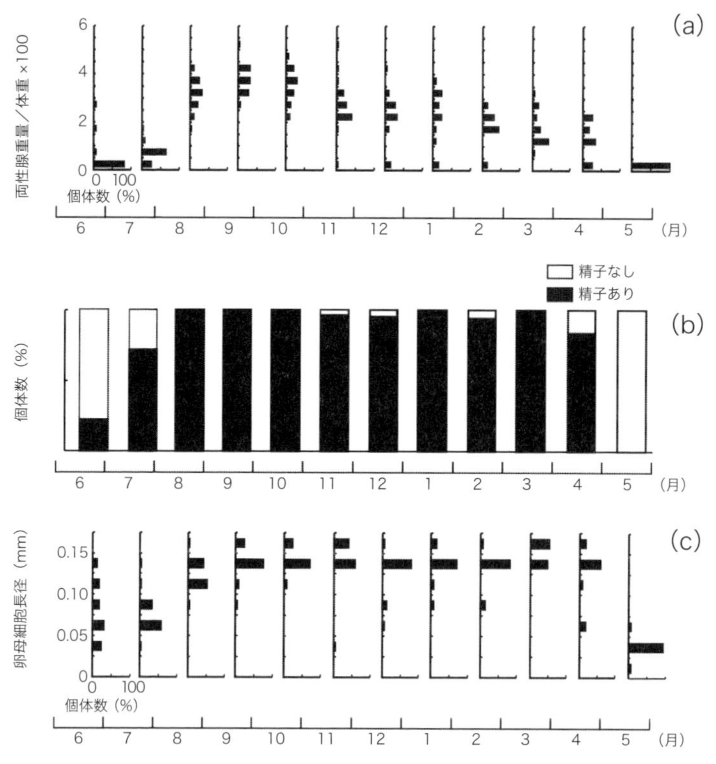

図2 - 13 札幌におけるチャコウラナメクジの性成熟の季節変化.（a）体重に占める両性腺の割合,（b）精子形成,（c）卵母細胞の発達.（Udaka and Numata, 2010を改変）.

っとも寒い時期には産卵数が少なくなったが，完全に産卵を止めることはなかった．しかし，札幌での産卵時期は，雪が積もる前と雪が解けのあとの二つの時期に完全に分かれていて，産卵パターンにも地理的変異があると考えられる．

光周性の地理的変異

チャコウラナメクジや他の生物において，季節的な環境変化に生活史を合わせるため日長（光周期）を利用していることを説明した．日長は夏至が一番明るい時間が長く，冬至に短いことは世界中のどこでも同じである．しかし，その変化のしかたは緯度によって異なる．きょくたんな例を挙げると，夏は日が長くなるが，南極や北極，極地に近い地域では，一日中太陽が地平線の上にある白夜という現象が起こる．このように，冬至と夏至の日長の差や，毎日どのくらい日の長さが変わるかは，緯度によって異なる．したがって，生息域が北や南に移動した場合，光周反応を新しい地域に合ったものにしなくてはいけなくなる．

光周反応を考えるとき，臨界日長というものが役に立つ．たとえば，光周性によって休眠（繁殖や成長をやめた状態）する昆虫がいるとする．その昆虫を24時間のうちの明るい時間（暗い時間）が違う複数の光周期条件で飼育し，それぞれの日長での休眠している個体の割合を出す．その結果から，50％の個体が休眠する日長，「臨界日長」を計算することができる．

休眠を誘導する臨界日長が短いと，冬が近くなるまで休眠せず，長く繁殖を続けられるが，幼虫の餌がなくなったり，寒さで死んだりしてけっきょく遅くに産まれた卵が次世代を作ることはできず，無駄になる．逆により長い臨界日長で休眠する場合，冬がくるよりもずっと前，まだ十分に餌がある時期にもかかわらず繁殖を止めてしまうことになるので，もう少し遅くまで繁殖する個体よりも少ない次世代しか残せず，数世代経つと長い日長で休眠する性質の個体数は減ってしまう．このように，その地域の気候にあった光周反応をもっていない個体の次世代は存続することが難しく，臨界日長には強い淘汰の力が働き，結果として臨界日長に地理的変異ができる．チャコウラナメクジと同じく戦後移入した生物に，アメリカシロヒトリというガがいる．アメリカシロヒトリは第二次世界大戦終戦後の東京に，アメリカ軍の物資に付着して運ばれてきたと考えられている．このガ（蛾）は大発生すると，樹木に大きな被害を与える害虫として知られている．侵入後，1960年代から70年代にかけ「アメリカシロヒトリ研究会」により，日本での化生や光周性などさまざまなことが研究された．移入から約30年後，分布を北海道以外の全国へと拡大したアメリカシロヒトリの化生や臨界日長が再び調べられた結果，温暖な地域では年2世代から3世代へと生活史が変化し，臨界日長や温度感受性などの性質も変わっていることが明らかになった（五味，2004）．

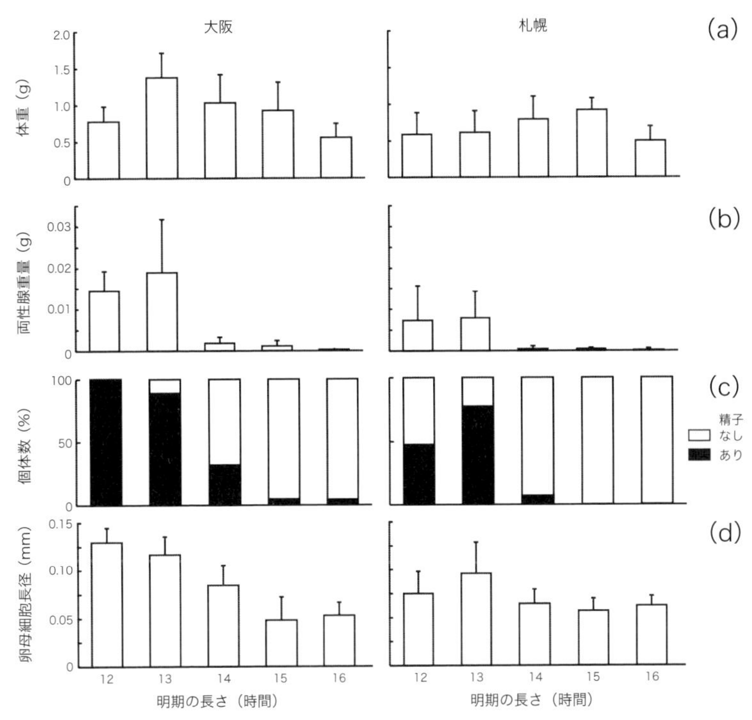

図2-14 大阪個体（左）と札幌個体（右）の光周性の比較．研究室で得られた幼体を温度は20℃で，さまざまな光周期条件で60日飼育した場合の（a）体重，（b）両性腺重量，（c）精子形成，（d）卵母細胞の発達．（Udaka and Numata, 2010を改変）．

光周反応は大阪と札幌で違うのか

チャコウラナメクジの性成熟の開始に日長が重要な役割を果たしていることから，札幌と大阪での生活史の違いは臨界日長の違いによって生み出されていると予想された．これまでに，陸貝の臨界日長を調べる研究はまったくおこなわれていなかった．チャコウラナメクジの臨界日長に地理的変異があるかを調べるため，実験室で大阪個体と札幌個体からそれぞれ卵を得て，孵化後48時間以内の幼体を実験に用いた．幼体を，24時間のうち明るい時間が12，13，14，15，16時間とし，20℃で，それぞれ60日飼育した．60日目にこれまでの実験同様，体重や両性腺重量の測定，切片観察により精子形成と卵母細胞の発達を調べた（図2-14）．

大阪個体は明期が13時間の条件がもっとも成長を促し，次いで12時間，14，15時間明期の三条件で成長し，16時間明期ではもっとも成長しなかった（図2-14a）．しかし，札幌個体は14時間や15時間明期でよく成長し，12時間と16時間明期では成長に差がなかった．このことから，成長に対する光周期の影響は大阪と札幌で異なっていることが明らかになった．この違いから，大阪と札幌個体は遺伝的に違う性質を持っていることがわかる．

次に，性成熟への光周期の影響について比較すると，どちらの地域個体でも明期が14時間かそれよりも短い条件で，より重たい両性腺，精子，より大きな卵母細胞をもっていた．この光周期の反応により，大阪個体の野外での生活史をうまく説明することができる．大阪で日長が性成熟を誘導する14時間になるのは8月下旬だが，野外で成熟個体が見られ始めるのは10月後半だった．ここで，高温（25℃）が日長による性成熟誘導の効果を抑える働きがあったことを思い出して欲しい．8月下旬の日長は性成熟を誘導する方向に働くが，月平均気温は約28℃と性成熟を抑制するには十分高い．したがって，実際の野外では，20℃の実験条件で得られた臨界日長になるよりも遅い時期に，性成熟が始まると考えられる．

では，札幌個体ではどうだろうか．札幌で日長が14時間になるのは大阪よりも遅い9月上旬である．しかし，札幌個体はそれよりも前の8月下旬にすでに性成熟していた．札幌個体の野外での性成熟が始まるタイミングと，実験室で得られた性成熟の光周反応が一致しない理由の一つに日長変化が考えられる．自然界では日長は毎日変化するものであるが，今回の実験では，チャコウラナメクジは毎日同じ日長条件で飼育された．いくつかの昆虫で，日長の変化が休眠に入ったり終了したりするのに重要であることが示されている．また，同じコウラナメクジ科のマダラコウラナメクジでは，長日条件で飼育し続けるよりも，短日から長日条件へ光周期条件を変えた方が，両性腺をより発達させる効果があるとされている（Sokolve and McCrone, 1978）．札幌のチャコウラナメクジも，6月の夏至から冬至に向かって日長が徐々に短くなる，その変化を感知して性成熟を開始している可能性がある．もう一つ考えられる理由に，1日の温度変化がある．実験条件では温度は20℃で一定であったが，野外では日長と同様に温度も夜明けに低く日中高くなるというように変動している．ガの一種，ヨーロッパアワノメイガ *Ostrinia nubilaris* などでは，明るい暗いという周期と同時に温度周期を受けることで光周期の効果が強調されることが報告されている．

大阪と札幌で生活史が異なることは予想したとおりであったが，臨界日長に大きな変化がみられなかったことは二つの点で大きな驚きであった．一つは札幌と夏の気候が似ているフランスのレンヌのチャコウラナメクジが長日条件で性成熟が誘導されるにも関わらず，札幌では大阪と同じ短日条件で性成熟が誘導されるという点である．そして，二つ目はこれまで述べたように，チャコウラナメクジでは生活史に地理的変異があり，光周性により性成熟のタイミングが調節されているものの，光周性の臨界日長には地理的変異がみられなかったことは意外であった．チャコウラナメクジでは臨界日長を変化させることなく幅広い気候に分布できる柔軟なしくみをもち，このしくみが，チャコウラナメクジが移入先の日本で60年という短い期間で分布を拡大できたことを示している．

では，この柔軟なしくみとは何だろうか．また，フランスと日本でチャコウラナメクジの光周反応が違うが，このような光周反応の違いが，日本で生じたのか，それともどこかに似た光周反応をもつ集団がおり，その集団が日本に移入した後，さらに札幌個体と大阪個体で見られた光周期への反応の違いが生じたのだろうか？　これらの疑問に対する明確な答えはまだでておらず，今後ぜひとも解明したい大きな研究課題である．

おわりに

2000年の初め頃，茨城県で豹柄のナメクジが発見された（長谷川他，2009）．研究者により，その豹柄のナメクジはマダラコウラナメクジであることが明らかになった．このマダラコウラナメクジは，体長が20cm ほどになる大型のナメクジである．その交尾方法は，2個体が粘液を出しながら木の枝などからぶら下がりながらおこなう，という少し変わったものである．チャコウラナメクジ同様，ヨーロッパ原産であるが，人為的移入により世界に分布を広げている．茨城県ではその後の調査により，複数個所で生息していること，卵も発見されたことから，すでに定着していることが確認された．そして，現在茨城県だけでなく北海道他数箇所でマダラコウラナメクジの生息が報告されている．マダラコウラナメクジがどこからどうやって日本に来たのかはわかっていないが，現在その生息域が拡大しつつあるのはたしかである．札幌でも定着が確認されていることから，マダラコウラナメクジは日本のほとんどの地域の冬を乗り越えるのに十分な低温耐性を備えていると考えられる．茨城県で定着していることから，やはり日本のたいていの地域の夏の暑さにも耐えることができるだろう．マダラコウラナメクジは，同じ所にいる他の種の生存や繁殖を妨害する(Rollo, 1983)．現在マダラコウラナメクジは，日本の中で限られたところにのみ分布しているが，茨城県や札幌市という幅広い気候で繁殖できていることを考えると，移入の機会さえあれば今後さらに分布が広がる可能性は高い．マダラコウラナメクジが移入した先に，チャコウラナメクジやナメクジがいれば，マダラコウラナメクジの繁殖時期によってはこれらのナメクジの繁殖が妨げられ，しだいにナメクジやチャコウラナメクジが数を減らし，近い将来日本でナメクジといえば，豹柄のナメクジ，ということになるかもしれない．

マダラコウラナメクジは移入からまだ10年ほどしか経っていないので，現在の光周性や温度耐性，生活史などを明らかにしておけば，今後マダラコウラナメクジがどのように日本の気候に適応していくのか，その過程を知ることができるだろう．そして，その成果は，まだ明らかにできていないチャコウラナメクジでの謎の解明につながるかもしれない．また，かつて起こったキイロナメクジからチャコウラナメクジへの置き換わりのように，チャコウラナメクジからマダラコウラナメクジへの置き換わりが今，起こりつつあるのかもしれない．これまで日本のナメクジは，外来種が入るたびに種の置き換わりという大事件が起こってきたが大きな関心をもたれることがなかった．マダラコウラナメクジと他のナメクジの今後の動向に注目することで，ナメクジだけでなく，外来種問題全体の解決のためのヒントが得られるかもしれない．

よく見る生き物だからといって，その生き物のことをよく知っているとはかぎらない．私たちは庭にいるナメクジよりも，遠いサバンナにいるライオンのことの方をよく知っていたりする．きっとこの本を読もうと思ったきっかけも，カタツムリやウミウシのことが書いてあるからで，ナメクジではない人の方が多いだろう．これまでナメクジについて考えたこともなかった人やナメクジがちょっと苦手だったという人が，本章を読んで少しでもナメクジに興味をもったり好きになったりしてくれるようになることが，ナメクジを研究している者として大きな喜びである．もちろん，ナメクジめあてでこの本を手にとってくれた人（ありがとう！）には，これからもナメクジとナメクジ研究のおもしろさをさらに伝えていければと考えている．

引用文献

五味正志．2004．『休眠の昆虫学』（田中誠二，檜垣守男，小滝豊美　編著）．東海大学出版会．

長谷川和範・福田 宏・石川 旬．2009．マダラコウラナメクジの日本国内への定着．ちりぼたん 39(2): 101-105.

積木久明・田中一裕・後藤三千代 編．2010．『昆虫の低温耐性　その仕組みと調べ方』．岡山大学出版会．

Hommay, G. Kienlen, J.C., Gertz, C. and Hill, A. 2001. Growth and reproduction of the slug *Limax valentianus* Firussac in experimental conditions. *Journal of Molluscan studies.* 67(2): 191-207.

黒住耐二．2002．『外来種ハンドブック』（日本生態学会　編著）．地人館．

Rollo, D. C. 1983. Consequences of competition on the reproduction and mortality of three species of terrestrial slugs. *Researches on Population Ecology* 25(1): 20-43.

Sokolove, P.G. and McCrone, E.J. 1978. Reproductive maturation in the slug, *Limax maximus*, and the effects of artificial photoperiod. *Journal of Comparative physiology. A* 125(4): 317-325.

Udaka, H., Mori, M., Goto, S.G. and Numata, H. 2007. Seasonal reproductive cycle in relation to tolerance to high temperatures in the terrestrial slug *Lehmannia valentiana*. *Invertebrate Biology*. 126(2): 154-162.

Udaka, H. and Numata, H. 2008. Short-day and low temeperature conditions promote reproductive maturataion in the terrestrial slug, *Lehmannia valentiana*. *Comparative Biochemistry and Physiology-PartA*, 150(1): 80-83.

Udaka, H., Goto, S.G. and Numata, H. 2008. Effects of photoperiod and acclimation temperature on heat and cold tolerance in the terrestrial slug, *Lehmannia valentiana* (Pulmonata: Limacidae). *Applied Entomology and Zoology*. 43(4): 547-551.

Udaka, H. and Numata, H. 2010. Comparison of the life cycle and photoperiodic response between northern and southern populations of the terrestrial slug *Lehmannia valentiana* in Japan. *Zoological Science* 27(9): 735-739.

宇高寛子・田中 寛. 2010.『ナメクジ　おもしろ生態とかしこい防ぎ方』. 農村漁村文化協会.

第3章

ヒザラガイの繁殖リズム
—繁殖現象の同期をめぐって

吉岡英二

この研究の座標軸

ヒザラガイとは

生物の研究者が自身の研究内容を紹介するとき，その対象の生物と現象の二つの座標軸で表現することがふつうである．たとえば「ウニの発生」，「ショウジョウバエの遺伝」など，よく知られた生物と現象ならばただちに研究内容を理解してもらうことができる．一方で，私の研究内容を表現すると，この章のタイトル「ヒザラガイの繁殖リズム」という，対象の生物も現象もふつうの人にはなじみのない座標軸の表現となる．そのため，まず対象とする生物を理解してもらうために，少し長めの説明をする．

ヒザラガイ *Acanthpleura japonica*（Lischke）は，北海道南部から種子島までの日本列島沿岸と朝鮮半島沿岸に広く分布する日本の海岸でふつうにみられる貝類である．貝という名をもつものの，よく知られる巻貝（腹足綱）や二枚貝（斧足綱）などの貝類とは別の，多板綱というグループに分類される．多板綱の貝類は，ふつう長楕円形で左右相称の体制をもち，背中に8枚の殻をもつ．神経系の形態などから，軟体動物としては原始的な特徴を残したグループとされ，日本ではおよそ100種が知られている．その仲間は，すべて海産で，深海から沿岸までの広い深度でさまざまな種が知られている（Taki, 1937）.

ヒガラガイは多板綱の貝類の生息場所としてもっとも高い位置である潮間帯（満潮位と干潮位の間）の岩礁に生息し（吉岡，1983），干潮時には長時間にわたって空気にさらされる．おもに潮間帯の中ほどに生息するので，潮の引いている時（干潮時）には岩盤上に干出した状態で見られ，観察は容易であるが，潮が満ちているとき（満潮時）

には強い波あたりのため近づくことさえ危険な生息場所も多い．岩盤への固着力は強く，素手で採集するのは困難で，標本などを得たいときには「磯がね」という尖った先端部を曲げた鉄製の道具を用いて採集する．強い波あたりでもはがれることはなく，たとえば東映映画のオープニングのような荒ぶる波に打たれる岩礁（＝荒磯）でもふつうにみられる．硬い岩の磯を歩き，岩に張り付いているさまざまな生きものに興味をもったことがある人なら，一度は目にしたことがあると思われる．

「ヒザラガイ」あるいは「ヒザラガイ類」という語は，しばしば多板綱という広い分類群に属する貝類の総称として用いられるが，ここでは特定の種を示すものと限定して用いることにする．

有性生殖と無性生殖

多くの動物は，繁殖のために卵と精子（両者を合わせて「配偶子」と呼ぶ）を作る．それらが合体（＝受精）することによってできる受精卵から新しい世代が始まるとともに新しい個体の発生が始まる．このように受精という過程を経て新たな個体を生じる生殖様式を「有性生殖」と呼ぶ．それに対して，配偶子の合体を経ずに体細胞の一部から新たな個体を生じる生殖様式を「無性生殖」と呼ぶ．陸上植物のほとんどを占める種子植物は，胚珠と花粉という配偶子をつうじての有性生殖をおこなうが，多様な無性生殖（たとえばイモや球根などをつうじて）でも新しい個体を作ることが知られている．しかし，動物全般にとって無性生殖は例外的で，ふつう有性生殖だけを繁殖の手段とする．その場合は，個体数が増えると同時に，新しい遺伝子の組み合わせをもつ個体が生じる．ヒトの場合でもわかるとおり，子どもは必ず親とは異なった遺伝子の組み合わせをもって生まれてくる．有性生殖だけで増える動物は，配偶子が受精すること以外に個体数を増やす手段がなく，それが種の永続性を保つための唯一の手段である．

貝類とイカ・タコに代表される軟体動物門の七つの綱のうち無性生殖の可能性を示唆する例は，巻貝の仲間（腹足綱）でいくつか知られているが，それらは軟体動物全般からみると希少な例で，巻貝の仲間（腹足綱）以外の6綱は有性生殖だけをおこなう．ヒザラガイの属する多板綱の生殖も，知られている限りすべて有性的におこなわれている．

体外受精と体内受精

卵はみずから移動する能力をもたないが，精子はしなやかな鞭毛によって液体の中を卵を求めて移動する．卵よりはるかに多くの数の精子のうち一つだけが授精を成功させて新しい個体と世代へ遺伝子を引き継ぐことができる．このような受精が成立するための前提条件として，授精可能な精子と卵とが同じ時刻に同じ液体の媒質中におかれることが必要となる．この条件を満たすことを「媒精」という．媒精され受精する場所は，体内である場合（体内受精）と体外である場合（体外受精）とがある．ウニ・ナマコなどに代表される棘皮動物門，魚類の大半を含む脊椎動物門硬骨魚綱，ゴカイに代表される環形動物門多毛綱，クラゲ・イソギンチャクに代表される腔腸動物門など，海産動物の多くは媒精を海水中でおこなう体外受精が一般的である．軟体動物門では，単板綱・無板綱・掘足綱（くっそくこう）・斧足綱（ふそくこう）の四つの綱に属する貝類のすべて，巻貝のうち原始腹足目と分類されていたアワビ・サザエ・イシダタミなどを含むグループの大部分は体外受精である．また，ヒザラガイの属する多板綱も，知られる限りすべて体外受精である．カタツムリ・ナメクジなどの陸上の軟体動物や，ウミウシなどは体内受精をおこなうが，それは軟体動物としてはむしろ少数派である．

この本の別の章で述べられているカタツムリやウミウシなど体内受精によって繁殖する動物は，交尾という行動をつうじての雌雄の複雑なやりとりを必要とする．それらの複雑なシステムの中での雌雄のエキサイティングなやりとりについては，「行動生態学」という分野の発展をつうじてさまざまな興味深い知見が得られている．それに対してヒザラガイをはじめとする体外受精の海産動物では，配偶子を作りそれを同時に海水中に放出することが繁殖を成功させるための唯一の手続きである．これは，有性生殖の生物について考えられるもっとも単純な作業であろう．

雌雄間のかけひきなどの繁殖行動は，擬人化しやすく，感情移入が容易な行動で，その物語性に研究者だけでなく一般の興味も引くが，この章で取り扱うヒザラガイの繁殖についてもきわめて興味深い巧妙さと合理性がある.

では…ヒザラガイでは

ここからは，まず繁殖の実際の行動と，それが野外で「いつ」おこなわれているのかについて，実際の研究の経過に沿って紹介する．陸上で生活する人間にとっては，潮汐はあまりなじみのない現象であるが，水没／干出・大潮／小潮を繰り返す潮間帯の時間的環境のもとで，潮汐に応じて上下する水面の範囲である潮間帯に棲む生物は，大きな環境変動の繰り返しにさらされている．その中で，ヒザラガイがきわめて精密に繁殖の時間を決めていることを明らかにした．次に，潮間帯のヒザラガイが環境のリズムを手がかりにしてどのように繁殖時刻の設定をおこなっているのかについて，実験から明らかになった事柄を紹介していく．実験水槽で人工的な日周期と潮汐周期を作り，時刻を知る手がかりとなる環境条件を操作して，どのようにしてそのタイミングを決めているかを明らかにしていった．そのなかで，安定した周期性を見出すことが困難な野外の環境のなかで，どのようにして広い範囲でずれのない繁殖の時刻設定をおこなっているのか紹介する．そして最後に，なぜそのような時刻設定をおこなっているか，潮間帯に生息する貝類が，どうして特定の時間に繁殖することになったのか，実際の生息環境を踏まえて紹介していく．

体外受精の動物は，卵と精子を同時に放出するというきわめて単純な行動のみによって繁殖の成否が決まる．しかし，その単純な行動のタイミングをどのようにして決めているのか，そこには雌雄間の複雑なかけひきをおこなう動物たちに劣らぬエキサイティングなメカニズムが存在している.

ヒサラガイはいつ繁殖するか

生息場所と産卵現場

私の調査は，京都大学理学部付属瀬戸臨海実験所（現・京都大学フィールド科学教育センター瀬戸臨海実験所）の周辺の岩礁でおこなった．ヒザラガイは，ほとんどの個体が潮間帯の中央付近（中央潮位面 MTL ±0.5m）に生息する．そのため，大半の個体は，潮の干満によを再現するため15時間の明期と9時間の暗期による24時間周期（LD：15-9）とし，4時30分から19時30分までを明とした．水没・干出の周期は，6.21時間の水没と干出を繰り返す12.42時間を1周期とし，野外で満潮前後に水没し，干潮前後に干出するように設定した．

水槽2：（1）と同じ水没・干出の周期のもとで，明暗の周期を野外より4分の1位相にあたる6時間ずらし，10時30分から翌日の1時30分までを明とした．そのため，野外での満月（○）および新月（●）のとき，（1）では4時30分の点灯時刻（＝実験上の「日の出」）を水没した状態でむかえているが，（2）では10時30分の「日の出」を干出した状態でむかえていることがわかる．

水槽3：明暗の周期については（1）と同じ4時30分から19時30分までを明とし，水没・干出の周期を（1）と逆転させて与えている．そのため，野外での満月（○）および新月（●）のとき「日の出」を干出した状態でむかえている．

水槽4：水没・干出の周期を（1）と逆転させるとともに，明暗の周期を（2）と同じ，10時30分から翌日の1時30分までを明とした．これによって，野外での満月（○）および新月（●）のとき，「日の出」を水没した状態でむかえている．（1）と（4）は，同じ条件を6時間ずらして与えたものとなっている．

図3-6の結果として，それぞれの実線上（水没時間帯）に産卵が見られた時刻を示している．産卵時刻がどのようにずれたかは，実験開始からほぼ1ヶ月経過した6月17日の新月（●）から7月2日の満月（○）までの結果をみるとわかりやすい．野外と同じ位相関係を再現した水槽1では，野外と同様に満月の日からそれ以降数日の明け方の最満潮時刻に受精卵が得られた．明暗周期をずらせた水槽2，潮汐周期を逆転させた水槽3では，野外の満・新月の頃と同様の位相関係が，上・下弦の半月の頃にもたらされている．そして，それらの水槽では，本来は野外では卵を産まない下弦の半月の頃に産卵している．この時期の野外のヒザラガイは体内に成熟した卵母細胞をもたないため，どのようにしても卵を産ませることはできない．水槽2および水槽3の実

って1日ほぼ2回の水没と干出にさらされる.

卵と精子の放出（以降，合わせて配偶子放出という）の観察は，その生物が生息する現場でおこなうことが望ましい．しかし，ヒザラガイの場合は生息場所が潮間帯の岩礁で，配偶子の放出が水没時におこなわれるため，その現場は波打ち際の直下となる．さらにそこは海岸線の中でももっとも波あたりの強い岩礁であるため，観察はたいへん危険である．また，強い波あたりのため，実際に配偶子が放出されているのかどうかを確認することも困難である．そのため，次善の策として室内の水槽中に静かに置いた海水中で配偶子放出を観察した（吉岡，1988b）.

配偶子を放出するときは，その1分ほど前から外套膜でできている周縁の肉帯部の後ろを少しもち上げた姿勢をとり，やがてせりあがった肉帯の下の間隙から配偶子を放出する（図3-1）．雌雄ともに間欠的な配偶子放出が5〜15分ほど続き，放出が終わるともとの姿勢にもどる．配偶子放出の前後に個々の個体の大きな移動や集合などはみられない．また，配偶子放出がおこなわれた場合とおこなわれなかった場合とで，個体間の位置関係などにとくに違ったようすはみられない.

ヒザラガイの繁殖期

ヒザラガイの配偶子放出が，1年のうちどの季節におこなわれているのだろうか．繁殖の季節については，1年間の生殖腺の体積の変化（正確には生殖腺の体積とその個体の体重との比の変化）をつうじて知ることができる（図3-2／Yoshioka, 1987）．1980年10月からの調査では，生殖腺の体積は10月〜4月までは小さいまま変化がなく，その後，5〜6月にかけて大きくなり，7〜10月にかけて縮小・増加を繰り返しながら全体として10〜4月の大きさにもどる．生殖腺が大きくなるということは，生殖腺の内部に配偶子を蓄積し，放出を準備していることを意味し，生殖腺が小さくなるということは，蓄積された配偶子がその期間に放出されることを意味する．この結果から，ヒザラガイの配偶子放出は7〜10月に繰り返し起こっているものと思われる．さらに詳細にみると生殖腺が小さくなるのはその期間の満月と新月の前後であることがわかった．これらのことから，ヒザラガイの配偶子

図3-1　放卵中のメスのヒザラガイ（a）と放精中のオスのヒザラガイ（b）．放卵された卵は，写真（a）の中央付近に緑色に写っている．（写真提供：楚山 勇氏）．

放出は7〜10月（夏季）の満・新月の頃に起こっていると考えられる．

その時期に採集されたヒザラガイの生殖腺を，細胞レベルで調べたところ，生殖腺が大きくなっている時期には十分に育った卵母細胞と精子が満たされており，生殖腺が小さい時期には生殖腺の中に卵母細胞や精子はほとんど見られない．とくに卵母細胞は半月の時期（小

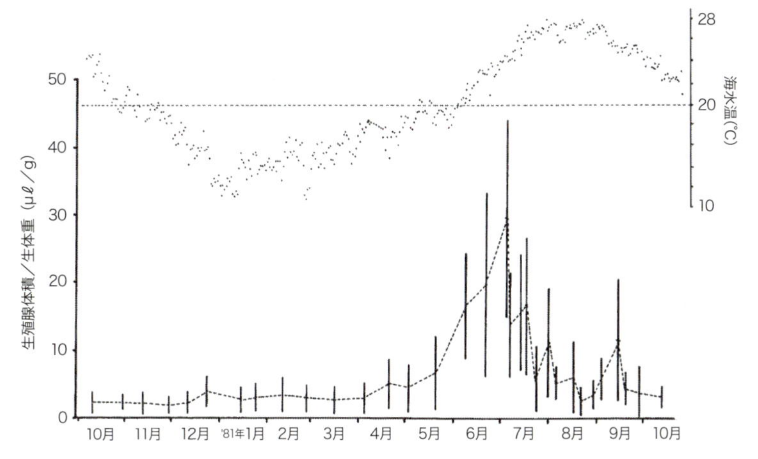

図3-2　1980年10月～1981年10月の，ヒザラガイのgonad index（生殖腺の体積／生体重，μℓ／g）の変化（Yoshioka，1987より改変）．各時期30個体の平均（破線で結んだ点）と標準偏差（実線）．7月から10月まで，ほぼ毎月2回，生殖腺の体積の減少がみられる．体積が大きく減少する時期が，配偶子放出の時期と考えられるので，ヒサラガイの配偶子放出は半月周期的におこっているものと推定される．

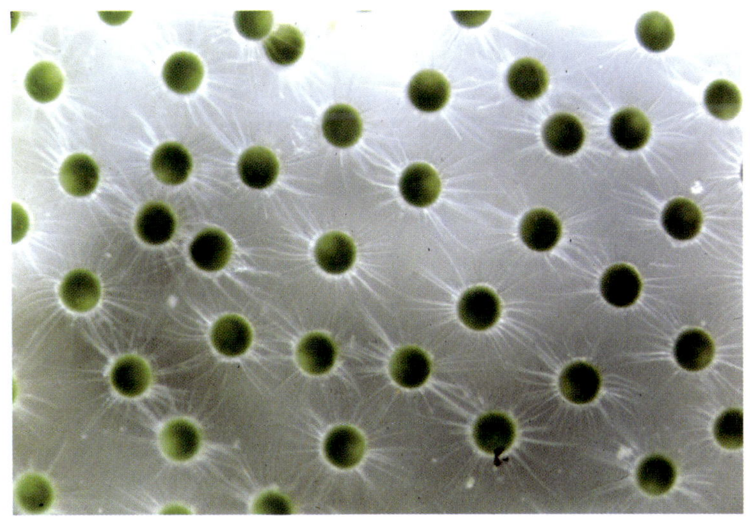

図3-3　ヒザラガイの卵．緑色の卵黄と，卵の表面から出た長いhullと呼ばれる刺状の構造物が特徴的である．

潮の時期）には生殖腺の中にはまったく見られなくなる．このことは，単純に満月・新月の時期に生殖腺内の卵を放出するだけではなく，満月・新月の時期にあわせて卵母細胞と精子を生産する体内の周期が配偶子放出の背景にあることを示している．

ヒザラガイの繁殖時刻

繁殖期については夏季の満・新月の時期であることが明らかになったが，さらに厳密な配偶子放出の時刻はいつなのだろうか．ヒザラガイは海水中に配偶子を放出するため，海岸のすぐ近くで時間を決めてプランクトンを採集し，もしもその中に大量の卵が見られれば，その直前に産卵がおこなわれたことがわかる．そこで私は，繁殖がおこなわれている夏季の満・新月の時期に，ヒザラガイの多く生息する海岸で一定量の海水中のプランクトンを30分毎に採集し，どのような時刻に卵が出現するかを調べた（Yoshioka, 1988）．ヒザラガイの卵は，図3-3のような特徴的な棘状のhullという構造をもち，卵黄はきれいな黄緑で，他に同じような特徴をもつ卵は知られていない．そのため，卵を識別するのは容易で，卵としては比較的大型であることから実体顕微鏡下で受精後の卵割も見分けることができる．もしも卵が受精している場合は，時間経過に沿ってその初期発生が進んでいく状況も見られると考えられる．

図3-4は，1983年7月の新月と8月の満月前後にプランクトンを採集し，その中のヒザラガイの卵を計数した結果である．ヒザラガイの大半が水没しているのは満潮時刻前後であるので，1日2回の最満潮時刻（↑で示した時刻）を中心に30分から1時間の間隔でプランクトンを採集した．図では，各時刻に採集された卵の数とその発生進度を，日付を縦軸に時刻を横軸に示している．連続して採集したプランクトンの中から，未卵割（1細胞期）のヒザラガイの卵が多く採集された時刻が，ヒザラガイの放卵時刻の直後と考えられる．図から満月・新月の前後で，ともにおもに明け方（一部夕方）の最満潮時刻の直前で多くの未卵割の卵が採集されている．図で示した以外の時期も含めて，採集を試みた289回の中で，未卵割の卵が採集されたのは74回で，すべて満月・新月の最満潮時刻（↑）の30分から1時間前の限られた時間であった．未卵割の卵が採集される時刻は，最満潮時刻を追いかけるように日々ずれていく．このことから，ヒザラガイの放卵が，新月と満月の前後数日の明け方の最満潮時刻直前のきわめて限られた時間に

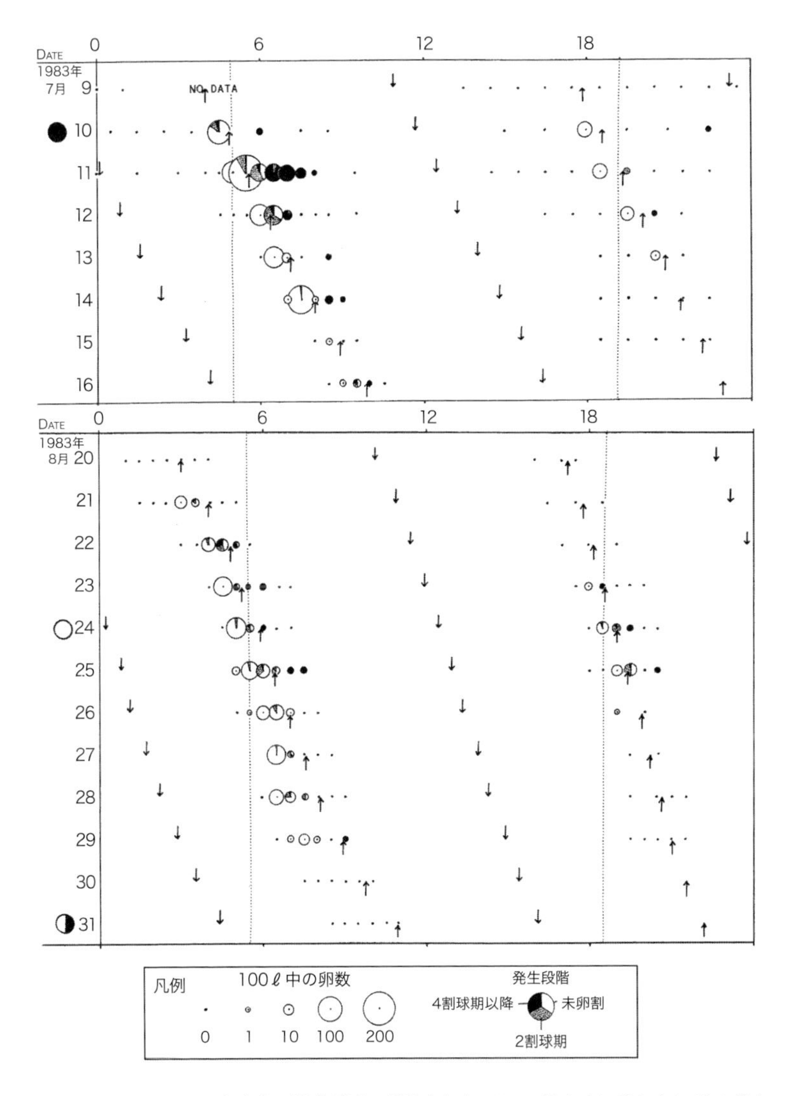

図3-4 ヒザラガイの生息する岩礁付近で採取された100 ℓ の海水中に現れたヒザラガイの卵数（Yoshioka, 1988より改変）. 上向きの矢印, 下向きの矢印は, 最満潮時刻, 最干潮時刻をそれぞれ示す. 最干潮時刻前後では, ヒザラガイが水没していないので, 海水は採集していない. 満月○, 新月●のいずれの前後も, おもに明け方の最満潮時刻の直前に放卵放精していることがわかる.

おこなわれていることがわかった．また，継続して順次発生の進んだ卵が採集されることから，放卵と同時に卵を受精させるのに十分な精子の放出もおこなわれていることが明らかになった．

潮汐と月齢

ここで，潮汐と月齢の関係について若干の補足説明を加えたい．

潮の干満とその潮位差（大潮・小潮）の変化は，地球に対する月と太陽の位置関係に支配され，それらの位置関係は月の満ち欠けとして目の当たりにすることができる．大潮・小潮の潮位差は，地域によって大きな違いがあるが，実際に調査をおこなった和歌山県白浜の海岸では，大潮での潮位差は200cm ほどに達する．小潮のときの潮位差は40〜50cm 程度のときもあり，ヒザラガイの生息場所がほぼ終日にわたって水没あるいは波に打たれた状態にとどまっている日もある．

満・新月の頃は，干満差の大きい時期（大潮）にあたる．図3-4でもわかるとおり，白浜近辺での最満潮は，満・新月の頃には午前・午後の6時前後に訪れる（当然ながら，その頃の最干潮は午前・午後の0時頃に訪れる．そのおかげで，大潮の時期は日中に「潮干狩り」ができる．）最満潮および最干潮の時刻は，毎日平均して50分ほど遅れる．潮汐周期の日周期からの遅れが，潮汐周期のおよそ2分の1位相に達し，最満潮が，午前・午後の0時頃に訪れる頃（満月・新月よりおよそ7〜8日後）が，上弦あるいは下弦の半月の頃であり，その頃には干満差の小さい時期（小潮）となる．

また，大潮の頃からみた潮汐周期と日周期のずれが，潮汐周期のおよそ1位相に達する頃（およそ15日後）に，次の大潮（新月または満月）が訪れる．このように，日周期と潮汐周期の位相関係のずれはおよそ15日の周期で繰り返す．これは，日周期と潮汐周期の二つの波の‘うなり’ととらえることができる．

図3-4では，満・新月の時期を中心に日周期と潮汐周期の関係が表わされている．なお，潮汐周期と日周期の位相関係は，配偶子放出の半月周性にも関与している．

繁殖現象に見られる四つの周期

このように，ヒザラガイの配偶子放出は，夏におこなわれることによる年周期，満・新月におこなわれるということによる半月周期（およそ15日の周期），朝夕の最満潮時刻のうちおもに明け方の側におこなわれるということによる日周期，日々の最満潮時刻直前におこなわれることによる潮汐周期という，四つの周期のもと，雌雄ともに同期的におこなわれていることが明らかになった．また，日周期や潮汐周期などの野外の周期的条件から切り離された実験室内でも，採集してきた2〜3日後のヒザラガイが野外とほぼ同じ時刻に配偶子放出が観察される．これらのことから，ヒザラガイは体内に配偶子放出の時刻を決める時計（＝体内時計）をもっていることも示唆される．

ヒザラガイは何を手掛かりにしているか

フィールドから実験室へ

ここまで，野外でヒザラガイがどのような時期・時刻に配偶子を放出しているかを明らかにしてきた．それでは，ヒザラガイは何を手掛かりにしてその時期・時刻をそろえているのだろう．有性生殖による繁殖は，1個体だけの行動で達成されることはない．とくに単純に配偶子を放出するだけの行動の場合，繁殖できるかどうかは同種の雌雄がいかに同期的に卵と精子を放出するかにかかっている．また，受精がより高い効率で達成されるためには，いかに集中的におこなわれ，高い精子密度と受精率が得られるかも関係していると考えられる．

ヒザラガイの生息環境は，ゆるやかな干満による水面の変化はあるものの，つねに強弱のある波にさらされ正確な時刻の手がかりになるような情報の得がたい環境である．波音を聞きながら海岸にたたずんでいても，満潮－干潮にいたる水面の変化についてはすぐには気がつかないほどゆっくりと進み，ふと気がつくとかなり水面が退いていた（あるいは近づいていた）ということを体験した人は少なくないだろう．このようなゆるやかな変化のなかで卵と精子を放出する時刻を正確に揃えているのはかなり不思議な現象だと感じられる．何を手掛かりにしているかを明らかにするためには，野外での環境変化を室内で人工的に与えることによって，それぞれの条件に対してどのように反応するかということをつうじて，配偶子放出の時刻を決める条件を探っていかなければならない．

季節性を決めるもの

まず，配偶子の放出の季節性（＝年周性）について検討しよう．配偶子が放出されるのは一年でも海水温の高い時期であると同時に，日長（昼間の時間）の長い時期でもある．昆虫や鳥類をはじめとする陸上動物の多くは，温度よりも日長の変化によってさまざまな季節的変化を起こすことが知られている．しかし，海洋生物の多くは，日長よりも温度を季節の手がかりとしていることが多い（Orton, 1920；Giese and Pearse, 1979）．水（海水）の比熱は空気よりはるかに大きいため，気温は夏にむかって不規則な寒暖を経て上昇するが海水温はゆるやかにかつ単調に上昇する．春先に急に暑くなったり寒くなったりすることは，陸上に生活する私たちの季節感としても慣れ親しんだものである．一日の中での気温差も10℃に達することは珍しくない．そのため，気温は季節性の指標としてかならずしも信頼できるものではない．しかし，海水温の変動は一日の中で1～2度程度であり，季節性の指標として信頼性の高い環境要因となる．

これらのことを実験的に確認するために，4～5月にかけて，ヒザラガイを15℃長日（LD9:15），15℃短日（LD 16:8），22℃長日，22℃短日の四つの条件を設定した水槽で飼育した（吉岡, 1987）．その結果，日長の長短にかかわらず22℃で飼育した二つの水槽のヒザラガイだけに精子の形成／卵の形成が見られた．配偶子形成は，日長にかかわらず飼育水槽の温度を上げることによって開始させることができた．このことから，繁殖の季節性は温度変化に対応して調整されている生理的現象であると考えられる．いっぽう，図3-2で見られるとおり，配偶子形成の終了時期の海水温は開始時期の海水温よりずっと高い．このことから，温度という条件だけで配偶子形成の開始と終了の両方を単純に説明することはできない．また，配偶子形成の開始については個体によっておおむね一致して始まるが，終了時期は個体ごとにばらつきが大きいように見受けられる（Yoshioka, 1987）．

それでは，そのような季節性の適応的背景についてはどのように考えられるだろうか．これまでにも繁殖の季節性について，放出され受精した卵の胚発生，幼生の成長等の至適温度，餌の出現時期などからその一般性について議論されてきた（Giese and Pearse, 1974）．とくに，海水中で発生して水中の植物プランクトンなどを餌とする多くの幼生にとって，プランクトンの豊富な時期と合わせて放出されることは生存のためにもきわめて重要な条件と思われる．しかし，多板綱の幼生は一般に受精してから定着するまでプランクトンとして生活する間いっさい餌を取らない卵黄食性（lecithotrophic）であることが知られており（Pearse, 1979），ヒザラガイについても餌のない海水中で定着まで正常に発生することを確認している（吉岡，1988b）．これらのことから，少なくとも幼生にとっての海水中で餌の問題はヒザラガイの配偶子放出のタイミングを考察するための論点とはならない．

繁殖の季節性についての議論は，以上のことなどを含め問題点は残るが，これまでにも多くの議論がなされてきている（cf. Giese and Kanatani, 1987；Ghiselin, 1987）．

半月周期（15日周期）で変化する環境条件は？

一般に生物現象がある周期性を示す場合，当然それと同じ周期性をもつ環境要因（たとえば日周性の場合は明暗の変化，年周性の場合は温度や日長の変化など）がその生物の周期性を支配しているだろうと考えられる．そこで，もし野外で半月周期的な変化をする何らかの環境条件があれば，その条件を人工的に与えて実験的に検証していくのが正しい研究手順だろう．半月周期という私たち陸上動物にはあまりなじみのない周期性は，潮間帯の生物にとってはどのようにとらえられるものなのだろうか．もっとも明白な半月周期をもつ環境要因は，大潮・小潮の周期であろう．もしも彼らの生息場所が大潮時だけに水面の到達する潮間帯の最上部（あるいは最下部）付近であれば，およそ15日周期で水没（あるいは干出）する日が訪れる．しかし，ヒザラガイの生息場所は潮間帯の中ほどで，大潮・小潮にかかわらず一日におおむね2回の水没と干出を繰り返す環境にあり，大潮の期間だけ水没（あるいは干出）する場所ではない．

それでは，大潮の時期にあわせて15日の周期で繰り返される配偶子放出の時刻設定は，野外のどのような条件を読み取ることによって決められているのだろうか．ヒザラガイは潮間帯の波あたりの激しい岩盤に張り付いて生息しているため，潮汐をはじめとする環境の変動から時刻を知るための手がかりはきわめて限られている．その手がかりとなる情報は，24時間を周期とする「日周期」と，波打ち際となる時間帯を経て波をうけながらもいずれ水没・干出を12.42時間の周期で繰り返す「潮汐周期」の二つの周期が基本となると考えられる．潮間帯では潮汐による海面の上下動はゆるやかに進む．その中でヒザラガイは，大潮の時期を正確に認識して生殖腺を発達させ配偶子を放出している．そこで注目したのは，先にも触れた日周期（明暗周期）と潮汐周期の「位相関係」である．

太平洋に面した海岸で潮干狩りに出かけた人は，大潮でよく潮がひいている日中の時間帯におこなっていると思う．その頃は，正午前後の日中とともに夜中の0時前後も干潮となり，明け方・夕方に満潮が訪れる．潮干狩りに出かけるのに適当な大潮の頃，まだ人の訪れない未明から明け方の最満潮時刻前後が，ヒザラガイが産卵をおこなう時刻である．月の満ち欠けでみると，満月と新月に近い時期である．それに対して，大潮から1週間程度後の小潮の時期は，正午および夜中に満潮となり，明け方・夕方が干潮となっている．ヒザラガイは，大潮のときには水中で日の出・日没をむかえるが，小潮のときには水上（空気中）で日の出・日没をむかえる．このような位相関係がおおむね15日の周期で繰り返しているのである．この「明暗」と「潮汐」の周期の位相関係が，15日の繁殖周期の手がかりになっているのではないかという仮説のもとに，実験をおこなった．

配偶子放出の半月周性を支配する条件

ヒザラガイの繁殖時刻が設定されるにあたっての生理学的なメカニズムを解析するために，図3-5のような水槽を作った（吉岡，1985）．この水槽は，「水没・干出」と「明期・暗期」を任意に与えることができ，また，水槽を通過した海水をプランクトンネットで濾し取り，ビデオカメラで監視することによって，卵が放出された時刻を知ることができる（図3-5b）．この装置を用いて，まず配偶子の放出が満・

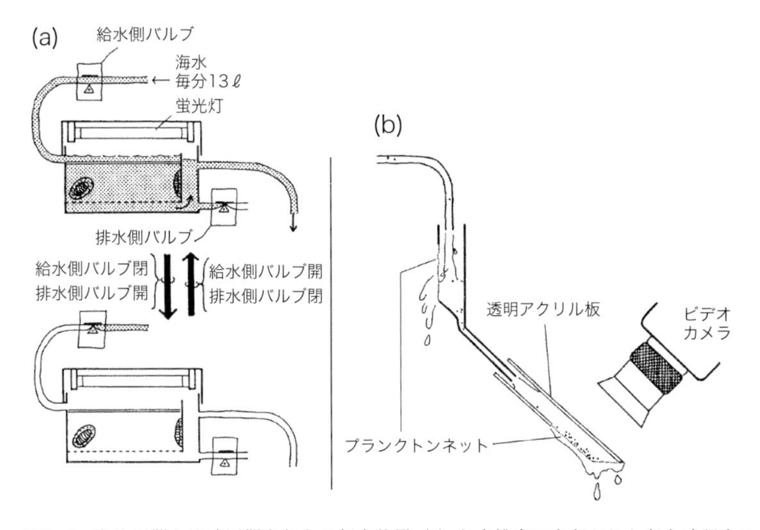

図3-5 潮汐周期と明暗周期を与える飼育装置（a）と水槽内で産卵された卵を確認する装置（b）．（a）電磁弁を用いて給排水を制御し，速やかに水没と干出の条件を与え，明暗周期は水槽の上の蛍光灯によって与えることができる．（b）ビデオカメラで5分毎にプランクトンネット上の卵を記録し，何時に産卵したかを知ることができる．実際には，プランクトンネット上の卵をあらためて実体顕微鏡で確認し，産卵数，受精卵の有無などを調べる．

新月の前後におこなわれるという半月周性（15日周期性）を支配する環境要因について解析した（Yoshioka, 1989a）．

白浜近辺での満潮は，満・新月の頃には午前・午後の6時前後に訪れる．また，その時刻は1日平均で50分ほど遅れ，およそ7～8日後の下弦・上弦の半月の頃には午前・午後の0時頃に訪れる．さらに7～8日後には，再び午前・午後の6時前後になる．このように，日周期と潮汐周期の位相関係のずれはおよそ15日の周期で繰り返す．ヒザラガイはこの15日周期の位相のずれを読み取って，15日毎に産卵しているのではないだろうか．前述の水槽を使って，野外と異なった位相関係を与え，産卵時刻を調べることにより，仮説を検証した．

図3-6にその条件と結果を示す．実験条件として，明暗および水没・干出の条件についてそれぞれ二つの周期を設定し，それらを組み合わせた水槽（1～4）の四つの条件を設定した．

水槽1：野外の条件を再現した水槽．明暗の周期は，夏の長日

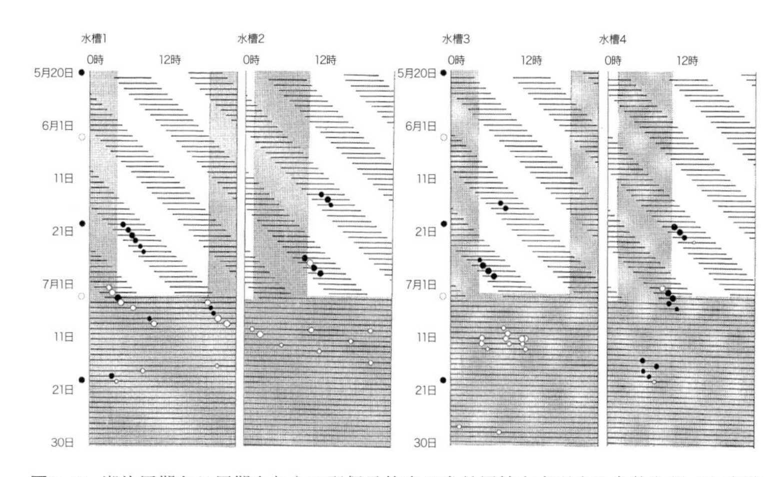

図3-6 潮汐周期と日周期を与えて配偶子放出の半月周性を支配する条件を調べた実験(Yoshioka, 1989a). 各水槽に29個体のヒザラガイを入れて81日間飼育した. 周期的な条件は7月1日まで与え, 7月2日から水没－全暗にした.
横線：水没, 網掛け：暗期, 日付とともに記した●は野外での新月, ○は満月の日. ●：受精卵が確認された時刻. ○：未受精卵が確認された時刻.
水槽1：野外の明期（4:30－7:30）と潮汐を再現した実験.（contol）
水槽2：野外の潮汐のもとで, 明期を6時間 shift した（10: 30－翌1:30) 実験.
水槽3：野外の明期（4:30－7:30）を再現し, 潮汐を逆転させた実験.
水槽4：潮汐を野外と逆転させ明期を shift した（10: 30－翌1:30）実験.

験では, 明暗と潮汐をずらせることによってヒザラガイに「勘違い」を起こさせ, 本来卵形成をおこなわない小潮の時期に卵母細胞（および精子）を作らせることに成功した.

それぞれの水槽で産卵した時刻をみると, それぞれの実験条件下の「日の出」前後（実験条件下での明け方）におこなわれていることがわかる. また, 潮汐周期を逆転させ明暗周期をずらせた水槽4でも（裏の裏は表となり）野外の満・新月の頃に産卵している. これら四つの実験により, ヒザラガイが日周期（明暗周期）と潮汐周期の「位相関係」によって産卵の半月周期性を読み取っていることが明らかになった.

7月2日以降には明暗周期も潮汐周期も与えない状態（恒暗水没）とした. そのもとでは, 潮汐周期に応じた産卵の周期性は徐々に失われていくが, 水槽1と水槽4では次の新月の頃, 水槽2と水槽3では, 満月と新月の間の頃に産卵している. このことは, 産卵の半月周性が恒常条件のもとでも維持されていることを示している. つまり, ヒザラガイは15日を1周期とする体内時計をもって繁殖の時期を決めていることが示唆される．実際に産卵の半月周性が体内時計の支配下にあるのかどうかは興味のあるところだが，それが15日という長い周期であることと，産卵という1年に数回しかみられない現象であることから，さらに慎重で長期的な計画のもとでの実験が必要であろう．

以上の実験結果でとくに興味深いことは，実際に実験条件下で与えた周期が24時間の明暗周期と12.42時間の水没・干出の周期であるのに，配偶子放出はそれらに応じた日周期・潮汐周期とともに，およそ15日の半月周期の位相をもずらせることができる点である．ヒザラガイは野外の二つの周期とその関係から三つの周期を読み取り，配偶子放出の時刻設定に利用しているのである．

配偶子放出の日周性を支配する条件

次に，配偶子の放出が主として明け方の最満潮時刻におこなわれるという日周性と潮汐周期性について検討した（Yoshioka, 1989b）．

ヒザラガイは，1日2回ある満潮のうちおもに明け方に卵を放出している（図3-4）．しかし，早い時間帯では，まだ真っ暗な3時過ぎの満潮時に産卵し，満潮時刻が日々遅れてくるのを追いかけるように，遅い時期・時間帯ではすっかり明るくなった7時過ぎの満潮時に産卵するようになる．このことから，単純に日が昇ることによる光の刺激によって産卵していると考えることはできず，明暗の周期に同期した体内時計をもって明け方と夕方の満潮を区別して認識するおおむね24時間の時計（概日時計）をもつことが示唆される．このような産卵時刻を規定する概日時計について検証するため，図3-7に示した実験をおこなった．

まず，実験1と実験2では，野外とほぼ同じ潮汐周期（6.21時間水没：6.21時間干出）を与えながら恒明（実験1）と恒暗（実験2）の光条件のもとで産卵時刻を調べた．明暗いずれかの条件によって産卵の誘導や抑制などが働いているとすれば，どちらかの水槽だけに産卵が見られるはずである．また，体内時計があるとすれば，明暗にかかわらず野外の明け方と同じ時刻に産卵が見られるはずである．結果をみると，一定の光条件（恒明・恒暗）の水槽に移しても，それまで経験

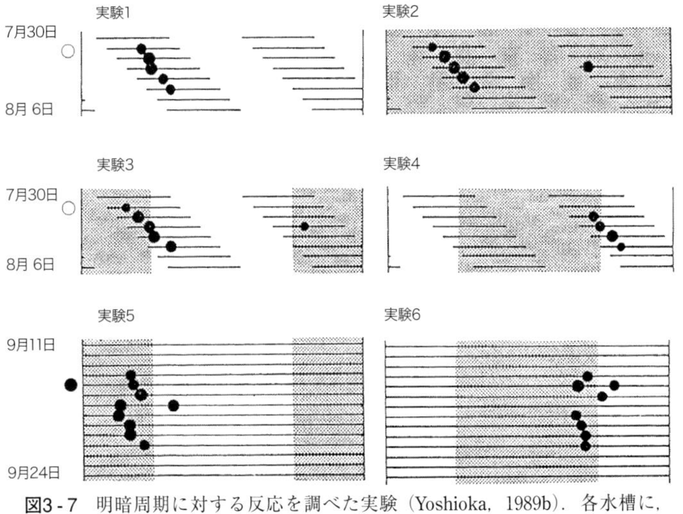

図3-7 明暗周期に対する反応を調べた実験（Yoshioka, 1989b）．各水槽に，27～29個体のヒザラガイを入れ，その産卵時刻を調べた．横線：水没，網掛け：暗期，7月31日は野外での満月，8月15日は野外での新月．●：受精卵が確認された時刻．○：未受精卵が確認された時刻．

していた野外での明け方の満潮時刻に産卵がみられた．このことから，光条件だけで産卵が誘導または抑制される可能性は否定され，体内の概日時計で明け方の満潮を推定しているものと考えられる．

それでは，明暗の周期を操作することにより，夕方の満潮時刻に産卵させることができるのだろうか．それを検証するために，12時間明：12時間暗の光条件を野外の昼夜と同じように与えた実験3と，昼夜逆転して与えた実験4をおこなった．実験3は野外と同じ条件であり，明け方の満潮時刻に産卵している．いっぽう，実験4では，野外では産卵が控えめな夕方の最満潮時刻だけに産卵させることができた．いずれも点灯時刻（実験条件下での明け方）の近辺の満潮時刻に相当する時刻の側に産卵することがわかる．この実験から，ヒザラガイは1日2回の満潮時刻を認識しており，「明暗の」周期の条件が与えられれば，夕方の満潮時刻にも産卵する可能性（＝衝動）をもっていることが示された．そのどちらの時間に産卵するかということを明暗の周期を読み取って決定している（夕方の産卵を抑制している）と考えることができる．

さらに，潮汐周期を与えず明暗の周期だけを与えた実験5と実験6でも，潮汐周期性は失われているものの点灯時刻の近辺で産卵している．これらは，野外で主として明け方に産卵することは，明暗の周期によって導かれていることを示す．また，明け方に明るくなることに単純に反応しているのではなく，24時間周期をもつ体内時計を調整するために明暗の周期を読み取っているものと考えらえる．

配偶子放出の潮汐周期性を支配する条件

これまでに示した実験結果全体から，潮汐周期に応じて日々ずれていく産卵時刻は，潮汐による水没・干出の周期によって支配されてことはおおむね明らかである．それを確認するために，野外での産卵時刻にかかわらず，水槽で人工的に水没・干出の周期を与えて産卵時刻をずらすことができるかどうかを，実験により検証した．

実験の条件および結果について，図3-8に示す．いずれの実験も，恒暗条件のもとでおこなった．

実験7では水没・干出の周期を与えず，周期的な刺激を与えないままで飼育したときの産卵時刻を示す．実験8は野外とほぼ同じ位相で，実験9は野外の位相から3.10時間（およそ2分の1位相）遅らせて，実験10は野外と逆転した位相で，6.21時間水没：6.21時間干出の潮汐周期を与えた．

産卵の見られるのは野外での満月（○）の前後で，これまでの実験と同様に半月周期を維持していることがわかる．また，実験7では，産卵が見られるよりも7日前から時刻の手がかりとなる周期的な条件を与えずに飼育しているにもかかわらず，ほぼ野外の産卵時刻に相当する時刻に産卵がみられた．また，いずれも受精卵が得られていることから，同じ時刻に精子も放出されていることがわかる．実験8では，野外と同じ位相の潮汐周期を与えており，野外とほぼ同じ時刻に産卵が見られる．水没時間をずらせた実験9では，与えた条件に引きずられるように実験8から3時間ほど遅れて産卵がみられた．また，実験10では，実験8から6時間ほど遅れて，野外では日中の干潮時間にあたる時刻に産卵がみられた．さらに実験10では，野外の夜中の干潮時間にも産卵がみられた．図3-8bで示すとおり，実験8，9，10の産卵は，すべて水没開始から1.5～2.5時間後にみられた．このことから，産卵

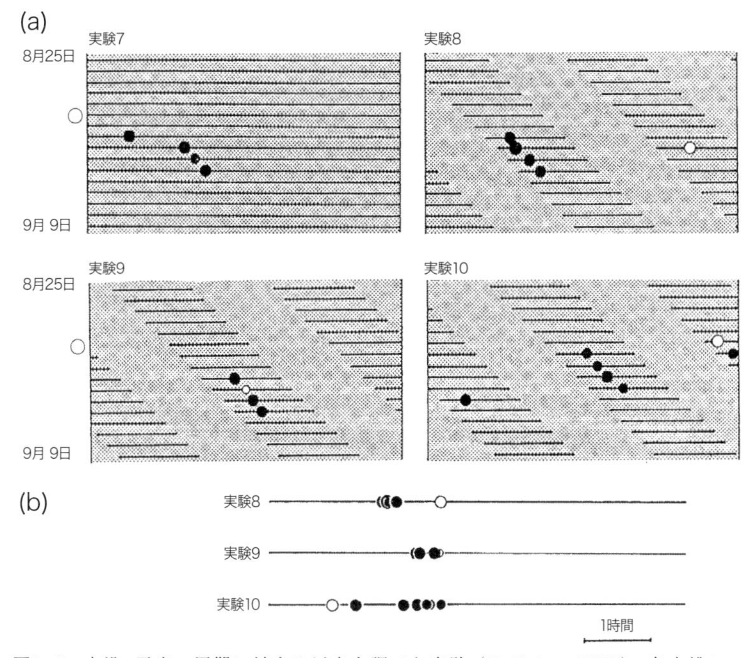

図3-8 水没.干出の周期に対する反応を調べた実験（Yoshioka，1989b）．各水槽に，28—29個体のヒザラガイを入れ，その産卵時刻を調べた．実験はすべて恒暗条件でおこなった．（a）横線：水没，F：満月，●受精卵が確認された時刻，○：未受精卵が確認された時刻．（b）水没時間の中で，どの時刻に産卵がみられたかを重ねてプロットした．それぞれの実験の間で有為な差はみられない．（P>0.05, t test）

時刻の設定は水没・干出の時刻に支配されていることがより明確になった．

以上の実験結果をもとに，ヒザラガイの配偶子放出の周期性を支配する要因を図解した（図3-9）．先にも述べたように，配偶子放出の時刻設定は，野外の二つの周期（日周期と潮汐周期）とその関係から三つ目の周期（半月周期）を読み取っておこなわれている．また，日周条件を逆転させることによって，1日2回の最満潮時刻のいずれにも配偶子放出をおこなわせることができることもわかった．

上下に隔たった個体間の同期

もう一度，野外にもどってヒザラガイの生息環境をながめてみよう．実験水槽では図3-5で示したように，水没・干出の条件をバルブの

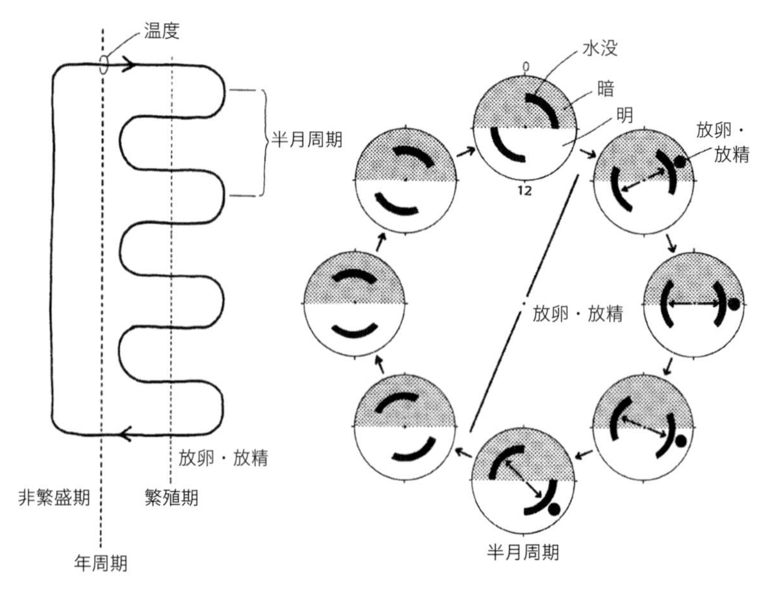

図3-9　ヒザラガイの繁殖周期を支配する野外の周期と時刻設定についての概念図.

ON-OFFにより二値的（＝デジタル）に与えた．しかし，実際にヒザラガイの生息する潮間帯では水面はゆるやかに上昇・下降しているため，広い潮間帯に生息するヒザラガイは，そのすべてが同じ時刻に水没・干出しているわけではない．

ヒザラガイは，おおむねMTL ±0.5mの範囲に生息し，水位はそれらの間をサインカーブに近似できる曲線に沿って変化する．そのため，生息範囲の上部に位置する個体と下部に位置する個体の間では，実際の水没・干出の時刻には隔たりがある（図3-10）．大潮の前後では，生息範囲の下端部の個体は上端部の個体より2時間ほど早く水没し2時間ほど遅くまで水没している．小潮の場合には，その時間のずれはさらに大きく気象状態に応じて波打ち際の状態も長く続く．配偶子放出が水没した時刻だけを手がかりとしてその一定時間後に設定されているとすれば，水没が早い下部の個体から順次配偶子放出がおこなわれ，上部で配偶子放出がおこなわれるまでに2時間ほどのずれが生ずると考えられる．しかし，野外で採集された卵の消長から予測される実際には配偶子放出の時刻は，30分から1時間の範囲に収まっている．ヒ

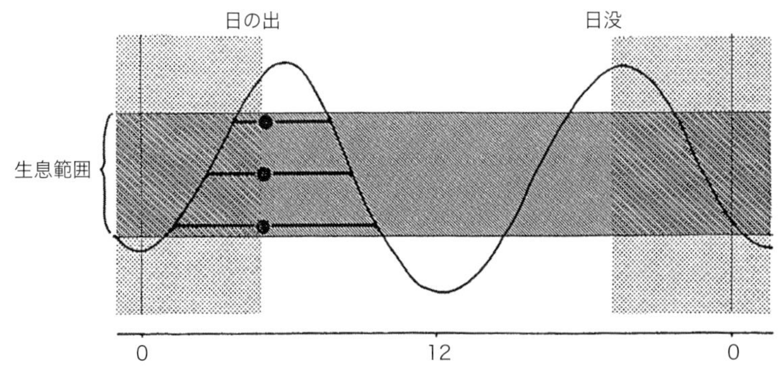

図3-10 上下に隔たった位置に生息するヒザラガイが受け取る大潮時の水没・干出の時刻のずれについての概念図．●：それぞれの位置での配偶子放出の時刻．

ザラガイは，どのようにして水没と干出の時刻が異なる上下に隔たった個体間で配偶子放出の時刻をそろえているのだろうか．

一つの仮説としては，そもそも上部と下部のヒザラガイで反応時間が異なり，下部のヒザラガイの方が水没してから配偶子を放出するまでの時間が長いと考えることでこの現象を説明することができる（仮説1）．別の仮説としては，潮汐条件に対する時刻設定のメカニズムには生息場所による違いがなく，ヒザラガイ自身が水没時間の長短に応じて，水没してから配偶子を放出するまでの時間を調節していると考えることもできる（仮説2）．これらの仮説は，上部のヒザラガイと下部のヒザラガイを分けて採集し，それぞれ長短の周期的な潮汐環境を与えることによって検証することができるはずである．

この仮説を検証するため，図3-11に示した13～18の条件設定のもとで実験をおこなった．

実験13，15，17は上部から採集した個体を，実験14，16，18は下部から採集した個体を用いて，それぞれ12.42時間を一つの周期として，水没時間の異なる三つの条件を設定した．実験13，14では生息範囲の「上部」の潮汐条件を再現するため，4.21時間水没：8.21時間干出の条件を与えた．実験15，16では生息範囲の「中央」の潮汐条件を再現するため，6.21時間水没：6.21時間干出の条件を与えた．実験17，18では生息範囲の「下部」の潮汐条件を再現するため，8.21時間水没：4.21時間干出の条件を与えた．

図3-11aのそれぞれの実線上（水没時間帯）に産卵が見られた時刻を示す．また，図3-11bにそれぞれの実験条件下での水没時間を伸ばして，その中で産卵が見られた時刻を重ねて示した．

まず，上下の個体間で異なった反応を示すかどうかについては，実験13と14，実験15と16，実験17と18の間の比較で知ることができる．図3-11bで示した結果からわかるとおり，それら三つの条件のいずれでも有意な違いは見られなかった．先に述べた仮説1が正しいとすれば，上部と下部のヒザラガイで反応時間が異なり，下部のヒザラガイの方が水没してから配偶子を放出するまでの時間が長くなるはずである．しかし，実際には上下のヒザラガイの間でそれぞれの実験条件下での産卵時刻に違いがなく，上部で短い水没時間のもとで生息していた個体も下部で長い水没時間で生息していた個体も，与えた水没時間の中では同じ時刻に配偶子を放出している．

上下のヒザラガイで時刻設定のメカニズムに違いがないとすると，上下の間でどのようにして産卵時刻を同期させているのだろうか．図3-11bで示す結果を詳細に見ると，実験13，14で与えた4.21時間の水没の条件下では水没開始からおよそ1.5時間後に産卵しており，実験15，16で与えた6.21時間の水没では水没開始からおよそ2時間後，実験17，18で与えた8.21時間の水没では水没開始からおよそ2.5時間後に産卵している．また，それぞれで受精卵が得られていることから，放精も同期的に起こっていることがわかる．これらの結果を総括すると，水没時間が長い条件では水没開始から産卵までが長く，水没時間が短い条件では水没開始から産卵までが短くなっていることがわかる．ここでの実験条件では，水没時間が長い条件の方がやや早めに配偶子を放出するようにも見えるが，そのなかでも上下の潮汐環境に応じて相互に同時に配偶子放出をおこなうよう調整するメカニズムがあることがわかる．これらの実験の結果は，ヒザラガイが配偶子を放出するタイミングは水没した時刻から何時間後といった単純な反応ではなく，水没時刻と干出時刻の双方の間の一定の割合の時刻に設定されていることを示している．上部にいる個体は，水没時間の短い環境にいることにより水没開始時刻から産卵時刻までの時間が短くなる．逆に，下部にいる個体は，水没開始時刻から産卵時刻までの時間が長く

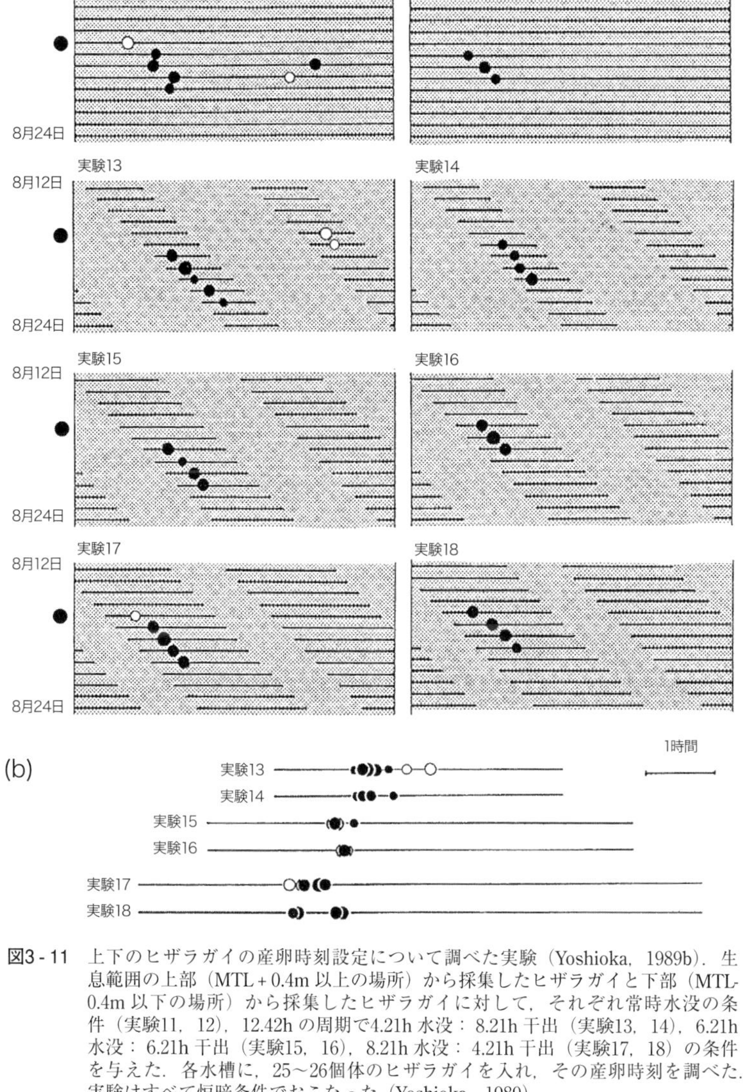

図3-11 上下のヒザラガイの産卵時刻設定について調べた実験（Yoshioka, 1989b）．生息範囲の上部（MTL＋0.4m以上の場所）から採集したヒザラガイと下部（MTL-0.4m以下の場所）から採集したヒザラガイに対して，それぞれ常時水没の条件（実験11, 12），12.42hの周期で4.21h水没：8.21h干出（実験13, 14），6.21h水没：6.21h干出（実験15, 16），8.21h水没：4.21h干出（実験17, 18）の条件を与えた．各水槽に，25～26個体のヒザラガイを入れ，その産卵時刻を調べた．実験はすべて恒暗条件でおこなった（Yoshioka, 1989）．
(a) 横線：水没，8月15日は野外での新月．●：受精卵が確認された時刻．○：未受精卵が確認された時刻．
(b) 水没時間の中で，どの時刻に産卵がみられたかを重ねてプロットした．
実験13, 14；実験15, 16；実験17, 18のそれぞれの間で有意な差はみられない．(P>0.05, t-test)

なる．このことにより，上部にいる個体と下部にいる個体が，異なった水没・干出の条件下にいるにもかかわらず，ほぼ同じ時刻に産卵することができるものと考えられる．

図3-11の実験では，実験条件下で潮汐条件などを与えてから5〜7日後に卵が放出されている．このことから，ヒザラガイが生息場所を変更し，潮汐環境の異なる高さに移動したとしても（あるいは岩礁から剥がれて再び潮間帯にたどり着いた場合でも）5日程度でその場所の潮汐環境を読み取り，高い場所か低い場所かを認識したうえで，個体群全体のタイミングに合わせて配偶子が放出することができるようになることがわかる．

なぜそのような周期をもつのか

ヒザラガイをめぐる環境の周期

ヒザラガイをはじめとする体外受精の海産無脊椎動物にとっては，配偶子（卵と精子）を作りそれを「同時に」海水中にタイミングを合わせて放出することが繁殖を成功させるためのもっとも基本的な手続きである．そして，ヒザラガイはそのタイミングを合わせるために，生息する環境から時間を合わせるための情報を得なければならない．

ヒザラガイをとりかこむ周期的な環境の情報としては，陸上と同様の24時間の明暗の周期，ゆるやかに・確実に水面を上下させる12.42時間の潮汐周期がある．いっぽう，それを撹乱するものとしては，天候などに応じてときに強く磯に打ちつける波などが挙げられる．陸上動物の多くは，明暗の周期的変化をもたらす日周期をおもな手がかりとしてタイミングを決めている例が多い．明暗の周期は，天気の良し悪しにかかわらず陸上のすべての環境に広範に時刻の情報をもたらし，陸上動物にとって安心できる手がかりである．潮間帯から浅瀬に生息する海の生きものも，陸上動物とほぼ同じ明暗の周期のもとで生息しているが，同時に日々ずれていく潮汐の変化にさらされており，日の出や日の入りなど24時間周期の特定の時刻が必ず水没または干出しているわけではない．そのため，24時間周期で繰り返す明暗の環境変化だけを手がかりに配偶子放出のタイミングを決めることは難しい．

陸上環境では，24時間の明暗の周期がもっとも重要な環境変動と感じられるが，潮間帯では潮汐による水没・干出というきわめて大きな環境の変動が周期的にもたらされている．また，その周期はときに変化する波あたりに強く撹乱される．台風などによって海岸線に激しい波浪が打ちつけているときには，潮汐の周期的情報は完全に失われてしまう．また，水面の変動はゆるやかに変化するものであり，実験水槽で与えたような二値的（＝デジタル）な情報としてもたらされるものではない．とくに小潮の時期には，全体としての潮位の変動も小さく，波に洗われている時間がほとんどという一日も珍しくない．上下に隔たった個体の間では水没・干出するタイミングも異なることも，同期的な配偶子放出をおこなうための手がかりとするには心もとない点である．しかし，このような不安定な手がかりではあっても，体外受精をおこなうために確実に水没している時間帯に配偶子を放出するためには，潮汐は重要な条件であり情報である．潮汐のリズムはしばしば撹乱され，ときにその周期がかき消されることもあるが，そのなかでも繁殖するのに望ましい最満潮時刻を正確に予測するために，ヒザラガイはそのゆるやかな周期に聞き耳を立てて配偶子を放出する時刻を決めている．

クリアーな情報を得るために

それでは，潮位の変動幅がおよそ15日で変化する大潮・小潮の周期のなかで，最満潮時刻を予測するためのもっともクリアーな情報が得られるのは，最干潮から最満潮までの潮位の差が大きい大潮の時期であろうと考えらえる．実際には，大潮の前後でも生息範囲の下端部の個体と上端部の個体の間では水没・干出のタイミングは2時間ほどずれている．この時間は，配偶子放出の時刻設定にとってはけっして短い時間とは言えない．とはいえ，小潮の場合では大潮よりも潮位の変動が少ないため，明白な水没と干出の中間的な「波打ち際状態」の時間も長くなり，上下の個体間のみならず，同じ高さに生息する個体間の同期的な時刻の読み取りも難しくなる．大潮の時期は，上下で時間的なずれはあるものの，小潮の時期よりも迅速に潮位が変化し，配偶子を放出するにあたってもっともメリハリのあるクリアーな情報がもたらされる．また，すべてのヒザラガイが同時に配偶子を放出するため，全個体が確実に水没する時間帯を予測するに際しても，大潮の最満潮時刻がもっとも望ましいと考えられる．

図3-6の実験で示されたように，ヒザラガイは大潮の時期を予想するために，およそ15日の周期を日周期と潮汐周期の位相関係から読み取っているものと思われる．このことは二つの波動の「うなり」という観点からも解釈することもできる．潮汐は12時間よりも少し長い周期をもつことから，潮汐周期は24時間の日周期の倍音（1オクターブ上の音）より少し低い音とみなすことができる．そのため，これによる不協和音によって15日周期の「うなり」を生じる．ヒザラガイはその「うなり」を読み取っていると解することができる．

きわめて「雑音」の多い潮汐という周期的現象からクリアーな情報を抜き出すために，潮汐周期と明暗の周期との位相関係を読み取り，大潮の時期を予測し，さらにその際満潮時刻を読み取っているのである．このように，ヒザラガイの繁殖周期は，個体間での配偶子放出を同期させるためのきわめて巧妙な適応的現象と考えることができる．

なぜ明け方に産むのか

図3-4で示したように，ヒザラガイの配偶子放出は主として明け方の最満潮時刻に起こっている．明け方の最満潮時刻に配偶子を放出することは，配偶子にとって夕方に放出することよりも望ましいのだろうか．この問いに答えるのはきわめて難しい．なぜなら，放出された配偶子の野外での運命を明け方と夕方で比較して追跡することはほとんど不可能だからである．それでも，明け方に配偶子を放出することについての適応的意義について考察することはできる．

私は，ヒザラガイが明け方により多くの配偶子を放出することには，あまり適応的な意義はないのではないかと感じている．明け方に放出された卵も夕方に放出された卵も，時間の経過とともにほぼ全部が卵割を進めていることから，受精率などに大きな違いがあるようには見えない．また，もしもヒザラガイが明け方に配偶子放出をおこなうことに大きな適応的意義があるならば，近縁な種類でも明け方に配偶子放出をおこなうだろうと予測される．しかし，沖縄島沿岸に生息するヒザラガイと近縁な3種の配偶子放出の時刻を調べると，明け方だけに配偶子放出をおこなうものと夕方だけに配偶子放出をおこなうものがいることがわかった（Yoshioka, 未発表）．また，本州北部に分布するヒザラガイのタイプは，明け方よりも夕方に多く産卵しているという報告（Okoshi and Hamaguchi, 2006）もある．これらのことから，夕方より明け方に配偶子放出をおこなうことには，適応的な優位性を見出すことは難しいと考える．

明け方に配偶子放出をおこなうことに大きな適応的な意義がないとすれば，どうして実際には明け方に卓越して配偶子放出をおこなうのだろう．この点について，私は，以下のように考えている．配偶子放出をおこなう時刻は，すべての個体が水没する最満潮時刻の前後であれば本来明け方でも夕方でもかまわない．しかし，もしもどちらもが同じ程度に適応的だとしても，その両方に放出することは，それぞれの精子濃度が半減し高い受精率が得られない．一定の個体群において，同じ日に放出できる配偶子の数が一定であるとすれば，それらを一気に同一時刻に放出することによってもっとも高い受精率ともっとも多くの受精卵が得られる．つまり，明け方に配偶子放出をおこなうことに適応的なのではなく，明け方‘だけ’（あるいは夕方‘だけ’）に配偶子放出をおこなうことが適応的なのだと考えられる．

進化生態学的考察から種形成への考察にむけて

繁殖時刻をめぐる進化的メカニズムについて，進化生態学的に記号化して考えてみる．

M（morning）：明け方だけに配偶子放出をおこなう．

E（evening）：夕方だけに配偶子放出をおこなう．

B（both）：両方に配偶子放出をおこなう．

の，三つの遺伝子を想定して，その挙動について考える．

まず，M が支配的な個体群に B の遺伝子が出現した場合について考える．M の集団の中で B が朝夕に半々ずつ配偶子を放出しても，その集団の中では夕方に放出した配偶子が有効に受精することは期待できない．B の配偶子のうち夕方に放出された半分は無駄に費やされるため，B は M の中で繁殖をめぐって不利な状況にある．そのため，M の中に B が出現したとしても侵入することはできないだろう．

いっぽう，B が支配的な個体群に M の遺伝子が出現した場合にはどうだろうか．M は明け方だけに配偶子を放出するが，そこでは B の配偶子と同じ受精率となるため，優位性はないもののその侵入を阻むことはできない．この場合，少数ではじまった M の遺伝子の比率はドリフト（遺伝的浮動）によって上下する．そのなかで M の遺伝子が消滅するケースもあるが，M の遺伝子の比率がドリフトするなかである程度の割合に達するケースも考えられる．M の遺伝子の比率がある程度の大きさに達すると，明け方の受精率が夕方の受精率より有意に高くなるだろう．そのときに，M の遺伝子をもつ個体が受精率の高い明け方‘だけ’に配偶子を放出することによる優位性が意味をもつこととなる．その結果，ドリフトではなく受精率の優位性により M が支配的になっていく．また，同様のメカニズムにより，E と B の間では E に優位性があることも理解できる．このことから，長い進化史のなかでは，明け方と夕方ともに配偶子を放出する遺伝子（B）は，明け方だけ（M）あるいは夕方だけに配偶子を放出する遺伝子（E）に取って替わられると考えられる．

それでは，M が支配的な個体群の中に E が出現した場合（あるいはその逆の場合）はどのように考えられるだろうか．そもそも M が支配的なケースでは夕方に別の個体の配偶子の放出はほとんど期待できない．M が支配的な集団の中で夕方に放出した配偶子が有効に受精することは考えられないので，E の遺伝子は消滅するのみであろう．しかし，実際にはヒザラガイと近縁な種や，ヒザラガイと記載されている別のタイプで，夕方に配偶子を放出するものある（Okoshi and Hamaguchi, 2006）．おそらく，ボトルネック効果（創設者効果）などにより，ごく稀に M の中で E が（あるいは E の中で M が）固定されるケースも起こってきたものと考えられる．そして，それはただちに遺伝子交流のない独自の個体群の出現を意味する．この状況は，進化生態学的な考察を抜け出し，進化学で議論されるべき種形成の萌芽と考えられる．またこれは地理的隔離を前提にした異所的種分化（allopatric speciation）とは異なり，同じ海岸で‘同所的に’起こりうる．このような種分化のメカニズムを，異所的種分化に対して異時的種分化（allochronic speciation）と名づけようと思う．私は，このようなメカニズムがヒザラガイ類の種形成の背景にあるものと考えている．

まとめ

多板類に属するすべての種の繁殖の様式は有性的におこなわれ媒精は体外受精による．体外受精する生物にとって，受精を成功させるために必要な条件は，精子と卵とが同じ時刻に同じ媒質中に放出されることである．これらは，ヒザラガイの繁殖を特徴づける要素の一つでもある．その条件を満たすべく，ヒザラガイの集団としての配偶子の放出の時刻は，数十分の範囲で予測できるほど集中し一定している．

また，繁殖のあり方は，多板綱に共通の様式からだけではなく，その生物の生息場所の特性からも特徴づけられている．ヒザラガイは，幼生として海水中に放出された後のごく短い期間以外，潮間帯でその生活のすべてをおくる（吉岡，1983）．潮間帯は，海面の周期的な上下移動によって，水没と干出を繰り返す独特の環境条件のもとにある．そして，それぞれの個体は，集団の配偶子放出の時刻を認識するために，その生息場所の環境の周期的な変化を利用している．

最後に，繁殖（＝生殖）は，その種族の維持に関連して，個体群あるいは個体の再生産をおこなうことであり，その種にとって時間的な連続性を保つ意味からも，また個々の個体にとって新しい個体を作る意味からも，もっとも重要な活動である．

私がおこなった一連の研究の動機は，ありふれた海洋の一種類の動物がどのようにして繁殖をおこなっているのかを知ろうとすることであった．そして，彼らが受精を成功させるために，配偶子を海水中に放出する時刻をどのようにして決めるかという疑問を解いた．それらの結果，ヒザラガイは潮間帯の周期的な状態の変化を利用して，潮汐周期に対してきわめて一定した配偶子の放出の時刻を認識していることがわかった．これは，受精の様式をはじめとした生活史の特質のもと，潮間帯という生息場所の特質を踏まえて彼らが獲得した巧妙なメカニズムなのである．

引用文献

Ghiselin, M. T. 1987. Evolutionary aspects of marine invertebrate reproduction. In "Reproduction of Marine Invertebrates." Vol.9 (A. C. Giese, J. S. Pearse and V. B. Pearse eds.) pp. 609-665. Blackwell Scientific Publications, Palo Alto, California and The Boxwood Press, Pacific Grove, California.

Giese, A. C. and Pearse, J. S. 1974. Introduction: General principles. In "Reproduction of Marine Invertebrates" Vol.1,(A. C. Giese and J. S. Pearse, eds.) pp.1-49. Academic Press, New York.

Giese. A. C. and Kanatani, H. 1987. Maturation and spawning. In "Reproduction Marine Invertebrates" Vol.9, (A. C. Giese, J. S. Pearse and V. B. Pearse eds.) p251-329. Blackwell Scientific Publications, Palo Alto, California and The Boxwood Press, Pacific Grove. California.

Okoshi, K. and Hamaguchi, M. 2006. Two morphological and genetic forms of the Japanese chiton *Acanthopleura japonica*. Venus, 65(1-2): 113-122.

Orton, J. H. 1920. Sea temperature, breeding and distribution in marine animals. J. Mar. Biol. Ass. U. K. 12: 339-366.

Pearse, J. S. 1980. Polyplacophora, In "Reproduction of Marine Invertebrates" Vol.5, (A. C. Giese and J. S. Pearse eds.) pp. 27-85. Academic press. New York.

Taki, Iw. 1937. Report of the biological survey of Mutsu Bay. 31.Studies of chitons of Mutsu Bay with general discussion on chitons of Japan. Sci. Rep., Tohoku Imp. Univ., Ser. 4,12:323-423, Pis., 14-34.

吉岡英二．1983．ヒザラガイの垂直分布とサイズ組成．南紀生物，25; 126-129.

吉岡英二．1985．潮汐周期を与えることができる飼育装置の一例．日本ベントス研究会誌，(28)63-66.

吉岡英二．1987. ヒザラガイの配偶子形成の開始を支配する要因．貝類学雑誌，46:173-177.

Yoshioka, E. 1987. Annual Reproductive cycle of the chiton *Acanthopleura japonica*. Mar. Biol. 96: 371-374.

吉岡英二．1988a．ヒザラガイの生息位置の安定性．南紀生物，30:54-56.

吉岡英二．1988b．室内で観察されたヒザラガイの配偶子放出．貝類学雑誌，47:51-56.

Yoshioka, E. 1988. Spawning periodicities coinciding with semidiurnal tidal rhythms in the chiton *Acanthopleura japonica*. Mar. Biol. 98: 381-385.

Yoshioka, E. 1989a. Phase shift of semilunar spawning periodicity of the chiton *Acanthopleura japonica* by artificial regimes of light and tide. J. Exp. Mar. Biol. Ecol. 129:133-140.

Yoshioka, E. 1989b. Experimental analysis of the diurnal and tidal spawning rhythm in the chiton *Acanthopleura japonica* by manipulating conditions of light and tide. J. Exp. Mar. Biol. Ecol. 133 : 81-91.

第4章

イソアワモチの暮らし

濱口寿夫

イソアワモチとの出会い

研究のきっかけ

1999年8月のある日の午後，私は沖縄県本部町瀬底島の琉球大学熱帯生物圏研究センター瀬底実験所前の潮間帯を歩いていた．真夏の強烈な日差しが，潮の引いた岩盤を照りつけている．私は高校の生物教師で，夏休みなどにこの実験所を使わせてもらって生物の研究をしていた．数年前から，イソギンチャクに棲むハナビラクマノミの繁殖生態をテーマに，スキューバタンクを担ぎせっせと水中でこの魚の観察をしていたのだが，前年の海水の異常な高温の影響で宿主のシライトイソギンチャクは白化し，その後だんだん縮小しながら，一つまた一つと消失していった．棲む家を失ったハナビラクマノミたちも姿を消していき，この時，私が個体識別していた魚はすべていなくなってしまっていた．1998年は，高水温のため世界的にサンゴの白化（とその後の大量死）が起きたことで知られているが，サンゴと同様褐虫藻と共生関係にある大型のイソギンチャクも白化し，そこに棲む生物を道づれに死滅していたのだ．調査対象が全滅して呆然となったが，貴重な夏休みを無為にすごすわけにはいかない．とりあえず，潮間帯の生物でも調べてみるか…．そんな気持ちで海辺をうろついていた．

カンカン照りの真夏の海岸は，息苦しいほど暑く，眩い日差しに頭がクラクラしそうである．磯は，時々テッポウエビがはさみをはじくポンというくぐもったような音がする他は静まりかえっている．浅い潮溜まりに横たわっているニセクロナマコもけだるそうだ．真夏の昼の干潮の岩盤表面は，強烈な紫外線，50℃を超える気温とそれに伴う乾燥と，そこに棲む生物たちにとってかなり厳しい環境になるため，貝類などは一般的に不活発である．カニ類の中には活動中のものもあったかもしれないが，私が傍若無人に歩くものだから，もしいたとしても敏感な彼らは私が接近する前に岩陰や穴に逃げ込んでしまったことだろう．つまり私は，潮間帯の生物たちが昼寝中，あるいは起きている連中を蹴散らしつつ，出会いを求めてウロウロしていたわけで，今考えるとずいぶん間の抜けた話である．こんなことになってしまったのは，それまで水中の生物ばかり見てきて，潮間帯での生物調査をしたことがなかったためである．今の私であれば他のタイミング，たとえば水没の前後で波打ち際がさしかかるときや，同じ干潮でも夜間に出かけるだろう．

ところがこの時，私の足下の岩盤に，黄緑～淡褐色のめだたない色をしたナメクジ様の生物がいることに気がついた．しかも，いったん気づくとあちらにもこちらにも，ずいぶんたくさんいて活発に這い回っている．これがイソアワモチ *Peronia verruculata* との出会いであった．イソアワモチは，太陽光を急に遮ったりしないかぎりは，私が接近しても意に介さず活動しているようである．その，無人の野を行くが如きようすにおもしろみを感じたので，この生物を研究してみることにした．

イソアワモチの分類と名前

イソアワモチは，軟体動物門，腹足綱，収眼目，イソアワモチ科に属する生物で，おおまかに言えば巻貝の一種ということになる．貝殻はなく，体の背部を覆う外套表面は粟粒を敷き詰めたように凸凹しており，さらに多数の大疣がある．体は5 cmほどのなまこ形で，黄緑や淡褐色の地に黒い斑がはいっている．形といい表面の質感といい，いかにも「粟餅」っぽいが，頭部の外套下から先端に眼のある2本の触角が覗いているのがご愛嬌だ（図4-1）．

イソアワモチは，英語では“sea slug”と表記する．この「海ナメクジ」という呼称はウミウシ類と共通であり，一般的にはその仲間とみなされているのであろう．ブラジルサンパウロ州の海岸地域の人たちはもう少し詳しく区別して“lesma da pedra”（「石のナメクジ」）と呼んでいる（Marcus and Marcus, 1956）．沖縄では方言で「ホーミ」

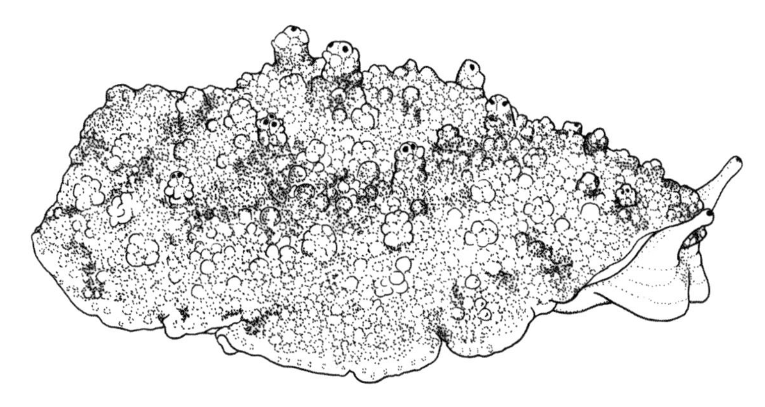

図4-1　イソアワモチ *Peronia verruculata*（描画：中嶋淑美）.

と云う．この語は沖縄島およびその周辺諸島において，本来は女陰を意味する言葉であり，大和方言の上代語「ホト」と同系の語と考えられている．

イソアワモチは外見上後鰓類のウミウシにも似るが，有肺類といって肺をもち空中で呼吸できる別のグループに属している．有肺類は，基眼目，柄眼目と収眼目で構成される．有肺類中最大のグループは柄眼目，すなわちナメクジ・カタツムリの類で，陸上で生活している．基眼目はコウダカカラマツガイやモノアラガイ等で水生のものが多い．

イソアワモチ類の種数

イソアワモチ類は，世界に143種が生息していることになっている．しかし，このグループの分類は1930年代以降あまり全体的な研究がされておらず，70年間以上も抜本的な再整理がなされずに今日に至っているため（Dayrat, 2009），実際の種数ははっきりしない．日本では，おもに房総半島以南にイソアワモチ，ドロアワモチ，ヒメアワモチ，ゴマセンベイアワモチなど数種が生息しており，片桐・片桐（2007）と上島（2007）は，イソアワモチについて同所的な近似種の存在を報告している．瀬底島の磯では，イソアワモチの他に，背部が暗緑色でツルッとした感じの，突起がめだたない小型イソアワモチ類も生息していた．それから，陸側の隆起サンゴ礁の辺りからは，手のひらサイズのイソアワモチ類が出現した．この大型イソアワモチ類は，なぜか夜間にのみ現れるのであった．

人との関わり

イソアワモチは人の暮らしとまったく無関係というわけではない．何年か前，日本各地の珍しいものを扱うテレビ番組でとりあげられたのでご存知の方もいると思うが，南西諸島では沖縄島北部地域を中心にイソアワモチを食べる習慣がある．伊平屋島（いへやじま），伊是名島（いぜなじま）では，家庭料理の食材として昔から利用されてきたそうである．そういえば，以前伊平屋島に旅したとき，フェリーターミナルの居酒屋で味噌炒めを食べたことがあるが，歯ごたえがよくなかなかに美味なものであった．ただ，調理の前にワタ抜き・ぬめりとりなどが必要で，他の貝類に比べて作業がめんどうとのこと．伊平屋島では，下ごしらえしたものを冷凍してお土産品として売っていたが，今でもあるのだろうか….

沖縄島南部の与那原町東浜には，「ホーミシザー」という史跡がある．もとはこの辺の海にあった一つの大きな岩であるが，第二次世界大戦中破砕され，今は長径0.5～2 mの数個の岩塊となって埋立地の路傍に置かれている（図4-2）．この大岩は，昔，収穫したイソアワモチを潰す場所だったとも言われている（与那原町教育委員会，1988）．行田（2003）によると，やはりイソアワモチを食べる習慣のある鹿児島県の沖永良部島では，潮干狩りでイソアワモチを採った際「持参した灰を手にかけ，指で押しつぶし内蔵を出したら，岩の上でごしごし洗ってぬめりを取る」とあるので，ホーミシザーの言い伝えは実際にありそうなことだと思う．

体中に眼がある動物

イソアワモチは多数の「眼」をもつとても変わった生物である．水木しげるの漫画に，体中に眼のある「百目」という妖怪が出てくるが，まさにそんな感じなのである．まず，頭に1対の柄眼がある．それから，背中の十数個の大きな疣（担眼突起）にはそれぞれ1～6個ずつ，合計で数十個の背眼がある．外套全体にも皮膚光覚細胞がちらばっており，さらに，中枢神経節にも光感受性神経細胞があるという手の込

図4-2　ホーミシザー.

みようだ．つまり4種類もの光受容装置をもっているのである（片桐，1998）．背眼は，レンズ（レンズ細胞じたいにも光受容性がある！）と網膜を備えた立派なもので，繊毛型の光受容細胞は光の入射方向にお尻を向け，外側の色素層を向いて並んでいる．光受容細胞から出た神経軸索は束になって，眼の内側から網膜の1ヶ所を貫いて外部に出るのでこの部分が盲点となる．イソアワモチの背眼は，盲点をもつ脊椎動物型の眼なのである（片桐，1998）．ちなみに柄眼は多くの巻貝類のそれと同じ構造である．後に台北帝国大学の動物学教授をつとめ，貝類の他，オカヤドカリやジュゴンについても研究した平坂恭介は，明治45年の『動物學雑誌』に発表した「イソアハモチ背眼の構造に就て」と題する論文で「無脊椎動物に類例なき構造を有する，多くの背眼を具ふるものある事は，既に久しき以前（一八七七年）より動物學者間に喧傳せられたる事實なり」と記している（平坂，1912）．以来，近年に至るまで，形態学的あるいは神経生理学的研究が盛んにおこなわれ論文も多数刊行されている．

ただ，この複雑な光受容系がイソアワモチの生活にどう役立っているのかは皆目見当がつかない．移動中のイソアワモチの上に手をかざして急に光を遮ると，すくんだように動きを止め，体を扁平にして岩盤にペタ～と張り付く行動をとる．岩盤の穴に頭を突っ込んで，尻のみが外に出ている状態でも，その部分に関しては同様の動きが見られる．この程度といっては何だが，このために特殊な背眼等を有するのはオーバースペックのように感じられる．ともかく，イソアワモチは，形態学，神経生理学の世界では100年以上前から現在に至るまで人気を保っているスター生物だった．私は，この研究を始めるまでイソアワモチの存在さえきちんと認識しておらず，魚の観察に行くためタンクを担いで海に向かう時など，踏んづけたりしていたと思う．知らぬこととはいえずいぶんと失礼なことをしたものだ．

調査の準備

文献しらべ

さあ，イソアワモチの生活を調べよう．通常，何かの研究を始める場合，先行研究の有無やその内容を把握していることが前提になる．もしそうでないなら，まず図書館へすっ飛んでいって文献にあたらなければならない．他人に調べられていない新たな知見を得ないと論文にならないので，プロの研究者であれば当たり前のことである．私はプロではないが，アマチュアだって時間と労力を使ってデータを取るのに，「二番煎じ」はおもしろくはない．しかし，この時は事前の文献調査をしなかった．そうこうしている間に夏休みが終わってしまうからである．潮間帯の生物だから，活動と潮汐との関係はありそうだ．あとは，容疑者を尾行する刑事のように，イソアワモチたちに張り付いてずっと観察していたら何かわかるだろう．こんな大雑把な発想で始めた研究だった．後に，イソアワモチの野外における生態や行動を主題とした論文が少なく，それも皆海外での研究であることを知ったが，これはひとえに幸運というものである．

イソアワモチはどこにいる？

とりあえず，一定時間ごとに決まった範囲内でイソアワモチの出現個体数やその行動を調べてみよう．これならまったくデータが取れずに終わるということはないだろう．ただ，本式にデータをとり始める前に，出現・活動の時と場所に関するだいたいのようすを把握しなければ，調査の方法が決まらない．実験所の前は，2〜4 m ほどの隆起サンゴ礁の崖を下るとサンゴ砂の浜があり，なだらかな傾斜の岩盤となって潮下帯に続いている（ただし，崖が海側に突き出ているところでは砂浜がなく，直接岩盤に続く場合もある）．この岩盤の，ヒトエグサなどの生えているところから，こげ茶色のナガウニとそれが削った溝が多くなる辺りまでが潮間帯であり，干潮時に多数のイソアワモチを見たのはそういった場所の陸側の部分だった（図4 - 3a）．1999年8月14日の満潮時，先日イソアワモチを見たところに行き，スキューバを使ってイソアワモチを探索した．ごく浅いところではあるが，転石の下なども含め海底をじっくりチェックするためには，息継ぎが必要なスノーケリングではなく，呼吸を気にしないで作業できるスキューバの方が好都合なのである．こうして水中でくまなく探したが，イソアワモチは一匹も見つからなかった．満潮の時は，どこかに隠れているようである．8月16日の夕方，再び干潮で岩盤が干出している時に同じ場所に行くと，またもやたくさんのイソアワモチが活動中であった．岩盤上に，這い回った軌跡を示すように糸状の糞を残している．イソアワモチは微細な藻類を砂もろとも飲み込むらしく，糞はおもに砂でできており白っぽくて，本体よりめだつので個体を探す際の目印になる．

この日は一番個体密度の高い辺りに釣具店で買った簡易イスを置き，文字通り腰を据えてこの連中がどこにいくのか，潮が満ちてくるまで観察することにした．すると，上げ潮ではあるが波の打ち寄せる場

図4-3　調査場所とイソアワモチ．(a) 調査を行った瀬底島の潮間帯．(b) 岩盤の穴に入るイソアワモチ．(c) 穴から出た直後のイソアワモチ．

所（awash zone）がまだずいぶん遠くにある段階で，皆めいめいに岩盤の小さな穴に入ってしまった．穴の径はイソアワモチの胴体より小さいので，体を変形させながら岩に吸い込まれるような感じで入っていく（図4-3b）．翌日，今度は穴から出てくるところを確かめるため，その場所がまだ水没している時点から干潮時刻にかけて観察することにした．赤のアクリル絵の具と注射器を持っていったのは，個体へのマーキングを試みるためである．潮が引いていき岩盤が干出したところでイスに座り，イソアワモチが入っていそうな穴を注視する．さあ，出てこい！　待ち構えているが，どの穴も静まりかえり，まるで変化がない．10分，20分，30分…，何も起こらない岩盤を見つめているとだんだん退屈してくる．それにしても何という暑さだろう．喉が渇く．ときどき目線をあげて対岸の本部半島や真っ青な空に浮かぶ入道雲を眺めながら，潮間帯の生物調査には忍耐力が必要だなと思う．絶えず動き回っている魚の観察では退屈する暇なんかなかったのだが…．イソアワモチが穴から出てきたのは，岩盤が干出してから1時間以上たった時だった．最初の1匹が砂まみれの姿で現れると，次々にそれぞれの穴から出て這い始めた（図4-3c）．どうやら，イソアワモチは潮が引いて岩盤が干出した後，穴から出て活動し，次の満ち潮で水没する前に再び穴に隠れるというパターンで活動しているらしい．念のためイソアワモチのいる場所が水没しているときに10回スノーケリングで調べたが，海中で活動する個体は見られなかった．

ところでマーキングであるが，こちらの方はうまくいかなかった．魚類のマーキングでよくやるようにアクリル絵の具を皮下注射しようとしたのだが，きれいに外から見えるような形で入らなかったのである．ただ，この作業をしているとき，背部の黒い斑紋の形が特徴的な個体は，それにより他個体と区別できることに気がついた．

観察区の設置

1999年8月18日，実験所の桟橋より約80 m南側の海岸を調査場所と定めた．桟橋より北側の一定範囲はサンゴ群集の長期研究のため生物の採集などが制限されている．また，桟橋近辺は魚類グループなど他の研究者たちの出入りが多いので，これらの場所を回避したのである．観察区は，砂浜と岩盤の境界付近を基線として汀線と垂直な方向に幅2 m，長さ14 mのベルト状に設定した．基線から10 m以上沖側では，岩盤上の緑藻がめだたずナガウニが数多く溝を掘って棲んでいて，イソアワモチの密度が高い場所とは明らかに環境の雰囲気が違っていたが，念のため長めに設定した．観察区の基線から沖側端にかけて，岩盤は平均潮位面 -5～ -55 cm（以降，±○ cm）のレベルでほぼ一様に傾斜していた．観察区には縦横とも1mおきにコンクリート釘を打ち込んで建築用の蛍光色の水糸を張って1m×1mの方形枠28個に区分し，各観察時刻における出現個体とawash zoneの位置を記録するための目印とした．生息密度の高い観察区の陸側半分とその周辺については岩盤の凹凸など微地形の詳細図を作成し，個体の行動記録に使う．これで準備は完了である．

これから干潮の時間帯に観察を続ければ，イソアワモチの岩盤上での生活を把握できるだろう．ただ，干潮は昼夜に1度ずつあり，大潮の日などは，1日で計8時間以上も海岸に居続けなければならない計算となる．実験室に戻って，データを書き写したりする時間も必要だ．一人ではたいへんそうなので，ヒザラガイ類の研究者で当時別の調査のため実験所に来ていた神戸山手大学の吉岡英二さんに共同研究をお願いして調査を開始することにした．以降，イソアワモチの生態にかかる記述は，とくに断らないかぎり，濱口・吉岡（2002）による．ただし，図は元データより改めて作成した．

服装と道具

調査結果を述べる前に，服装と道具について触れておこう．まず，服装であるが，海だからといって半袖短パンにビーチサンダルなどと考えるのは論外である．高温・強紫外線の過酷な環境下で長時間の観察に耐えるためには，長袖・長ズボンに帽子着用は必須である．首にはタオルを巻きサングラスもかける．足元は使い古しのジョギングシューズか磯足袋がよい．全体に暑苦しい格好のようだが，これが逆で，直射日光を浴びるよりよっぽど楽なのである．2ℓ入りのペットボトルにたっぷり水を入れて持っていき，これを飲んだり，時には頭からじゃぶじゃぶかぶりながら頑張るのである（図4 - 4a）．

調査道具は，A3判より一回り大きい塩ビ板にビニールテープで製図用のサンドマットフィルムを貼付けたものと，鉛筆・色鉛筆および時計（安物のデジタル腕時計が便利）である．何と安上がりな研究であろうか．サンドマットフィルムは透明なポリエステル製で，観察区（28個の方形枠）の縮小図を八つ並べたものと微地形の詳細図をコピーしたものをそれぞれ1枚ずつ用意した．これらを塩ビ板の表裏に貼付け，さらにその上に何も書かれていないフィルムをそれぞれ重ねて貼付けておく．こうしておくと，1回の干潮の調査が終わった時点で，データを記録用紙に転記した後，上のフィルムだけ新しいものに

図4-4 調査時の服装（a）と道具（b）.

替えれば次の干潮に備えることができる．観察区の縮小図は，イソアワモチの位置，サイズ，awash zone の位置を書き込むためのもので，地形の詳細図は識別した個体の移動経路や行動内容，時刻を記録するためのものである．詳細図には複数の個体の移動経路が入り乱れることになるので色鉛筆が必要となる（図4-4b）.

なお，実験室におけるデータの転記は，その都度おこなわなくてはいけない．フィールドで書いた字や記号は乱れがちで，イソアワモチの移動経路の線も錯綜しており，時間が経つと自分でも意味がわからなくなってしまうものである．逆に，海から戻った直後であれば記憶している情報で補足することもできる．

上記以外では，ものさし，温度計，ノギス，カッター，小型ラジオを持っていった．現在であればデジカメも必須である．ラジオはデータの記録に使う訳ではないが，いざという時に地震や津波の警報を聞くことができるし，雷雲が近づいてくるとノイズが入るのでそれとわかる．また，イソアワモチが出現する前や穴に戻った後，ひたすらゼロデータをとっている時間帯は暇をもて余すので，ラジオは格好の相棒となるのである．

調査期間と記録のしかた

潮汐は，大潮（新月）→小潮（上弦）→大潮（満月）→小潮（下弦）→大潮（新月）と約29.5日のサイクルをもつ月相に伴い周期的に変化する．満潮時と干潮時の潮位の差は大潮で最大となり，小潮で最小となる．満潮・干潮の潮位および時刻は日々変化しながら約1月で大潮・小潮のサイクルを2回ずつ繰り返すので，潮汐の影響が想定される潮間帯生物の行動パターンを調べるには，少なくとも二週間以上の連続した観察が必要となる．今回は小潮（1999年8月20日）から，大潮を挟んで，次の小潮（同9月4日）までの16日間，以下の方法でデータを取ることにした．

観察区が一部でも干出している時間帯は30分ごとに全枠をチェックして出現個体の位置・体長および awash zone の位置を記録した．それから，識別できた個体については，出入りする穴の位置，移動経路を記録しつつ，産卵や他個体との相互行動などをメモした．連続した調査は9月4日で終了したが，その後も10月11日までの間，適宜イソアワモチの行動にかかる補足的観察をおこなった．

イソアワモチの活動リズム

干潮とイソアワモチ

イソアワモチの，1回の干潮における潮の動きと個体出現のパターンを，1999年8月27日昼の例で見てみよう（図4-5）．この日は大潮（満月）で，干潮時刻は13:33（潮位 -92cm）である．最初にイソアワモチの出現が記録されたのは12:30で，生息場所が干出してから1時間以上が経過し，awash zone は遥か観察区の沖側に後退していた．13:30には，もっとも広い範囲（基線から0.8～7.4m）で活動が見られ，14:00に最大の活動個体数（18個体）を記録した．それ以降活動個体は減少に転じ，16:00までにすべての個体が穴に戻った．活動中の個体が海水に触れることはなかった．他の日の干潮でもこのパターンは同様である．

調査期間全体をとおして，イソアワモチは -15 cm のレベル，観察区基線から沖側への距離で言うと2.5 m 付近で多く，最大で1㎡あたり7個体が出現した．観察区より陸側で出現したイソアワモチは1個体のみで，基線から0.1 m の地点であった．沖側では，基線から4 m を超えるとイソアワモチの数がぐっと減り，10 m を超えたところの枠ではまったく現れなかった．

イソアワモチは，予備調査でもそうであったように，生息場所が干出してもすぐに穴から出てくるわけではない．awash zone が沖側に

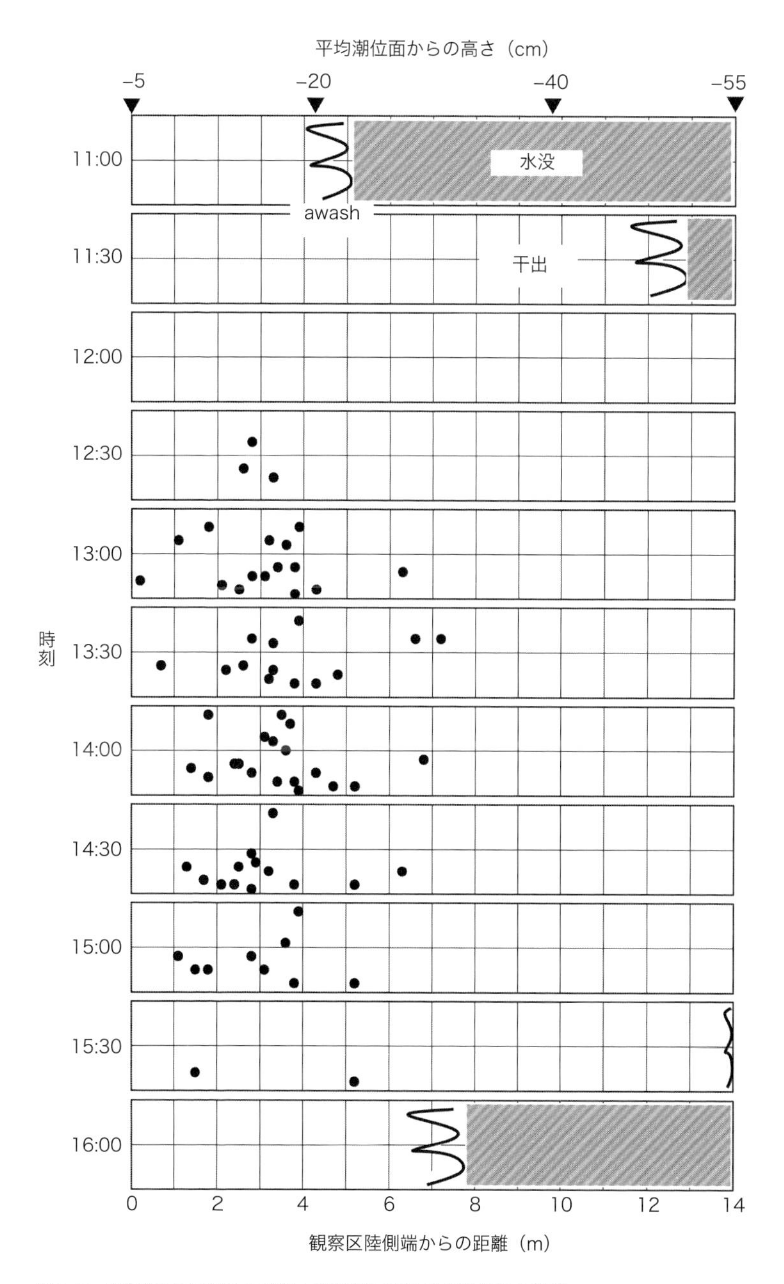

図4-5　1999年8月27日昼の干潮の観察区における出現個体の位置.

去ってから，少なくとも30分，長い場合は1時間30分以上も経過してからおもむろに這い出てくる．そして，すべての個体は潮が満ちてくるより前に，その多くはawash zoneがまだ遠くにある時に，何かに急かされるかのように活動を終了し穴に戻っていった．イソアワモチの入る穴は，出てきたのと同じである．つまり，イソアワモチは帰家行動を示すのであるがこれについては後述する．

目撃されたイソアワモチ

干潮時に岩盤の上にいるイソアワモチについての記述は意外と古く，100年以上遡る．水産増殖学の祖と言われる藤田經信は，明治29年の『動物學雑誌』に発表した「いそあわもちノ呼吸附血液循環ノ方法ニ就テ」という論文の中で以下のように記している（藤田，1896）．

> 「予ハ自ラ研究シタルモノヲ説明センニ先ツ此動物ノ常習ヨリ始ムベシ此動物ハ常ニ滿干兩潮ノ間ニアル岩石ノ間隙ニ棲ミ秋末ヨリ春四月頃迄ハ全ク其内ニ潜伏シ決シテ外出スルコトナク普通體ノ後部ヲ外方ニ向ク而シテ暖氣稍加フル頃ニ至レハ漸々匍匐シテ遂ニ岩石上ニ散在優遊シ其上ニ生ズル海草ヲ食ス其際若シ干潮ナレバ體ノ後端ニアル小孔ヲ十分開張セリ然レドモ斯ノ如キモノヲ採リ之ヲ水中ニ入ルレハ急ニ此孔ヲ閉ズ」

少し時代が下って，平坂恭介も，前述した背眼の論文においてイソアワモチの活動について触れている（平坂，1912）．

> 「三崎に於て、四月下旬より十月上旬に至る期間、荒天にして激浪岸を嚙むの時に非ざる限り、殆んど毎干潮時、水面に露出せる岩礁上にアヲサの如き藻類を食しつつある此等の動物を見るべし。その數盛夏の頃最も多しとす。滿潮に際してはこの動物の一匹をも見出し難し。」

藤田の文章には句読点が無く，濁点も一部欠くなど時代を感じさせる．「若シ干潮ナレバ體ノ後端ニアル小孔ヲ十分開張セリ」とあるので，干出した岩盤上で活動するイソアワモチを見ていたことは間違いないだろう．平坂のものは，イソアワモチの活動と潮汐の関係についてより正確な記述になっている．観察地は両者とも東京帝国大学の臨海実験所のあった神奈川県三浦半島の三崎付近であるが，この辺のイソアワモチは冬眠するようだ．ただし，いずれも本来が生態研究ではなく，研究材料として採集する際など，いわば「序で」でおこなった観察であるためイソアワモチの活動の全容を把握しているわけではない．平坂は，イソアワモチが満潮時に水没した後は「海中の生活に移るなるべし」と推測している．勿論，帰家行動にも気づいていない．

大正時代，イソアワモチの生態を研究していた人として東京帝国大学動物学科出身の東 光治がいる．彼は，「バームダ産いそあわもちに就て」という表題で，*Onchidium floridanum* の生態に関する論文（ノースウェスタン大学の L. B. Arey とバミューダ臨海実験所の W. J. Crozier が 1918〜1919年に発表した3編）を，大正9年の『動物學雑誌』で紹介した（東，1920）．これは「抄録」というもので，海外の研究をいちはやく国内に紹介するための記事である．ただし，東は結びの部分で自分の意見を下記のように付している．

> 「因みにこの O. floridanum は日本産のいそあわもち O. verruculatum とは異り背眼が退化した種類であるが、作用は變りが無いと著者は述べて居る。後者に就いて私の昨夏以來なしたる觀察及び見解とは多少異る點もあるが今は單に抄録だけに留める」

しかし，「昨夏以來なしたる觀察及び見解」はついに私たちが見ることのできるかたちで発表されることが無かったので，今日その内容を知ることはできない．残念なことである．

外国のイソアワモチ類と干潮

Arey and Crozier (1921) は，バミューダ諸島の *O. floridanum* の出現と干潮との関係について，瀬底島のイソアワモチと同様の行動を観察している．*O. floridanum* も，水没時は潮間帯の岩の穴に入っており，生息場所が干出してから1時間程度経過してから出てくる．そして，1時間程這い回って餌を食べた後，同じ穴に戻る．大潮の日に，岩盤が長時間干出しても，外出時間は変わらない．このことは二人に強い印象を与えたようで「外出時間が上げ潮によって制限されているようすはない」と繰り返し述べている．瀬底島のイソアワモチの場合は，干潮時の潮位が低くなるほど外出時間・移動距離が長くなる傾向があるが（Kendall の順位相関係数：外出時間，$\tau = -0.261$，n=93,

$p<0.001$；移動距離，$\tau=-0.189$，$n=87$，$p<0.01$，それぞれ37個体から得たデータによる)，生息場所が干出している時にいつもイソアワモチの活動が見られるわけではないという点は同じである．とくに大潮の時，干出した岩盤が長時間イソアワモチ不在の状態で閑散としているのは印象的である．これについて，私は干出直後はカニや他の貝類などがまだ活動しているのでこれらとの巣穴や餌をめぐる競争を避け，水没直前は不規則な大波にさらわれる危険を避けるため，それぞれ活動しないのではないかと当て推量しているが，証拠はない．

穴に入らなかったイソアワモチ

イソアワモチが，海水に触れるまで穴の外に出ていたのは連続的な調査が終了した翌日1999年9月5日午前中に観察された1例のみである．この個体は水没の71分前にいったん自分の穴に入ったが，すぐにまた出てきた．そして，周辺をウロウロした挙げ句，近くの転石の下に入って停止し，その後水没した．この時，この個体の穴を覗くとヒメイワガニの仲間 *Pachygrapsus* sp. がおり，入口のすぐ内側で身構え外を睨んでいた．McFarlane (1979) は，クウェートのイソアワモチ※1について，他種との相互作用はほとんどないが，「カニが入っている穴にイソアワモチが入ろうとした時，カニがつねる」と述べている．この個体は，カニに追い出されたのかもしれない．このイソアワモチは，それまで8回にわたって活動を記録しており，ずっとこの穴から出入りするのを観察してきた個体であったが，この時を最期に消失してしまった．

時刻・潮位とイソアワモチの活動

図4-6は，観察区全体における活動個体数と干潮時刻，その日ごとの変化を16日間にわたって示したものである．イソアワモチは，干潮時刻付近でもっとも多く出現し，干潮時刻が毎日30～70分ずつ遅れるのに同調してそのピークがずれていった．イソアワモチは，干潮時の潮位が低いほど，つまり大きく潮が引いた時ほどたくさん出てきた．真夏の昼の干潮時，他の生物がほとんど活動を停止して高温と乾燥を耐え忍んでいるタイミングにおいて，イソアワモチのみが這い回って

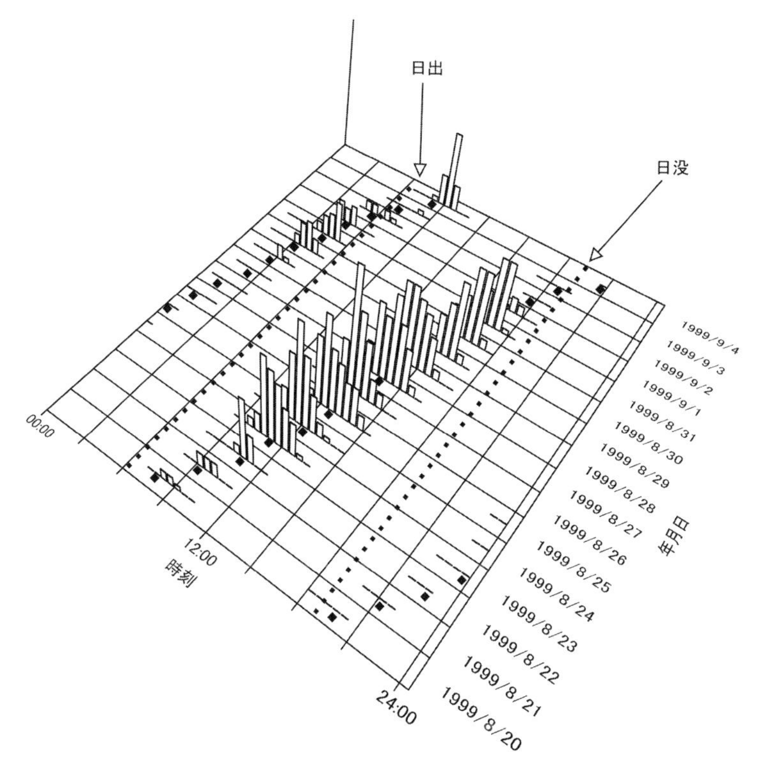

図4-6 1999年8月20日～9月4日におけるイソアワモチの活動リズム．棒グラフは観察区内の活動個体数を示す（奥の縦棒の高さ＝25個体分）．◆は干潮時刻．

餌を食べ，糞を残し，求愛や交尾，産卵をおこなっていた．この時・場所では，まさにやりたい放題といった態である．紫外線，高温，乾燥に対する耐性を備えることで独特な生態的地位を得ているものと思われる．

夜のイソアワモチ

では，イソアワモチは昼間の干潮でしか活動しないかというと，そ

※1 McFarlane はこの論文で別種の学名である *Onchidium peronii* を使用しているが，1980年，1981年の論文ではイソアワモチのシノニムである *O. verruculatum* を用いており，これら一連の研究の対象種が共通であることは論文の記述から明らかであるため，イソアワモチとして扱う．もっとも，クウェートのイソアワモチと沖縄のそれが真に同一種であるかは議論のあるところであろう．

うでもない．図4-6でも示されているように，夜間の干潮でも活動が見られた．ただし，昼と夜を比較すると，昼の方が出現個体が多くなる傾向がある．調査期間では，ほとんどの日で昼の干潮の方が夜よりも潮の引き方が大きかったので，この比較には潮位の問題がからんでくる．そこで，干潮における最低潮位について，イソアワモチの出現が見られた中で一番潮位が高かった−11 cm（潮がこのレベルよりも引けば出現可能ということ）と，夜間でいちばん潮位が低かった−65 cmの範囲内にあった場合にかぎり，つまり昼夜の干潮時の潮位が同レベルの範囲内にあった場合のみで最大活動個体数の比較をしてみたが，やはり有意ではないものの昼の干潮の方が活動個体が多くなる傾向が見られた（昼8.80±2.45個体 n＝10；夜2.56±0.99個体 n＝9）．個体識別した37個体のうち，夜間に出現したものが12個体あったが，うち3個体は夜間だけに出現した．これら3個体は穴の位置もわかっており，昼間にも活動しているのに見落としたという可能性は小さい．大多数が昼間の干潮を中心に活動するのに，少数ながら「夜行族」がいるのはなぜであろう？　昼夜の行動の違いやその解釈をおこなうには，夜の方が大きく潮が引く時期など，もっといろいろな潮汐パターンにおいて観察を積み重ねる必要がありそうだ．

クウェートでの活動リズム

イソアワモチの活動リズムと帰家行動を本格的に調査したのは，先に出てきたクウェート大学（当時）のMcFarlaneである．ここでは，彼の研究のうち活動リズムに関する部分について見てみよう．クウェートのイソアワモチも，満潮時は「家」である岩の裂け目や穴に隠れていて，生息地が干出すると出てきて活動する．彼は，クウェートの高級リゾートメシラビーチホテル北方約1 kmの海岸で1978年10月6日～25日に調査をおこなった．潮間帯岩礁に17 m×12 mの観察区を設定し，干潮時刻において10分以内で区内を回り出現個体数を数えるという方法で日々の干潮時刻と活動性の関係を調べた．その結果は，出現個体数は干潮時刻が朝夕にずれるほど多く正午に近くなるほど少なくなるというものであった．なお，1回の干潮における時刻・潮位の推移と活動の関係についてのデータは示されていない．McFarlane

は，この結果について「暑さと乾燥を避けるため」と考察している．しかし，瀬底島でカンカン照りの磯を闊歩しているイソアワモチたちを見慣れている私としてはすんなりと受け入れることができない．まず，McFarlaneが干潮時刻との関係についてのみで，潮位について言及していないのが引っかかる．そこで海上保安庁水路部（1978）の『潮汐表　第2巻　太平洋およびインド洋』を調べると，この時期のクウェートでは日中最も大きく潮が引く日の干潮時刻は午前8時前後であった．これで，何かがわかり易くなった気はしないが，少なくともクウェートでは，沖縄のように正午近くの干潮がもっとも引くということではなさそうである．正午近くの干潮における不活発さは潮位の高さが原因であるかもしれない．そもそも，遠く離れたペルシャ湾と沖縄では生息場所の環境も違うであろうし，イソアワモチ自身の遺伝的・生理的性質も同じである保証はなく，必ずしも同じような行動パターンにならずとも良いわけであるが，活動の実態はどうなのか．観察してみたいものである．

その他の外国でのイソアワモチ類の活動リズム

イソアワモチ *P. verruculata* 以外のイソアワモチ類では，バミューダ諸島の *Onchidium floridanum*（Arey and Crozier, 1918 ; 1921），グレートブリテン島の *Onchidella celtica*（Fretter, 1943），ブラジルサンパウロ州海岸の *Onchidella indolens*（Marcus and Marcus, 1956），カルフォルニア湾の *Onchidella binneyi*（Pepe and Pepe, 1985）について，潮汐と活動のタイミングが報告されている．どの種も，水没時は岩穴などに隠れており干出時のみに活動する点では共通している．

バミューダ諸島の *O. floridanum* の場合は，昼の干潮にのみ出現し，夜間は十分なレベルまで潮が引いても，さらにそれが明るい月夜であっても出現しない．また，真夏には1日の干潮が2回とも明るい時間帯にくることがあるが，この場合は一方の干潮にのみ出現する（Arey and Crozier, 1921）．逆に，カルフォルニア湾の *O. binneyi* は夜間の干潮にのみ出現することが報告されている（Pepe and Pepe, 1985）．

いずれにせよ，現段階ではイソアワモチ類の活動リズムを生じさせる要因について総括的なことを述べるのは無理である．まだまだ世界各地において地道なフィールドワークが必要とされている.

走るイソアワモチ

瀬底島のイソアワモチでは，出現個体の平均移動距離と平均外出時間は，昼の干潮の場合231 cm（n = 87），83分（n = 93）であり，最長記録は1059 cm，240分であった．同様に夜は，平均で73 cm（n = 19），48分（n = 17），最長記録は379 cm，126分である．イソアワモチはとても足が速く，他の巻貝，たとえばキバアマガイ *Nerita plicata* などと比べると急行と各駅停車ほども差を感じる．イソアワモチ類の足の速さについては昔から何名かの研究者が気にしているところで，サモアの貝類相を調査した Eliot (1899) は，*Onchidium tonganum* について「私の見たところ，頭足類を除く軟体動物中では，動きにおける活発さと聡明さは一番である．それは走るといっても良い位で…」と記している．聡明さはともかく，俊足は衆目の一致して認めるところであろう．それにしても5 cm 程度のちっぽけなイソアワモチが1回の外出で10 m 以上も移動したのは驚きであった．ただし，スピードは底質への吸着力とは相反するようで，たとえば斜面を高速移動中のイソアワモチを横から軽く押すとたちまち転げ落ちてしまう．これでは，波にあたったら容易にさらわれてしまうだろうと思う．

帰家行動

アリストテレスは笠貝の帰家を見たか？

動物が採餌や繁殖などの活動の後，特定の場所に戻ることを帰家行動という．飼っている犬や猫が家に帰ってきても誰もあまり意外には思わないであろう．むしろ帰ってこない方がびっくりである．しかし，たいして知能がなさそうな貝が帰家すると聞くと，人は驚く．なかでも，笠貝の帰家は多くの学者たちの興味をひき，行動そのものや帰家のしくみについて数多くの研究がなされている．

ところで，笠貝の帰家については「アリストテレスの時代から知られている」という記述がいろいろな本や論文に見られ，なかば通説になっているようだ．今回，本章にこのおもしろい逸話を載せようと考え，根拠と考えられるアリストテレス『動物誌』のどこにこの記述があるか確認することにした．その手がかりとしてこの記述が載っている論文を探したところ，Arey and Crozier（1921），Cook（1971），Gelperin（1974）そしてChelazzi（1990）の四つを把握した．これらに『動物誌』における出所が共通して「第何巻の第何章…」などと書いてあれば一件落着である．ところが，事態は妙な展開を見せる．

まず，一番新しいChelazzi（1990）を見たところ，『動物誌』を直接引用せず，Gelperin（1974）の記述を引用していた．そこでGelperin（1974）を読むと，Cook（1971）に依っている．それではと，Cook（1971）を見ると，Arey and Crozier（1921）の引用であった．つまり，論文は四つあるが，Arey and Crozier（1921）をドミノ倒し的に引用しているのであり，情報源はけっきょくこの論文一つに収斂してしまうのである．こういうのは「孫引き」といって，原著にあたることができないよほどの事情がないかぎり，論文作成上の禁じ手とされているのだが，それぞれの論文の本質に関わらない逸話の記述ということでか軽い扱いがされている．ともかく，改めてArey and Crozier（1921）の当該箇所を見ると，出典の記載なしで「カサガイ類が彼らのscarから離れてうろつき回るという一般的事実はアリストテレスの時代から認識されていた」という，これまた微妙な記述である．帰家すると明記してはいないが「scar」が暗示的なのである．

こうなると原書にあたるよりほかはない．Balme（2011）編集のケンブリッジ大学版定本の‘Historia Animalium’で，笠貝に関する記述を調べてみた．笠貝の移動に触れた記述は第4巻4章（528a33[※2]），第5巻16章（548a27），第8巻2章 (590a32) の3ヶ所あったが，いずれも「(付いている場所を) 離れて移動する」「移動して餌を食う」といった内容で，「帰家」あるいは「特定の場所に戻る」という主旨の表現はないようである．ここまできて「ようである」とは何とも頼りないが，これは私がギリシャ語をよく解さないためで，辞書首っ引きでもこの程度が限界だ．しかし，Cresswell (1878) による英訳版，島崎三

※2　括弧内の数字・記号は，「Bekker numbers」と云い，Bekker版アリストテレス全集（1831）における当該箇所の頁・行を表す．アリストテレス著作中の記述に言及する際はこれを付すことになっている．

郎（1998；1999）の邦訳版においても，いずれも私が読み取ったのと同様の内容で，帰家を示す記述はない．したがって，『動物誌』には笠貝の帰家行動を示す記述はなく，アリストテレスの時代から認識されていたという逸話は疑わしいものと考えるべきだろう．このようなことになった原因は，Arey and Crozier（1921）が，「付いている場所を離れ」と云うべきところを「scar を…」とやってしまったためだと私は考えている．「scar」は，単なる付着場所ではなく，笠貝の個体が継続的に家として使ったためにできた岩盤上の痕を意味する．つまりは移動した個体が元のところに帰ってくることを間接的に示してしまっているわけで，これが，後に続く人たちに誤解を生じさせたのだと思う．

家に帰るイソアワモチ

話をイソアワモチに戻そう．観察を始めて3日目のこと，背部の斑紋で個体識別できた7個体について，それぞれの穴を出るところから追跡していると，これらはすべて，出てきた穴と同じ穴に帰っていった．イソアワモチの穴は「家」だったのだ！　図4-7はある個体の移動・帰家の経路を示したものである．笠貝の帰家行動については，小学生のとき『なぜなぜ理科学習漫画　7　魚・貝のふしぎ』（石井・西沢，1970）を読んでいらい知っていたが，イソアワモチが家に帰るとは夢にも思わなかった．「もしかして大発見なのでは⁉」と気持ちが沸きたった．この「大発見」は，事前の文献調査を省いたがための幻であって，ぬか喜びに終わるのであるが，そんなこととはつゆ知らず，私は興奮した気持ちで調査期間中に識別できた37個体について，のべ135回の追跡観察をおこなった．途中で見失った5例と，先に述べた自分の穴に戻らず石の下で活動を停止した1例を除き，129例で同じ穴つまり「家」に帰ることが確認された．この間10回にわたり同じ穴に帰ることを確認した個体もあった．なお，原則としてイソアワモチの家はそれぞれ独立していて「一戸建て」である．

群居するイソアワモチ類

イソアワモチ類の帰家行動を初めて発見・報告したのは Arey and

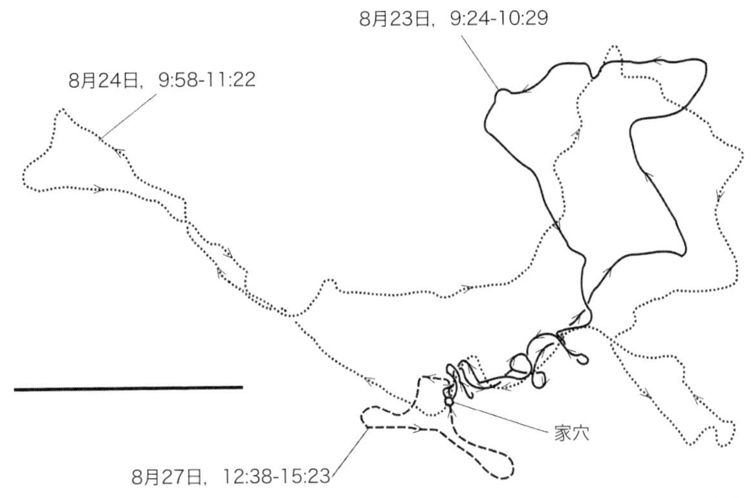

図4-7 あるイソアワモチ（体長47 mm）の3回の干潮における活動時刻と帰家行動の経路．横棒は1 m を表す．

Crozier (1918; 1921) である．二人は，先述の干潮と活動の関係などとともに *O. floridanum* の帰家行動を観察し報告していた．瀬底島のイソアワモチと違うところは，*O. floridanum* は十数匹くらいまでの「集団」で一つの穴に入っているということ．つまり，帰家行動といっても，ある集団の個体たちが一つの穴から出て，同じ穴に帰るという活動をしている．他の集団の穴に入ることはない．その他には，Fretter（1943）がグレートブリテン島の *O. celtica* について，Marcus and Marcus（1956）がブラジルサンパウロ州海岸の *O. indolens* について，それぞれ帰家行動を報告している．特筆すべきは，沖縄県の伊是名小学校4年生（当時）の東江あやかがドロアワモチ *Onchidium daemelli* の帰家行動を発見していることである．彼女は地元伊是名島の干潟でドロアワモチに修正液で印を付け行動を観察した．そして「ある日，とても大きな発見をすることができた．潮が満ち始めると，ドロアワモチたちは，一つの方向に向かってきた．相談したように迷いもしないで一つの穴（※濱口注　出てきた穴である）に向かって四方八方から集まってくるのはこれまで，内花部落の干潟のドロアワモチでは気づかなかったので，びっくりして感動しながらその様子を観察した.」と記している（東江，2005）．以上の4種は，すべて集団での帰家行動を示す．

Arey and Crozier (1921) と東江（2005）は，一つの集団内のメンバーが分散して餌をあさった後，同時に帰り始めることに注目した．この不思議な現象について，前者は「外出先で雷雨にあった家族が同時に家路につくように」と，後者は「合図をしたかのように食べるのを終えて」と驚きをもって記述している．なお，集団間で見比べた場合は，出現時刻，帰家時刻ともにバラツキがある．

帰家行動のしくみ

イソアワモチの帰家行動については，McFarlane（1979; 1980; 1981）がクウェートで調査・報告している．クウェートでも，イソアワモチは瀬底島と同様，個体ごとにそれぞれの穴に棲んでいる．McFarlane（1981）は，帰家行動のしくみを調べるため，簡単ではあるがおもしろい実験をおこなった．移動中のイソアワモチを持ち上げて，自分の這い跡に対し2 cm 離して置くのである．このとき，イソアワモチの頭を這い跡に向け，かつ体が這い跡に垂直になるように置く．そして，個体の這い跡への反応を調べた．前進したイソアワモチが這い跡のところでこれにあわせて急に進路を変えた場合「反応あり」，そのまま跨いで進んだら「反応なし」と判定する．反応があった場合は，這い跡の進行方向に沿って進むか（順行），遡って進むか（遡行）を調べた．彼の着想の優れたところは，一つの移動経路をターニングポイントで往路と復路に区分し，それぞれにおけるイソアワモチそのものと這い跡の性質が違うことを想定して実験をおこなったことである．

往路の途上にある個体と復路の個体を，それぞれ自分の往路に置くと，復路の個体の方が有意に高い率で反応した．反応した場合は，往復いずれの個体も，多くが遡行である．復路の個体を，みずからの往路と復路に置いた実験では，往路に置いたものは85 % が反応しその大多数が遡行したのに対して，復路に置いたものは8 % しか反応しなかった．しかも，この8 % の個体は，他の置き方のケースと異なりすべて順行であった（結果的に穴の方へ進むことになる）．

この結果についてMcFarlaneは，イソアワモチは原則的に這い跡に自分が付けた方向情報をたよりに，これを遡ることで帰家すると考えた．往路にいる個体つまり穴から出てこれから遠方へ向かおうとしている個体と，復路すなわち穴へ帰ろうとしている個体では，帰家行動にかかるスイッチが切り替わっており，往路では這い跡の情報を濃厚に，復路では微弱に付ける．また，個体が這い跡に反応する傾向は往路にいる間は弱く，復路において強くなっていると解釈している．

イソアワモチはみずからの復路に対してあまり関心をもたないが，少数ながらも反応した場合は這い跡を順行したのはなぜであろうか？これを確かめるために彼は大胆な操作をおこなった．這い跡の載っている岩で動かせるものを選び，落語の「死神[※3]」よろしく180度回転させてから再度同じ実験をおこなったのである．すると，180度回転させた往路に対しては，穴から遠ざかるにもかかわらず多くの個体が遡行した．つまり，往路に対しては回転しようがしまいが這い跡の情報に従う．そして，問題の「復路を180度回転させた場合」は，回転しないときと打って変わって全個体が遡行したのである．これについてMcFarlaneは，往路の情報は強いので常にこれに従うが，復路のもつ情報は弱いため穴からのにおいなどの二次情報と矛盾した場合無視される．180度回転させた復路では，這い跡の情報と二次情報との矛盾が解消されるので遡行に戻るのであると説明している．

もっとも，イソアワモチの移動経路を見ると往路と復路がまったく一致しないケースも少なからずある．これについてMcFarlaneは，往路の情報が頑強で何日ももつ，あるいは穴のにおいなど他の手段があり得るとしているが根拠はない．また，這い跡に情報をもたらす物質の実態も不明である．いずれにせよ，笠貝類の帰家行動のしくみと同様，這い跡の情報が重要であることは間違いなさそうであるが，それだけということでもなく，決定的な解明には至っていない．

※3　病人の足元にいる死神は呪文で追い払うことができるが，枕元にいる場合はそれができない．死神が枕元にいる病人を助けるため，死神の隙をついて病人を布団ごと180度回転させ，呪文を唱えるという噺．三遊亭圓朝作と云われる．

別の穴ではダメ？

イソアワモチが水没時に岩盤の穴に入っているのは，波にさらわれ，いずこともしれないところに流されていき，死んでしまうことを避けるのであろうと推測できる．問題は，「なぜ同じ穴でないといけないのか」である．笠貝は，干潮時の乾燥から身を守るため，あるいは満潮の時は捕食者に隙を見せぬため，自分の殻とピッタリ形の合った特定の scar に帰らなければいけないと解釈できる．しかし，イソアワモチの場合，体全体を隠すのであるから，内部空間にある程度の広ささえあれば，どの穴でも良いのではないか？　これについて McFarlane (1980) は，毎回の活動が終わるたびに自分にあった穴を探すより，特定の穴を家として決めている方がより安全でエネルギーのかからない方法であろうと考察している．確かにこれなら個体どうしの穴をめぐる争いも避けられるが，イソアワモチたちにそんな「紳士協定」のようなものが発達する条件が揃っているのだろうか？　不思議な気もするが，実際にイソアワモチは活動中他個体の穴に入ることはあまりない．たとえ入っても，すぐ出てきてしまい，水没時まで居座るというような行動は見られなかった．このあたりは，他人の scar を乗っ取ることのあるコウダカカラマツガイなどと異なるところである．「自分にあった穴」というのがどの程度厳密な条件を必要とするのか，またそのような穴の入手がどの程度困難なのかわからないが，満潮のたびにフルーツバスケットのように穴を探しまわるのは確かに不都合かもしれない．パーティゲームと違い，万が一穴を見つけられなかったら死んでしまうのだから．

繁殖行動

雌雄同体なのに「雌雄の争い」

團 伊玖磨[※4]の随筆に『エスカルゴの歌』という名作があるが，その中で，エスカルゴが雌雄同体であることから想像をめぐらした記述がある（團，1964）．

> 「もし人間が両性を具えるようになれば、人生ますます複雑多岐となり、小説もまた面白くなること受け合いである。「私の中の女はね、あなたの中の男を熱烈に愛しているの。本当よ。でもね、

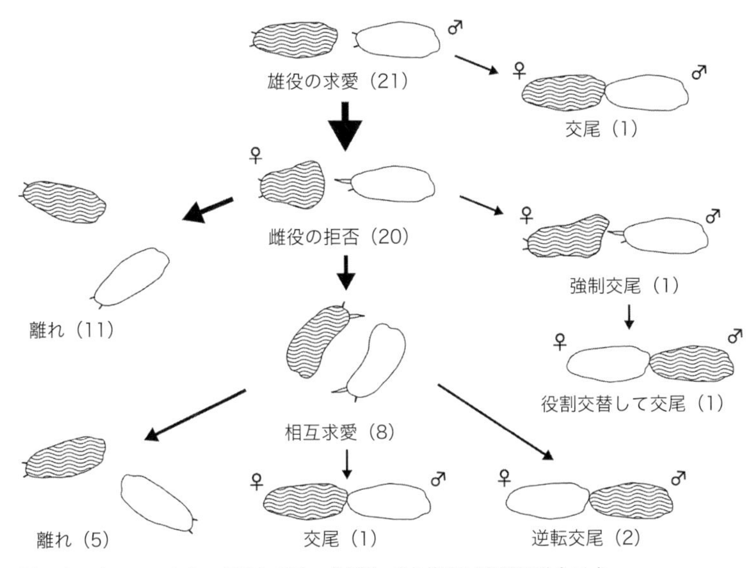

図4-8　イソアワモチの求愛と交尾.（括弧）内の数字は観察例数を示す.

私の中の男は、どうしてもあなたの中の女を愛せない、（中略）私達どうしたら、どうしたら…」「ままならないねえ」二人は手をとって泣き、涙は互いの頬を濡らすのであった。―というようなことになればちょっとしたものである。」

なるほど．おもしろいかどうかはともかく，世の中が複雑になることは間違いなさそうだ．イソアワモチは，エスカルゴ同様雌雄同体の生物であり，このような世界の住人である．

図4-8は，2個体間で観察された21例の繁殖行動について，それぞれの経過を示したものである．まず，ある個体が別の個体に触角で接触することから始まる．雌雄同体ではあるが，この場合，接触した方が雄役，接触された方が雌役ということになる．ところで，読者諸賢は，どんな生物でも生殖器は下半身に付いていると思っていないだろうか？　そういう脊椎動物的常識はイソアワモチには通用しない．イソアワモチの雄性生殖突起は頭部右触角の下にあるのである．ふだんは体の中に収まっているが，繁殖行動の際，白い角のような感じでニ

※4　日本を代表する作曲家であり，随筆家．音楽作品はあまたあってかえって例示が難しいが，誰もが知っている童謡『ぞうさん』はその一つ．

ョキッと出てくる．一方，雌性生殖孔は「常識的」に体の後端外套下に開口する．さて，話を2個体間の行動に戻すと，雄役の個体は触角で接触した後，雄性生殖突起を伸ばしながら，雌役の個体に接近し交尾を試みる．しかし，そのまますんなり交尾に至ったのは1例のみであり，残りの20例では雌役個体が外套後端を押し下げ，雌性生殖孔を塞いで交尾を拒否した．その後は，そのまま雌役が逃げ去ってしまう場合が11例ともっとも多かった．別の1例は，雄役個体が雌役個体の下に強引に頭部を割り込ませ交尾に成功した．この例では，その後雄役・雌役を交代し，再度交尾がおこなわれた．

興味深いのは残りの8例で，雌役だった個体が逃げないどころか，みずからも雄性生殖突起を伸ばして反撃に転じ「オスとして」交尾しようとしたことである．2個体の両方がオスとして交尾を試みた結果，互いに相手の尻を追って回転することになる．このとき，雄性生殖突起が先端右側にあるため回転方向は必ず右回りとなる．ペアによる求愛のダンスと言えないこともないが，そう優雅なものでないことは，回転の最中，追いつかれそうになった方の個体が外套後端を下げて交尾されまいと頑張る行動がたびたび見られることでもわかる．團さんの表現をまねると「私の中の男はあなたの中の女を熱烈に愛してる．でも私の中の女はあなたの中の男を愛せない！」「何云ってやがる，俺だって同じだあ！」ということである．

これら8ペアのうち5例では，互いに雌役としての交尾を拒否した結果離れてしまった．3例では交尾がおこなわれたが，はじめの雄役・雌役が維持されたのは1例のみで，2例では雌雄の役割が逆転していた．

生物の世界では，交尾に関して「積極的なオスと慎重なメス」というのが原則的なパターンである．精子が小さいエネルギーで莫大な数できるのに対して，栄養を多く含む卵の生産には大きなエネルギーがかかるので，配偶子の使用に関する戦略が雌雄で異なることになる．イソアワモチの場合，同一個体に雌雄が存在するため，2個体の相互行動の中に，あたかも2ペアの雌雄による求愛とその受容・拒絶が含まれるような状態になる．雌雄異体の生物のように，1個体が1つの立場でないためややこしいが，イソアワモチの行動も生物全般の性差の原則に沿っているといえるだろう．私たちの研究では同時の相互交尾は見られなかったが，McFarlane（1979）は，2匹の相互交尾や3匹による円環状交尾を報告している．

「山宣」とイソアワモチ

イソアワモチの交尾行動については意外な人物が観察していた．「山宣」こと山本宣治は大正から昭和の初めにかけて活躍した性科学者・政治家である．彼は，産児制限普及との関わりから無産階級の支援を目的とする政治活動に加わるようになり，第一回普通選挙で衆議院議員に当選した．そして，治安維持法に反対して反動勢力の刺客に暗殺されてしまう．山宣の壮絶な人生については映画や小説をご覧いただきたいが，その彼が三浦三崎の海岸でイソアワモチの3個体以上の連結交尾や，交尾個体が円環をなす状態を観察して，大正12年の『女性改造』に「イソアワモチの生殖行動」という論文を発表している（山本，1923）．

> 「此動物が幾疋も頭尾相接して列んで居る事を時々發見する。私の友理學士東光治君は此動物の専門研究者であるが、彼の知識を借りれば、其列を作つて居るのは、交尾を行うて居るのださうだ。」
>
> 「所が其列が曲つて列の始めと終りとが接觸してそして其間にも交尾が始まる場合がある。よく觀察されるのは甲乙丙丁の四疋が、ロの字形に列んで居り、甲は乙に、乙は丙にと順に精子を與へ最終の丁が又最始の甲に精子を與へる事になる。其所で普通の列式交尾では他から精子を受くる事も出來ぬ甲所有の卵も此時は受精する事が出來、此所に廻れど端無き生殖の輪舞が成立する。」

山宣は，政治家として著名な人であるが，本来は性科学を専門とする学者であり，学問的出自は動物学なのである．彼は，1917年から1920年の秋にかけて東京帝国大学の動物学科に在籍しており，「友人の東 光治君」は同時期に三崎で研究していた「バームダ産いそあわもちに就て」の東であろう．山宣はこの論文で，動物行動の擬人的解釈を「動物心理學上頗る時代錯誤的傾向を帯びて居る」ものとして否定する．逆に「特殊の位置に位する人間の生活に擬獣的解釋を下さんとする」のも不可とする．所詮動物と人間は別物であり，イソアワモチの生殖輪舞は人間の行動の模範にも言い訳の材料にも成らぬというわけである．それにしても，『女性改造』は芸術や社会問題を扱った相当にハイソな女性誌である．これにイソアワモチの生殖では，読者はさぞかしたまげたことであろうと思う．

繁殖個体のサイズ，産卵

瀬底島では，繁殖行動に関わったイソアワモチはすべて体長30 mm以上で，その中でも交尾に至った個体はすべて40 mm 以上であった．先の21例の繁殖行動に参加した個体の平均体長を見ると，最初雄役をした個体は43.2 ± 1.1 mm，最初雌役をした個体の方は39.1 ± 1.1 mmであった．交尾をしようとする雄役個体と，それを拒否する雌役個体の間には体力的な争いが生じていた．観察例数が少ないので，踏み込んだ議論は無理だが雄役としては大きい方が有利ということはあるかもしれない．

産卵は，1999年8月25，26，27日の昼間の干潮時に，それぞれ3，2，4例ずつ観察した．25日が中潮，26，27日は大潮である．卵塊は黄色のペースト状で，通常の行動範囲内にある岩盤の5～10 cm 程度の窪みの垂直面や転石の下面に2～3時間かけて産みつけられていた．イソアワモチの産卵周期はわかっていない．産卵行動にかぎらず，配偶者選択の実態や成長に伴う性的資源配分など，イソアワモチの繁殖生態には未着手の研究テーマがたくさんある．

おわりに

この研究について

1999年の夏，私はイソアワモチと出会い，2週間あまりの短い期間ではあったが，昼も夜もずっと張り付いて彼・彼女らの暮らしを覗かせてもらった．イソアワモチたちにとっては迷惑千万であったろうが，それまで気に留めたこともなかったこの生物について，潮汐と精妙に関連した活動と，帰家や繁殖に係る興味深い行動の有り様を知ることができた．とはいえ，このとき把握できたのはイソアワモチの暮らしのほんの一部であって，わかったこと以上に新たな疑問や研究課題が顕われるという結末となっているのはそれぞれの項のところで述べたとおりである．「とりあえず見てみよう」的な発想で始めた研究は，とかくこのようなことになりがちだ．人によっては時間・労力に見合わない所業だと考えるかもしれない．それでも，私にとっては十分に楽しかったし，有意義であったと感じている．そもそも私はこのようなやり方が好きなのである．

臨海学校

私は東京の世田谷区で育った．小学校5年生のとき，1泊2日で三浦半島での臨海学校があり，観音崎で博物館や古い灯台を見学し弁当を食べた後，磯におりて遊んだ．今あの時の光景を思い出すと，あちこちに潮溜まりができていたので干潮だったのではないかと思う．正午頃の干潮だとすると大潮か．先生たちは，そういうタイミングを計って遠足の日程を決めてくれていたのかもしれない．ともかく，初めて磯におりた私は，夢中になって魚やカニや貝を探した．石をひっくり返すたびに，深緑色に縦の白線が入ったオウギガニやウニやイトマキヒトデなどおもしろい生物がでてきた．もともと生物が好きで，それまで，雑木林でクワガタやカナブンを捕って飼ったりしていたけれども，海岸の生物は色や形がバラエティに富んでいて，密度が高いので興奮の度合いが違っていた．そこには，自分が知っているのとは異なる世界が広がっていて，しかも石を返すたびに新たな展開を見せたのである．

その日の晩は金田という集落にある保養所のような施設に泊まった．畳敷きの大広間で，クラス全員が2列に布団を敷いて寝ると，開いている窓から月の光が差し込んで私たちを柔らかく照らした．海の方からは力強いけれどゆったりした波の音が聞こえてくる．それを聞きながら，私は昼間出会った磯の生物たちを思い返していた．私が海の生物を好きになったのはこの時だと思う．

研究する理由

イソアワモチにかぎらず，海岸で生物を調査していると時々散歩等している地元の方から声をかけられることがある．たいてい「何してんの？」から始まり，「何か役に立つのか？　食べられるか？　仕事なのか？」というような展開を経て，「いったい何でそんなものを研究しているのか？」という質問に行き着くことが多い．最後の質問は「あなたのやっていることは本当に理解できない」という呆れた気持ちを含んでいる場合もあるように思う．そういうときは，抵抗しても仕方がないので「けっこうおもしろいんですよ～」とやや力なく答えることにしている．しかし，内心私はこう思っている．海辺に行くと，足もとには別世界があるのだ！　夜明け前の海岸に座り込んで貝たちの世界に入り込んでいる時など，そこから客観的に自分の住む世界を振り返るような場面がある．こんなときは，自分が半分くらい貝になったような感じさえしてとても愉快な気持ちになる．それに生物たちの別世界は基本私以外誰も行ったことのないところである．そこに旅をして生物たちの文字どおり命がけのドラマを観たときの感動は，外国旅行でだって簡単には味わうことのできないものだと思う．初めて磯におりたとき，目の前に開いた別世界をたどる旅は，なかなか終わりそうにない．

引用文献

東江あやか．2005．ホーミーの研究　パート４．In: 沖縄電力株式会社編．『第27回沖縄青少年科学作品展作品集』沖縄電力株式会社．

Arey, L. B. and Crozier, W. J. 1918. The ‘homing habits’ of the pulmonate mollusk *Onchidium*. Proceedings of the National Academy of Sciences of the United States of America 4: 319-321.

Arey, L. B. and Crozier, W. J. 1921. On the natural history of *Onchidium*. Journal of Experimental Zoology 32: 443-502.

東 光治．1920．バームダ産いそあわもちに就て．動物學雑誌 32: 167-168.

Balme, D. M. (ed.) 2011. Aristotle. ‘*Historia Animalium*’: *Volume* 1, *Books I-X: Text*. (Cambridge Classical Texts and Commentaries). Cambridge University Press.

Chelazzi, G. 1990. Eco-ethological aspects of homing behaviour in molluscs. Ethology Ecology & Evolution 2: 11-26.

Cook, S. B. 1971. A study of homing behavior in the limpet *Siphonaria alternata*. Biological Bulletin 141: 449-457.

Cresswell, R. (translation). 1878. Aristotle. *Aristotle's History of animals. In ten books*. George Bell & Sons.

團 伊玖磨．1964．『エスカルゴの歌』文化服装学院出版局．

Dayrat, B. 2009. Review of the current knowledge of the systematics of Onchidiidae

(Mollusca: Gastropoda: Pulmonata) with a checklist of nominal species. Zootaxa 2068: 1-26.
Eliot, C. 1899. Notes on tectibranchs and naked mollusks from Samoa. Proceedings of the Academy of Natural Sciences of Philadelphia 51: 512-523.
Fretter, V. 1943. Studies in the functional morphology and embryology of *Onchidella celtica* (Forbes and Hanley) and their bearing on its relationships. Journal of Marine Biological Association of the United Kingdom 25: 685-720.
藤田經信．1896．いそあわもちノ呼吸附血液循環ノ方法ニ就テ．動物學雜誌 8: 77-81.
Gelperin, A. 1974. Olfactory basis of homing behavior in the giant garden slug, *Limax maximus*. Proceedings of the National Academy of Sciences of the United States of America 71: 966-970.
濱口寿夫・吉岡英二．2002．沖縄県瀬底島におけるイソアワモチの活動リズム，帰家行動，繁殖行動．Venus 61: 49-60.
平坂恭介．1912．イソアハモチ背眼の構造に就て．動物學雜誌 24: 20-35.
石井定男・西沢まもる．1970．『なぜなぜ理科学習漫画　7　魚・貝のふしぎ』集英社.
海上保安庁水路部編．1978．『潮汐表　第２巻　太平洋及びインド洋』海上保安庁.
片桐展子・片桐康雄．2007．イソアワモチは２種類いる？．ちりぼたん 38: 37-42.
片桐康雄．1998．イソアワモチに見られる多重光受容システム．うみうし通信 (20): 8-10.
Marcus, E. and Marcus, E. 1956. On *Onchidella indolens* (Gould, 1852). Boletim do Instituto Oceanográfico, São Paulo 5: 87-94.
McFarlane, I. D. 1979. Behaviour and ecology of the inter-tidal pulmonate mollusc, *Onchidium peronii*, in Kuwait. Journal of the University of Kuwait (Science) 6: 169-179.
McFarlane, I. D. 1980. Trail-following and trail-searching behaviour in homing of the intertidal gastropod mollusc, *Onchidium verruculatum*. Marine Behaviour and Physiology 7: 95-108.
McFarlane, I. D. 1981. In the intertidal homing gastropod *Onchidium verruculatum* (Cuv.) the outward and homeward trails have a different information content. Journal of Experimental Marine Biology and Ecology 51: 207-218.
Pepe, P. J. and Pepe, S. M. 1985. The activity pattern of *Onchidella binneyi* Stearns (Mollusca; Opisthobranchia). The Veliger 27: 375-380.
島崎三郎（訳）．1998．アリストテレース．『動物誌（上）』岩波書店.
島崎三郎（訳）．1999．アリストテレース．『動物誌（下）』岩波書店.
上島 励．2007．イソアワモチとその「近似種」について．ちりぼたん 38: 43-47.
山本宣治．1923. イソアワモチの生殖．女性改造 2: 168-175.
与那原町教育委員会編．1988．『与那原町史　序説・むかし与那原』与那原町役場.
行田義三．2003．『貝の図鑑―採集と標本の作り方』南方新社.

第5章

食われる前に食え
—戦慄の共食いウミウシ

中嶋康裕

捕食するウミウシ

ウミウシは人気者

スキューバ・ダイビングがスキーやスノーボードと同じか，それよりももっと手軽に楽しめるようになったことで，海の中の生きものに興味をもつ人が多くなり，比較的安価な図鑑も数多く出版されるようになった．それにつれて，ダイバーが興味をもつ動物も，魚のようにある程度大きくて動きもダイナミックな動物から，小さくて見つけにくい動物までさまざまに広がってきた．そうした，めだたないけれど人気のある動物の代表格の一つがウミウシである．

ウミウシに人気があることには，いくつか理由があると思われる．まず第一に，姿・形がかわいくきれいなためであることは言うまでもないだろう．二番目には，種類数が多く，しかもそれぞれの種の個体数はあまり多くない（と思われている）ことも人気の秘密だろう．さらに三番目として，動きがおっとりしていて初心者にも写真撮影しやすく，獰猛な印象を与えないことも親しみやすさに一役かっているはずだ．

腹足類（巻貝）の仲間で，貝殻がないか著しく退化したグループが一般に（広義の）ウミウシと呼ばれていて，キセワタやツバメガイなどの頭楯類（とうじゅんるい），ミドリガイやアリモウミウシなどの嚢舌類（のうぜつるい），ウミフクロウやフシエラガイなどの背楯類（はいじゅんるい），アメフラシやウミナメクジなどの無楯類（むじゅんるい）などが含まれる．一方，同じくこの仲間の裸鰓類（らさいるい）だけを指して（狭義の）ウミウシとすることもある．この章では裸鰓類の親戚筋にあたる動物たちはほとんど登場しないので，狭い方の定義を採用して，裸鰓類を「ウミウシ」と呼ぶことにする．英語では，裸鰓類を nudibranchs，その親戚たちを sea slugs と呼んでいる（Behrens, 2005）．また，それぞれの分類群の名称や定義は近年大きく変更されているが，分類学を論じるわけではないので，ここではなじみのある古い呼び名を使用する．

二番目にあげた，種類数がそこそこ多くて個体数が少ないのが人気となるのは，切手やカードをはじめとしたコレクションの趣味と基本的に共通する要素である．種類数が少なすぎると，それほど時間をかけなくても全種類を制覇することになり，「見ていないものを見たい」とか「もっていないものを集めたい」という欲求に繋がらない．一方，個体数が多くてありふれた動物でもこれと同じことが起こり，やはり「見てみたい」という欲求には繋がらない．記念切手には人気があっても，ハガキや封書の投函でいつも使って見慣れている普通切手に関心を払うことが少ないのと同じと言える．ウミウシは見たいと思ってもなかなか見つからないから見つかるととても嬉しく，次はまだ見ていない種類を見てみたいと思う楽しさが生まれてくる源となるのだ．ウミウシには人気があっても，親戚のアメフラシにまるで人気がないのは，彼らが大きすぎるうえ，色も美しくなくてとても「かわいい」とは言えないことに加えて，春の磯に行けばゴロゴロいてちっとも珍しくない，つまり一番目の条件も二番目の条件も満たさないことによるのだろう．

それでは，三番目の条件はどうだろう．ウミウシはなかなか見つからない代わりに，見つけても逃げ出すことはなく，ゆっくり写真を撮らせてくれる．そして，触ってみるとたいていは柔らかいから，なんとなく優しい動物のように感じられる．しかし，そのウミウシがムシロガイのように腐肉に群がっていたとしたら，あるいはフリソデエビのようにヒトデにとりついてバリバリと貪っていたとしたら，いくらきれいな色をしていたとしてもかわいいとは思わず，むしろ気持ち悪く感じる人もいるかもしれない．少なくとも見かけの優しい印象がおおいに損なわれてしまって，イメージダウンするにちがいない．けれども，幸いなことにそんな興ざめな姿を見てしまうことはけっして起こらない．アメフラシが春の磯でゆったりと海藻を食んでいる姿はよく見かけるが，ウミウシが何かを食べているところを見かけることじたい，まずない．ウミウシはいったい何を食べているのだろう．アメフラシやミドリガイは大小の海藻を食べる植物食者だが，ウミウシはじつは動物食者なのだ．

ウミウシの餌

アメフラシやウミウシは動きがのろい．動かない海藻を食べるアメフラシはともかく，あんなにゆっくり動くウミウシに食べられてしまうのはどんな動物なのだろう．それは，海藻と同じように動かない動物である．陸上では，じっとしていても風が餌を運んできてくれたりしないから，まったく動かない動物というのは基本的に存在しない．しかし，水中にはプランクトンがたくさんいて，座して待っていれば水が餌を運んできてくれるから，それを濾しとって食べる固着生活の濾過食が成立する．ウミウシがおもに餌としているのは，カイメン，ヒドロ虫やサンゴなどの刺胞動物，コケムシ，ホヤ，といった固着動物である．魚や貝が岩の上に産みつけた付着卵も，動かない点では固着動物と同じだから，それらを好んで食うウミウシも知られている．つまり，ウミウシが食べる対象は動物ではあるけれど，食べ方としては植物食的だと言える．動物食と聞くと，逃げる獲物を追いかけていって，ついには倒して食べてしまう動物（捕食者）を思い浮かべるが，ウミウシの動きではそんな芸当はとてもできそうにない．

しかし，生物の世界は広く，例外がつきものだ．ごく少数派だがウミウシにも捕食者となっているものがいる．その一つが，メリベウミウシ類 *Melibe* spp.（図 5-1）である．このウミウシの頭部にはボウルあるいはお椀型に大きく広がった頭巾と呼ばれる器官が発達していて，その一端は口へとつながっている．メリベウミウシは頭巾を投網のように海底に打ちつけ，その中にヨコエビなどの小型の甲殻類が入っていると左右から網を絞って，次第に口の方に追い込んでいく．しかし，この投網は狙って打っているようには見えず，打ち所がいいとたまたま餌が入っているといった印象を受ける．

捕食者となっている別のタイプは，ウミウシを食べるウミウシである．ダイバーのブログなどで，他種のウミウシを襲うウミウシのことを「共食い」と記述しているのをときどき見かけるが，明らかに勘違

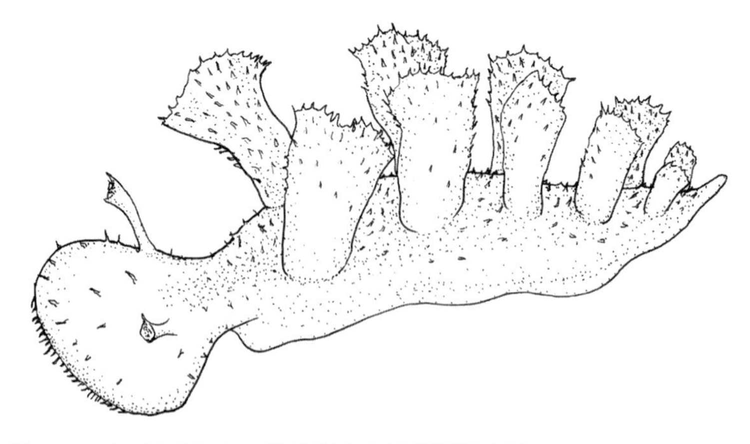

図5-1　メリベウミウシ（この章の図はすべて中嶋淑美による）.

いである．これが共食いなら，キビナゴを食うカツオも（魚が魚を襲っているから）共食いとなるし，ガゼルを襲うライオンも共食いとなる．他種のウミウシを襲うことは理にかなっている．ゆっくりと動くウミウシであっても，同じようにゆっくり動いている相手なら追いつくことができるだろうし，甲殻類の鋏のような強力な武器をもたないので反撃を食らう恐れはないし，巻き貝のように硬い殻をもたないので丸呑みしてしまうことも難しくないからである．ウミウシを食べた記録があるウミウシはいくつもいるが，大きく二つのグループに分けられる．一つは，食性が広く，いわゆる悪食でなんでも食べ，その餌の中にたまたまウミウシが含まれているタイプで，その代表格はウミフクロウ類 *Pleurobranchaea* spp.（図 5-2）だろう．もう一つは，もっぱらウミウシを食うタイプで，これにはリュウグウウミウシの仲間 *Roboastra* spp.（図 5-3）とキヌハダウミウシの仲間 *Gymnodoris* spp. が含まれる．分類学を除くと，ウミウシの研究はあまり盛んではなく，こうした捕食性ウミウシの食性の研究も数少ないのだが，ウミウシならなんでも食べているわけではなく，それぞれの種ごとに餌とする相手のウミウシがだいたい決まっていることがわかっている（Nakano et al., 2007 ; Nakano and Hirose, 2011）．この点で前者の悪食グループと後者のウミウシ専食グループとの間には大きな違いがみられるのだが，前者も後者もともに，ときどき自分と同じ種のウミウシを食べる，

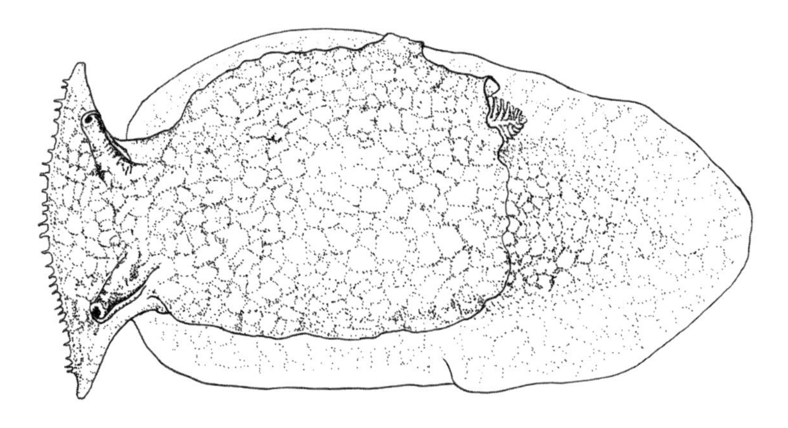

図5-2　ウミフクロウ.

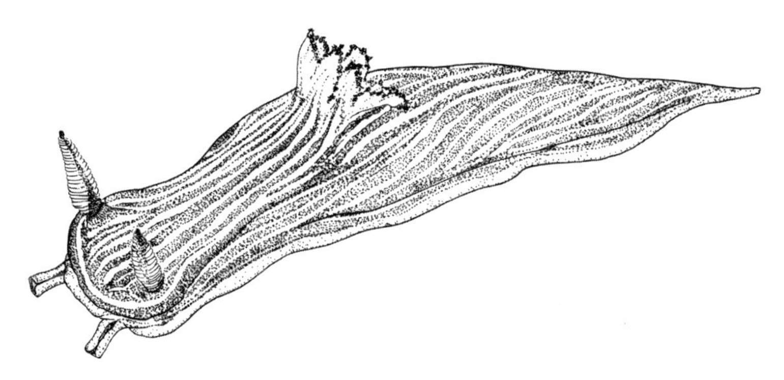

図5-3　リュウグウウミウシ属の一種 *Roboastra leonis*.

つまり真の意味での共食いをおこなうことが知られている．なんでも手当たりしだい食べてしまう前者はともかく，狙った相手を食べるはずの後者が共食いをするとはいったいどうしてなのだろうか.

ウミウシの話を進める前に，ここで共食いについてちょっと考えてみることにしよう.

共食いはよくないことなのか

共食いの損得

現代社会においては人肉食（共食い）は倫理に反するものとして強く戒められ，生物学的にも同種個体を減少させる行動は進化的に不利にちがいないと思われている．このため，共食いは否定的にとらえられることがふつうで，共食い＝悪とするステレオタイプな考え方がよく見られる．じつは，キリスト教的な倫理観が普及する以前の社会においては，人肉食はそれほど猟奇的な出来事ではなく，飢餓状態に陥った場合に限らず，宗教的な儀式としてもよくおこなわれていたことがわかっている（ジャレド・ダイアモンド，2005）のだが，人間の倫理観の問題は別にして，進化生物学的に見て，共食いは本当によくない（不利な）ことなのだろうか．

共食いすることが知られている動物は少なくない．その一部は異常な行動あるいは偶発的な行動であるとしても，すべてをそれで片付けてしまうわけにはいかないし，実際，ごく当たり前のこととして共食いをおこなう動物もいる．共食いが進化的にたいへん不利な行動であるのなら，そんな動物はあっという間に滅んでしまいそうなものだが，そうなっていないところをみると，じつはそれほど不利ではないのだろうと推測される．共食いが不利かどうかを進化生物学的に検討するうえで重要なのは，食う側と食われる側との血縁関係である．そこで，両者に血縁関係がある場合とない場合とに分け，さらに血縁関係のない場合の特殊例として配偶相手を食う場合について検討してみる．

まず，血縁のない相手を食う場合だが，食う側にとっての損失はほとんどない．相手が異性であれば，将来の繁殖相手候補を減らすことにはなるが，自分が見逃したからといって，食わなかった相手が成熟するまで生き延びるかどうかはまったくわからない．とくに，生活史の初期死亡率が高い動物では，相手が若い場合は，成熟令に達するまで生き延びる可能性はきわめて小さいだろう．そして，鳥類と哺乳類を除くほとんどの動物は初期死亡率が高い動物にあたり，ウミウシももちろんこのタイプである．一方，同性個体を食った場合は，繁殖に関する将来のライバルをわずかに減らすことになるが，先に書いた理屈と同じく，その効果はきわめて小さく，ほとんど無視できるだろう．けれども，繁殖令に近づくまで成長した異性個体を食った場合は損失につながるのではないか．確かにそのとおりで，実際にもそうした例はほとんど知られていない．もうすぐ繁殖できそうな貴重な繁殖相手を餌にしてしまうという行動はさすがに進化的に不利益であることに加えて，そのように成長した相手を襲うことは，反撃にあって自分が逆に食べられてしまうリスクが大きすぎるからだろう．だから，血縁のない個体に対する共食いでは，大きな個体が小さい個体，つまり生活史の初期にある個体を食うことがほとんどで，そうした例は数多く知られている．大きな個体にとっては，同種個体を食べずに飢えて死ぬかもしれないリスクを負うよりも，食べてもほとんど損することのない相手を食べて生き延びる利益を得る方を選ぶのは当然だ．逆に，血縁のない相手に食われた側からすると，食われて得になることは何もない．まったくの食われ損である．

血縁共食い

次に，血縁のある相手を食う場合を考えてみよう．こうした共食いを filial cannibalism と呼ぶが，これまで決まった訳語がないので「血縁共食い」と訳すことにする．先のケースとは異なり，血縁共食いでは食う側にとっても損失が生じる．血縁のない個体を食っても子孫を残すうえでは影響がないが，血縁個体を失うことは子孫の数の総計（包括適応度）を少なくすることになるからである．これは淘汰上明らかに不利益だと思われるのに，なぜこんな行動がしばしば見られるのだろうか．それは，食う側が生涯に複数回繁殖するためだと考えられる．もし生涯に一度しか繁殖しないのなら，飢餓を逃れるために自分の子を食うことはただ自分で自分の首をしめているだけで，そんな行動が進化的に残っていくわけはない．食うのが自分の子ではなく，兄弟姉妹の子であっても，損失の程度がいくばくか小さくなるだけで同じことだ．しかし，飢餓を逃れて生き延びると次の繁殖機会を得る見込みがあるのなら，話は別である．次の繁殖で子孫を残すことができれば，今失った子孫の分の損失を穴埋めできるだろう．

たとえばオオスジイシモチ *Apogon doederleini*（図 5-4）など，1年に何度か繁殖して，複雑な子育てをおこなう魚では，まるで計算づくであるかのように柔軟に血縁共食いを実行することが知られている（Takeyama et al., 2007）．卵が食われないよう敵から見張り，酸素濃度を高めるために鰭で扇いで水を送り，発生途中で死んだ卵を取り除くなどをおこなう子育て中は，親魚は十分に餌を食べられないので，

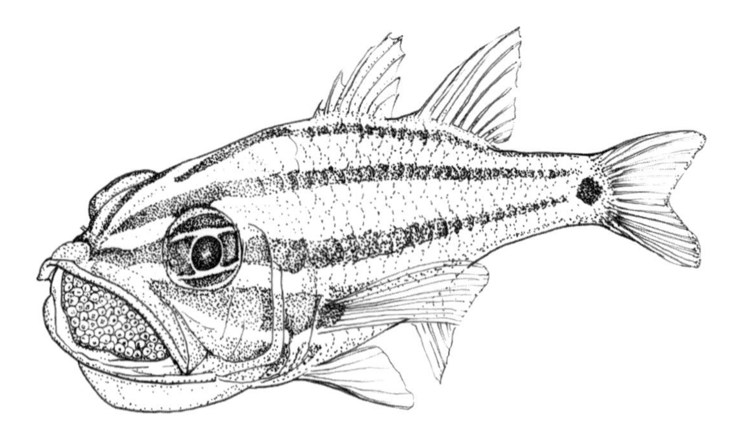

図5-4　オオスジイシモチ.

しだいに消耗していく．すると，飢え死にしないまでも，疲れ果ててもう子育てを続けられないという状況に追い込まれることがある．それがいつ起こるかによって，取るべき対応が異なってくる．繁殖期の初めでその後まだ繁殖の機会があるのなら，今の卵は諦めて体力を回復させ，次回以降の繁殖に備えるべきである．一方，もう繁殖期の終わりに近いときに体力の限界がくれば，血縁共食いは最小限に止めて，なんとか今の子を育て上げるべきである．孵化後（出産後）もしばらく子育てを続ける動物では，親の状態だけでなく子の状態も共食いの発生に影響を与える．子が幼ければ幼いほど，将来生き残って孫を産むまでに育つ可能性は低くなり，成長しているほど可能性が高くなる．そのため，幼い子ほど損失が小さいので，食われてしまう危険性は高くなっている．

血縁のない個体間の共食いでは，食われた方は食われ損だったが，血縁共食いではそうではない．食われることで，食った相手が生き延びて繁殖すれば，そこで生まれる子は自分とも血縁があるので，将来の子孫が多少は残る（包括適応度がいくらか上がる）．ごく単純な計算では，たとえば自分が親に食われることで2個体以上の弟や妹（きょうだい）が増えれば割に合うことになるが，そう簡単な話ではない．この計算が成り立つのは，自分が餌となること「だけ」で兄弟が増える場合で，実際には兄弟が生まれるまでには親はたくさんの餌を必要としていて，餌としての自分の貢献度はごくわずかだからである．つまり，わずかな包括適応度上の利益はあっても，食われない方がいいに決まっている．しかし，食う側と食われる側の大きさ（力）の差は圧倒的なので，食う側の都合が優先されて，あえなく食われてしまうのである．

性的共食いとはどんな現象か

配偶相手を共食いする

もう一つの，共食いの特殊なケースが配偶相手を食う場合で，性的共食い（sexual cannibalism）と呼ばれている．自分と配偶相手とは血縁関係がないから，先の議論からすれば食ってもとくに問題はないように思えるが，そうではない．配偶相手は，今は血縁のない赤の他人であっても，近い将来に自分の子を残すことに貢献する重要な個体だからである．そして，自分の子を残すうえで，相手がどれくらい貢献してくれるのかという貢献度の違いによって，絶対に共食いしてはいけないのか，それとも場合によっては食ってしまってもいいのかという違いが生じる．

相手がオスであれメスであれ，少しでも子育てを担当する場合は，共食いしてはいけない．子を育ててくれる相手を食ってしまっては，子はたちまち死んでしまうからである．妊娠中の哺乳類も自分のお腹の中で子育てをしていると言えるから，哺乳類の雌親が食われることは（異常行動を除けば）まずあり得ない．もっと広く考えると，哺乳類でなくても，体内受精する動物のメスは，交尾から産卵までは（短い期間ではあるが）子育てしているとみなすことができるので，これも共食いしてはいけない．一方，体外受精する動物では，産卵・放精を果たしてしまえば，子を残すことへの貢献は雌雄双方ともなくなってしまう．また，体内受精する動物でも，子育てを担当しない場合のオスは，交尾さえ終われば貢献度はほぼなくなる．言い換えると，こうした動物では子を残すうえで用済みとなった相手を食ってしまっても問題ないことになる．むしろ，次の繁殖機会に備えて卵や精子を生産したり，あるいは子育てしたりする体力を確保するうえでは，手近な餌と見て食ってしまった方がいいとさえ言える．しかし，そんな例がほとんど知られていないのは，用済みの配偶相手と自分とでは体の大きさが近くて襲うリスクが大きいことと，食われる危険に備えて用が終わればさっさと逃げ出すようになっているからだろう．

ところが，めったに起こらないはずの性的共食いが知られている動物がいる．そこで食われているのは，先の「食ってもいい相手」のリストに出てくる体内受精するオスである．それがどんな動物で，めったに起こらないはずの現象がなぜその動物では起こるのかを見ていくことにしよう．

カマキリの性的共食い

性的共食いが起こる動物として詳しく研究されているものは二つしかないのだが，その一つであるカマキリの例はあまりにも有名で，動物学にも昆虫にもまったく興味のない人でさえ知っている．そのため，男勝りで攻撃的な女性をカマキリに例えて揶揄することさえある．「体がより大きいメスは小さいオスを交尾中に貪り食い，頭を食われたオスはそれでも交尾を続ける」というお話は，私も小さい頃に読んだことがあり，一度見てみたいものだと思っていたのだが，都会育ちだったので残念ながらその機会はなかった．けれども，カマキリは大型でめだつ昆虫なので，きっと実際に見た人もいるにちがいない．

ここで，精子を受け取ったメスが相手のオスを食うことで利益を得ていることは理解できるが，体が多少小さいとはいえオスが簡単に食われてしまうのはなぜなのだろう．その理由は，血縁共食いで食われる側にもわずかながら利益があることと共通している．オスはメスに食われることでみずからの体を餌として与えることになり，それによって交尾相手が生む卵数が増え，つまりは自分の子が増えることになる．血縁共食いでは，食われた時点と食った相手が子を産む時点とには大きな隔たりがあるため，餌としての自分が影響を与えられる程度はごくわずかであったが，性的共食いではこの時間間隔が短く，メスが生む卵の数への影響は直接的でけっこう大きいものとなる．とは言え，食われることでオスが得をするには二つの条件を備えている必要がある．その一つは，オスが今の交尾でなんとかメスに食われずに生き残っても，その後に別のメスに出会って再交尾できる可能性が低いことである．再交尾できる可能性が高ければ，今の交尾相手の産卵数を増やせなくても，次のメスが生む卵でその分を取り返せる．再交尾できる見込みが一度だけでなく何度かあるのなら，どう考えても生き延びた方が得である．二番目の条件は，餌となる直前に自分が送った精子をメスが確実に使って産卵してくれることである．食われた後に相手のメスが再交尾して，後で交尾した方のオスの精子を使って産卵した場合は，血縁のない共食いの場合と同じく食われ損となる．オスが食われることは，これら二つの条件次第で得にもなり損にもなる．

カマキリが性的共食いをおこなうことは古くから知られていたが，なぜそんなことをするのかは最近までよく理解されていなかった．行動生態学あるいは進化生態学の考え方が成立して初めて，上に書いたようなかたちで理解できるようになり，その説明が正しいのかどうかの検証実験もおこなわれるようになった．まず，巷間で信じられている俗説とは異なり，オスは交尾すると必ず食われるわけではなく，むしろ食われずに逃げてしまうことの方が多い．また，交尾中だけでなく，交尾する前にあっけなく食われてしまうこともある．オスは喜んで食われているわけではなく，食われずに逃げのびようと慎重に行動しているのだが，うっかりしてときどき食われてしまうというのが実情のようだ．たとえば，繁殖期にメスを見つけたオスはいきなり飛びかかることはせず，（基本的に後方から）ゆっくりと近づいていって，確実にメスの背中に跳び乗れるところまで接近してから羽をばたつかせてジャンプする．食われずに交尾を終えた場合は，メスのようすをうかがいながら頃合いを見て一気にメスから離れる．性的共食いが必ず起こるわけでないのは，このようにオスが慎重に行動していることに加えて，メスの側の攻撃衝動が空腹度に応じて変化するからでもある．メスにとっても，強力な武器を備えたオスは危険な餌なので，闇雲に襲うのは得策ではなく，さほど空腹でないときにはもっと容易に捕獲できる餌を狙った方がいい．

カマキリの雌雄が状況に応じて行動を変化させていることを示した研究はいくつもある．たとえば，スロバキアのトルナヴァ大学の Prokop and Václav（2005）は容器内の雌雄の性比を変えて観察してみたところ，オスがたくさんいて競争が激しいときには交尾継続時間が長くなったが，栄養状態のいいオスは性比に関わらずより長い時間交尾していた．この二人の研究者はさらに手間のかかる実験もやっている．それは，終齢の未成熟メスを野外から定期的に採集してきて，同じような飼育条件で同じような餌を与えて成熟するまで育てたところで，オスと二度出会わせるというものである．早い季節に成熟したメスはより大型だが栄養状態が劣り，遅い季節に成熟したメスは小型だが栄養状態が良かった．すると，オスとの最初の出会いでは早く成熟したメスの方が遅かったメスに比べて共食いする率が高かったが，二度目の出会いではその傾向は逆転していて，遅い成熟のメスの方がよく共食いした（Prokop and Václav, 2008）．栄養状態が悪いと確実にオスから精子を得るよりも餌を獲得しようとし，季節が進んで繁殖する時間的制約が生じると確実に精子を得ようとするが，最初の欲求が満たされると欲しいものが逆転するということなのかもしれない．

また，ニューヨーク州立大のLelito and Brown（2006）の研究によると，メスの空腹度によって危険性が変化することはオスもわかっていて，行動を変えて対応していた．観察容器内にオスと，空腹または満腹のメスを入れると，オスは空腹のメスに対してはよりゆっくりと接近し，より遠い距離から跳び乗っていた．また，交尾後にメスから離れるまでの時間は空腹のメスに対しての方が長かった．空腹のメスへの接近には時間をかけて慎重になっているとともに，離脱も慎重にして跳び降りた途端に食われることを防いでいるのだろうと解釈されている．Brown et al.（2012）は，その後，メスの空腹度と雌雄の出会いの頻度とをともに変化させる実験をおこなった．その結果，メスとの出会いが多かったオスは少なかったオスに比べて，メスの空腹度に関わらずよりゆっくりと近づき，より遠くからメスに跳び乗っていた．言い換えると，メスになかなか出会えていなかったオスはよりリスクの高い行動をしていたことになる．また，メスとの出会いが少なかったオスだけについての分析結果では，空腹と満腹のメスに対する反応が先の実験とは異なり，満腹よりも空腹のメスへの接近速度がより速くなっていた（跳び乗る距離は，先の実験と同じく満腹メスに対しての方がやや遠かった）．出会いの少なさによって焦ったオスの判断に歪みが生じていたと考えられ，結果的に共食いされてしまう割合が明らかに高くなっていた.

カマキリは夏の終わりから秋にかけて繁殖期を迎える.秋が深まるにつれて,生き残って繁殖している数は雌雄ともだんだん減っていくので,オスはメスに出会って再交尾できる可能性が低くなっていく.つまり,共食いされることによる損失が低くなっていくということで,Brown たちの飼育実験では,オスはそういう状況ではリスクを冒す行動をとることが示された.けれども,野外でそのことを実証した研究はまだない.そのわけは,カマキリの柔軟な行動が野外研究を難しくしているためである.実験室と違って,野外研究では個々のカマキリが置かれた条件をコントロールすることはたいへん難しい.あるオスがリスクを冒す行動をとったからと言って秋の深まりのためであるとは限らず,たまたま近くにメスが少なくて最近出会っていなかったためかもしれないし,相手のメスが餌を食べたばかりで攻撃される危険が少ないとわかったからかもしれないのである.そうした条件の違いを均したうえでも,なお秋が深まると共食いが増えることを示すには相当な数の観察例が必要となる.しかし,決定的な研究はまだないものの,理論的な予測とは明らかに異なる結果が出た飼育実験や野外研究がないことは,カマキリの性的共食いが行動生態学の理論によって理解できることを示している.

コガネグモの性的共食い

カマキリと並んで性的共食いが詳しく研究されている動物はコガネグモの仲間である.クモは頭部に,昆虫で言えば触角のような形の,触肢(pedipalp)と呼ばれる付属肢をもつ.触肢の形は雌雄で異なっていて,オスの触肢は複雑な構造で成熟すると先端が膨らむ.交接のときには,オスは触肢をメスの生殖口に挿し入れ,中に蓄えている精液(精子)を送り込む.このように触肢はきわめて重要な交接器官なのだが,コガネグモ類では交接すると壊れてしまってもう使えなくなる.触肢は左右に1本ずつ,合計2本しかないので,オスは生涯に二度までしか交接できないのである(メスにはこの回数制限はない).カマキリのオスは,秋の深まりとともに望みが減ってくるとはいえ,生きていれば再交尾のチャンスが残されている.しかし,コガネグモ

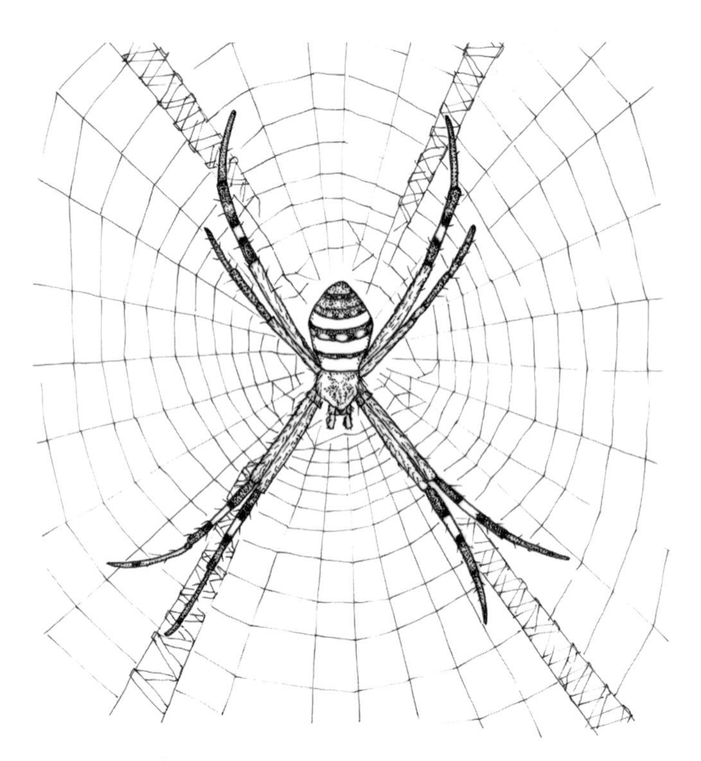

図5-5　聖アンドレ十字グモのメス.

では，二度目の交尾を生き延びてももう繁殖できる見込みはまったくなくなっている.

コガネグモ類は基本的に丸い網を張る造網性のクモで，世界の広い地域に多くの種類が分布していて，日本でも100種以上が知られている．メスはオスよりも何倍も大きく，繁殖期になると，オスは自分の網を離れてメスの網にやってくる．コガネグモの性的共食いはカマキリほどには有名でないが，カマキリ以上によく研究されている．それは，世界のどこでも研究できることに加えて，カマキリよりも話が単純で，結果がはっきりしていることにもよるのだろう．たとえば，オーストラリアのマッコーリー大学の Herberstein et al.（2005）は，網の上で脚を伸ばすようすが特殊なX十字に似ていることから聖アンドレ十字グモ（図5-5）と呼ばれているコガネグモを研究した．このクモでは，最初の交接で命を落とすオスは全体の約半数，そして2回目ではすべてが食われてしまった．そのようすをよく観察してみると，初回の交接ではオスはなんとかメスから逃れようとしていたのに対して，一回目ではそうした努力は見られなかった．三度目の交接は不可能だからなのだろう．交接開始から，メスが口の両端にある鎌状の鋏角ではるかに小さいオスを挟んで殺してしまうまでの時間は，相手のオスの大きさや自分とのサイズ差などには関係がなく，メスが勝手に決めているように思われた．そこでHerbersteinたちは，メスの鋏角の間に筆を差し出すとがっちりつかんで放さなくなることを利用した巧みな実験でそのことを確認した．筆を挟んだメスはオスを襲えなくなるので，オスは交接継続時間を思いどおりに決められるようになる．すると，オスは相手のメスが大きいほど交接時間を短くしていた．大きなメスほど危険度が高いので，交接を早めに打ち切った方がいいからだろう．一方，相手のメスの大きさが同じなら，より大きなオスほど長く交接した．メスが再交尾して他の雄の精子と競争になることに備えて，できるだけ多くの精子を送り込みたいからだろう．

コガネグモのオスにとっては，二度目の交接の後なら食われてしまってもかまわないが，それより前に食べられることは避けないといけない．しかし，メスにとってはそんな事情は関係ないので，いつオスを襲うかわからない．そのため，オスが網に侵入してメスに近づくときにはとても慎重に振舞っている．たとえば，オスは体を震わせて独特の振動を起こしながら近づくのだが，これは餌ではなく，同種が接近中であることをメスに合図していると考えられていた．Wignall and Herberstein（2013）はそのことを確かめる実験をおこなった．メスの網に生きたコオロギをかけ，独特の振動とランダムな振動（ホワイト・ノイズ）を送ったとき，そして何も振動を送らないときを比べたところ，独特の振動を送られたメスは餌への反応が明らかに遅くなった．さらに，同種のメスだけでなく，近縁種のメスでも餌への捕食反応が遅くなったことから，この振動は同種であることを告げる識別信号というよりも，一般的にメスの攻撃行動を抑えるようはたらいているらしい．オスがもっともよく振動を送るのはメスに近づいた後で跳び乗る直前ではなく，網に入ってから近づくまでの間であることもこの効果を裏付けている．

オスは食われることなくうまくメスに近づきさえすればいいのではなく，交接しようとしている相手がどんなメスなのかもちゃんと確かめていることも，ハンブルク大学の Welke and Schneider（2010）の研究によってわかっている．二人の研究者はナガコガネグモを育てて，未交接のオスを血縁関係のない未交接メスまたは血縁関係のある未交接メスと観察容器内で出会わせてみた．すると，血縁のないメスとの交接は平均９秒続いたのに対して，血縁のあるメスとは６秒弱しか続かなかった．また，血縁のないメスとの交接後に食われたオスの割合は，血縁のあるメスとの交接後に食われたオスの２倍以上に上った．オスは交接相手のメスと血縁があるとわかると，早めに交接を打ち切ることで共食いを逃れて，二度目の交接機会を得ようとしているらしい．メスは何度でも交接できるので，血縁オスと交接してしまっても産卵までに非血縁オスと再交接すれば損失は少ない．一方，オスは，近交弱勢が起こる可能性のある血縁メスと交接した損失を最後の交接機会で埋め合わせるためにも，食われてしまうわけにはいかないのである．

性的共食いをするウミウシ

キヌハダモドキは性的共食いをする？

先に書いたように，ウミウシを含めて，共食いすることが知られている動物はたくさんいる．繁殖期に同種個体を食った，あるいは配偶相手を食った記録がある動物に限っても，数は少ないもののサソリやタコなど，カマキリやコガネグモ以外にもいる．しかし，そうした記録の多くは断片的な観察の報告で，それが性的共食いであったかどうかははっきりしない．偶発的な共食いではなく性的共食いであるとするには，常にある程度以上の頻度で起きていることが確認されなければならない．また，カマキリやコガネグモのように性的共食いに適応した行動も発達しているはずである．そう考えると，本当の意味で性的共食いをおこなう動物はそんなにはいなくて，ましてウミウシにはそんなものはいないだろう，と私は考えていた．カマキリやコガネグモはきわめて攻撃的な動物で，高度に発達した捕食行動をおこなえるからこそ性的共食いもできる．しかし，ウミウシはもともとの捕食者

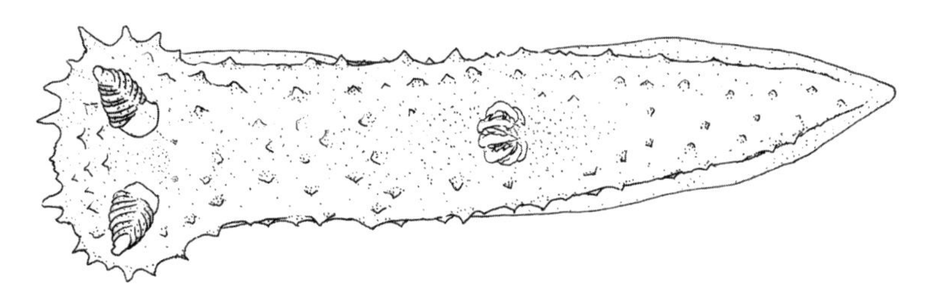

図5-6　キヌハダモドキ.

ではないからとても無理だ．繁殖期に共食いしたとしても偶然の出来事に違いない，と思っていたのである．

ところが，性的共食いをおこなっているかもしれないウミウシがいると教えてもらったのは中野理枝さんからだった．中野さんとは2010年7月にタイのプーケットで開かれた世界貝類学会議で彼女がハナデンシャ *Kalinga ornata* の食性について発表していたときに会ったのが初めてだった．当時の中野さんは琉球大学の社会人大学院生で，キヌハダウミウシ（*Gymnodoris*）属の研究で学位を取ろうとしていて，私も沖縄県北部の琉球大学の瀬底実験所でチリメンウミウシ *Chromodoris reticulata* の研究（第6章参照）をしていたので，プーケットから帰った後も瀬底で何度か会っていろいろなウミウシの話を聞かせてもらった．その中でもっとも衝撃的だったのがキヌハダモドキ *Gymnodoris citrina*（図5-6）の共食いの話で，それが性的共食いである可能性を充分に感じさせるものだった．私は，キヌハダウミウシの仲間が（同属を含めて）他種のウミウシを餌にしていることは知っていたが，共食いする種がいるとは知らなかった．それで，中野さんに「この後どういう風に研究を進める予定なんですか」と尋ねたところ，「とくにこうしたいと思っていることはないので，中嶋さんが研究されるのならどうぞ」ということだった．けれども，そのときまだ私はこの風変わりな現象を軽く考えていて，自分が中心になって研究しようとは思っていなかった．中野さんはウミウシの専門家でものすごく詳しいが，彼女を指導していた広瀬裕一教授は進化生態学の専門家ではなかったので，進化的な考え方にそれほど精通していたわけではなかった．だから，キヌハダモドキの共食いがもし性的共食いなら，それまでに調べられているカマキリやコガネグモでの研究を応用した実験デザインを私が考えて，それで中野さんが実験すれば簡単に解決するだろう，と思っていたのである．この年の11月には動物行動学会大会が沖縄の那覇市で開かれ，中野さんも発表することになっていた．そこで，まずは単純な数理モデルを作り，奈良女子大学の高橋 智教授にもっと洗練されたかたちに作り直してもらったうえで，中野さんに伝えた．けれども，モデルを作っているときから，「キヌハダモドキの性的共食いはカマキリやコガネグモとはどうも違っていて，このモデルではうまく説明できないんじゃないか」という違和感を感じていた．この違和感の原因についてはまた後で振り返ることにする．

大迫力の性的共食い

その後，私は関澤彩眞さんといっしょに進めていたチリメンウミウシの研究が忙しくなり，しばらくキヌハダモドキからは遠ざかっていたのだが，チリメンの方が一段落ついたことで，自分で調べてみようという気になった．そこで，2013年の初夏に，日本大学海洋生物資源科学科の朝比奈 潔教授の研究室でシロウミウシの行動を研究していた大学院生の山 梨津乃さんや彼女の友人，後輩たちといっしょに湘南の葉山海岸に採集に行った．キヌハダモドキは簡単に見つかるウミウシではないのだが，このときは幸運にも複数見つけることができたので，別々の容器に入れて朝比奈研究室に持ち帰り，さっそく２個体を出会わせて配偶のようすを観察することにした．このときが私にとって初めてのキヌハダモドキの配偶行動の，そして共食いの観察で，この歴史的な瞬間にはウミウシチームの新メンバーとなった小蕎圭太君も立ち会っていた．小蕎君は当時３年生で，ウミウシを研究できる朝比奈研究室への配属を希望していると，学位を取得して東京に戻っていた中野さんから紹介されていたのだが，私は「海洋生物資源科学科には貝を研究している教員もいることだし，他の研究室も見てみたら」と薦めて，一度は暗に指導を断った．中野さんからは「小蕎君はウミウシのことをものすごくよく知っている熱心な学生なのに，どうして断るんですか」と怒られたが，私は単なるウミウシマニアの学生は嫌だったのだ．しばらくすると，また小蕎君から連絡があり，「他の研究室でも話を聞きましたが，やっぱりここでやりたいです」と言ってきた．素直にアドバイスを聞く姿勢と簡単には諦めない粘り強さはなかなかいいかもと思って，「小蕎君はウミウシの分類に興味があるのか，それとも行動や生態に興味があるのかどっちなの」と改めて尋ねてみたところ，「どちらかというと行動や生態です」という答えだったので，それならと，いっしょにキヌハダモドキを研究することにした．

初めて観察したキヌハダモドキの共食いは，中野さんに聞いていたとおりの凄まじいものだった．観察容器内に入れたキヌハダモドキは，相手に触れたとたんに噛みついて，なんとか飲み込んでしまおうともがいた．すると，噛みつかれた方も体をひねって噛みつき返し，同時に右体側から巨大な両性交接器を出し始めた．交接器の先端には膣口とペニスの末端部が開口していて，ここを合わせることで交接が達成される．反撃された方も同じように交接器を出し，交接器の体積はついには体全体の４分の１くらいにまで膨らんでいった．これほど巨大な交接器は他のウミウシでは見たことがなかった．キヌハダモドキ以外のキヌハダウミウシ属の交接器は一般的なウミウシと変わらない小さなものなので，それとはまったく似ていない．２匹のキヌハダモドキは互いに噛みつきあいながら，大きな交接器を振り回したが，その動きはまるで，体全体とは別の意思をもった交接器が勝手に暴れまわっているかのようだった．ウミウシは基本的に体が柔軟だが，キヌハダモドキはその中でもとくに柔らかく，ありえないような体勢をとることができる．交接器もぐるぐると絡み合ったり，振りほどかれたりする複雑な動きを繰り返すので，じっと見ていても，どこがどっちの個体の体で，どこがどっちの交接器だかまったく見分けがつかない．ときおり，双方の交接器の先端が触れ合って，交接が達成されそうにもなるのだが，すぐにどちらからともなく振り解いてしまう．こうした絡みが１時間近くも続いた．見ているとまどろっこしくはあるものの，あまりの迫力に退屈な感じは少しもしない．この間，体の「外」での交接器の動きには変わりはないものの，一方の体が他方に徐々に飲み込まれていった．そして，ようやく交接器の先端が合わさって交接が成立したが，このときには一方の体は交接器とその周辺だけを残して，他方に飲み込まれていた．やがて，交接器の先端の結合が外れると，最後まで見えていた負けた方の交接器が勝った方の口器の中へと消えていった．

これは，カマキリやコガネグモとは話が全然違う．観察していて，予想を超えたウミウシの獰猛さにとまどったことはもちろんだが，それまでに知っていた性的共食い行動とのあまりの違いから受けた驚きはそれを上回るものだった．カマキリやコガネグモのオスは交尾後に食われるから意味がある．ウミウシは同時雌雄同体なので，それぞれがメスの立場とオスの立場を兼ね備えているが，オスの立場からはまず交接することが重要である．キヌハダモドキが交接行動よりも先に捕食行動を起こしたことは，メスの立場がオスの立場よりも優先していたと見ることもできるとしても，長く続く捕食行動の途中で何度か交接達成の機会があったにもかかわらず，あえてそうはせず，捕食の最終段階になってようやく交接したのは理解しがたい．これでは，下手すると交接できずにただ食われてしまう危険が大きくなるだけではないか．キヌハダモドキの性的共食いの数理モデルを考えたときに感じた，あの違和感が蘇ってきた．あのときは，「雌雄同体のウミウシが共食いすれば，負けて食われた方は自分が生むはずの卵を損するだけでなく，勝った方も相手が将来産んでくれるはずだった卵もいっしょに食ってしまうことになって（繁殖上の）損をする．これで本当に割に合うのだろうか」という漠然とした疑問を感じていただけなのだが，実際に観察してみると，「これはカマキリやコガネグモの例をまねた既存の理論ではどうにも説明がつかないだろう」ということがはっきりとわかった．すべての先入観を捨てて，基本のところからていねいに観察して理論を組み立て直さなければ，キヌハダモドキの共食いを理解することはできない，と悟ったのである．

いつから共食いを始めるのか？

まずは，繁殖期のキヌハダモドキの共食いが狭い観察容器で出会わせたために起こった偶然のできごとではなく，まさしく性的共食いであると示すことから始めようと考えた．そう考えたのにはいくつか理由がある．朝比奈研究室への配属が決まった小蕎君はウミウシ研究

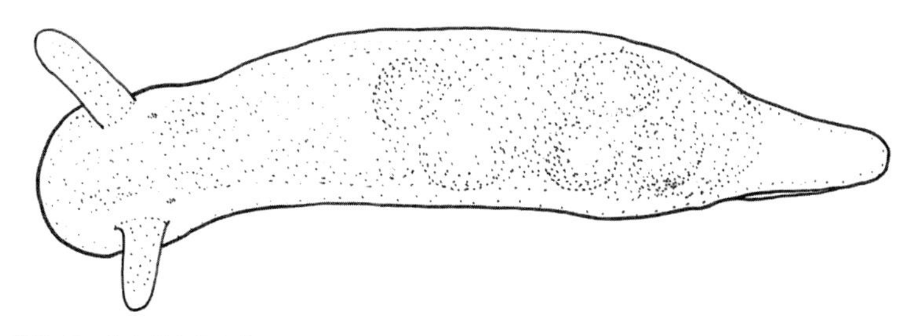

図5-7　オカダウミウシ.

への意欲に満ちていたが，まだ3年生だったのできっちり研究計画を立てたことがない．キヌハダモドキの繁殖期はすでに最盛期を迎えていたので，今から考えていたのでは間に合わないし，次の機会を待つとなると1年近くかかってしまう．どうせ待つなら，幼体から観察しながら待てばいいと思ったのが第一の理由である．ふつうの学生ならキヌハダモドキの成体を見つけるだけでも難しいのに，小さな幼体を採集することなどまず無理だ．けれども，小蕎君は湘南のどこの磯に行けばどのウミウシがいるかを完全に把握していたうえ，ほんの小さなウミウシを見つけることにも慣れていたので，首尾よく見つけてくることができた．二番目の理由としては，キヌハダモドキを長期飼育できるめどが立ったことがあげられる．たとえばイギリス産のウミウシなら種数が少ないうえ，研究の伝統が長いので，餌がわかっているものが多いのだが，日本産のウミウシは何を食べているのかよくわからなくて長期飼育が難しいものが多い．キヌハダウミウシの仲間はどの種も他のウミウシを食べていることがわかっていて，どんなウミウシを食べるかが種ごとに決まっている．キヌハダモドキについては，(共食いする以外に) キヌハダウミウシ属の他種とその卵塊を食べるとされていた．しかし，これらはそんなにたくさんいるウミウシではないので，それを食べるだけで充分な餌を獲得できているとはとても考えられない．他にも手頃な餌にしているウミウシが何かいるに違いない．それが何であるか，じつはこのときにはすでに目星がついていた．初めて葉山に採集に行ったとき，キヌハダモドキを見つけた付近の石の裏にはオカダウミウシ *Vayssierea felis* (図5-7) がいたので，それもいっしょに採集していた．オカダウミウシはウズマキゴカイ類

(*Dexiospira* spp) を食べる小型のウミウシで，たくさんいるので簡単に見つけることができる．それで，キヌハダモドキが食べるかどうか，念のため後で確かめてみようと思って同じ瓶に入れて持ち帰った．ところが，磯から引き上げて帰る途中で昼食をとるために立ち寄ったレストランで見てみると，3匹捕まえたはずのオカダウミウシが2匹しか見つからない．瓶に1匹入れそびれたのかな，と気にせずにそのまま研究室まで戻ると，オカダウミウシはなんと1匹もいなくなっていた．捕食の瞬間を観察できなかったのは残念だったが，これが餌であることはもう確実だ．これなら捕まえるのも難しくないから，餌として与えればキヌハダモドキを飼うことができるし，うまくすれば成長させることができるかもしれない．小蕎君は自宅の水槽でウミウシを飼育した経験も豊富だったので，キヌハダモドキとオカダウミウシを定期的に採集して飼育し，同種どうしが出会ったときの行動が成長につれてどのように変化するかを調べることを卒業研究のテーマにしようと提案した．

小蕎君が研究を始めたのは秋で，磯で見つかるキヌハダモドキはまだ数 mm ほどにしか成長していなかった．キヌハダモドキは小石の裏に隠れていることが多いので，小石を一つひとつ拾い上げて裏を調べてはまた元に戻すという作業をひたすら繰り返すことになる．めだつ朱色のオカダウミウシとは異なり，キヌハダモドキはやや透明感のある薄黄色の地味な体色で茶色い石に紛れているので，しっかり見ないと見逃してしまう．海面の潮の高さは基本的に1日2回上げ下げする．干満のピーク時刻は毎日数十分ずれていき，2回の干潮時の潮の引き方は同じではない．春から夏には昼の干潮の方が夜の干潮よりもよく潮が引く．昼に潮が引くことと，気温が高くなってくることで，春は潮干狩りに都合がいい．これと反対に，秋から冬にかけては昼よりも夜の方がよく潮が引く．けれども，いくら夜に潮が引いていても，暗い中を懐中電灯でこんな小さなウミウシを探すことはとてもできない．それで，潮位表を睨みながら，明るい時間に少しでもよく潮が引いている日を狙って，ウミウシを探しに出かけることになる．それでも，春のように磯一面が干上がっていることなどはなく，月に何度もない潮回りのいい日であっても，ウミウシが潜んでいそうなあたりにはひたひたと潮が押し寄せているのがふつうなので，胴長を履いて出かけて，水の中から石を拾って探すことになる．これだけたいへんな思いで探しても，そう何匹も見つかるわけではなく，小蕎君でもまったく見つけられない日もある．彼はまだ３年生で講義もとっていたから，いい時間帯に潮が引いている日でも授業があれば出かけられない．だから，採集に行ける日はすべて磯に行っていたと思うくらい探しまくった．そうしてようやく見つけたキヌハダモドキは，小さな容器に１匹ずつ入れて自宅に持ち帰った．

小蕎君の家には幅60cm の水槽が置いてあり，個別飼育用の小型容器を自作して，１匹ずつ隔離して飼育していた．行動を見るときには，その容器から取り出して，長さ15cm 程度の長方形の透明プラスティックケースに入れて観察した（以下の観察結果は，小蕎，2015；Kosoba et al., 2016に基づく）．成熟したキヌハダモドキは，出会うとすぐに噛みつきあうことがわかっていたけれど，このときはまだ小さく成熟していない．成熟した個体では，よく見ると右体側に生殖口のくぼみがわずかに見えるが，幼体ではまったく見えない．幼体どうしが出会うとどんな行動をとるかはこれまでどの論文にも記述がなく，予想がつかない．ケースに入れられた２匹はゆっくりと動き出し，やがて一方が他方に触れると，触れた方は驚いたように体を突然反転させ，速度を上げて逃げていった．同じ実験を何度も繰り返していると，触れられた方から先に逃げ出すこともあったが，触れた方から逃げ出すことが多かったのは，体の先端に感覚器が集中しているので，接触したことをいち早く感じとれるからだろう．さらに実験を重ねていると，接触した相手から逃げ出さずに噛み付くことが稀に観察された．未成熟だからといって必ず逃避するわけではなく，攻撃することもできるのだ．じつは，キヌハダモドキの共食いを初めて記載した Young（1967）が観察したのは6mm と10mm の個体の間の出来事だった．観察した地域が異なるので，成長のようすも異なる可能性はあるが，成熟した個体ではなかっただろうと思われる．

やがて季節が深まると，野外で採集される個体の大きさもほんの少しずつ大きくなっていき，それとともに出会ったときに攻撃する頻度もわずかずつ増えていくことがわかった．春が近づきさらに成長すると，攻撃しているときに交接器が伸びるのが観察されるようになった．交接器の大きさが十分でないので交尾には至らないが，こうなると幼体とは言えないし，成熟して交尾できるわけではないので成体とも言えないので，亜成体と呼ぶことにする．亜成体どうしの出会いでは，いったんは逃げ出すものの，思い直したかのようにすぐに再反転して攻撃に向かう個体が現れ始めた．なかには，攻撃に向かったものの攻撃を踏みとどまって再び逃げ出し，けれどもまたもや反転してついには攻撃するといった，一気に攻撃せずに二度三度と躊躇する個体もいた．この成長段階で最終的に攻撃した割合は20%を超えていて（小蕎，2015；Kosoba et al., 2016），成長とともに逃避ではなく攻撃を選択する割合が増えていくと言える．小蕎君は，どちらかの個体が攻撃すると，最後まで見守ることはせず，そこでなんとか両者を分けようとした．この大きさでは交尾はできないとわかっていたので，見守ったとしても繁殖は起こらず，ただどちらか一方が死ぬか，あるいは激しく傷つき，なかなか手に入らない貴重な実験個体を失うだけに終わるからである．だから，はっきりとはわからないものの，小さいときには攻撃されるとただ逃げていたのが，大きくなるに従って反撃する割合も高くなっていったように思われる．どうしてこういう現象が見られるのだろうか．

キヌハダモドキでは，少しくらいのサイズ差は共食いで有利に働かないようなのだが，それでも圧倒的な差があると有利なことはまちがいない．まだ小さいときには，出会う相手は自分よりも大きいことがほとんどで，強い相手ばかりである．こういう状況なら，出会ったときにはまずは逃げるという戦術が理にかなっているだろう．もちろん，相手に攻撃されたからといって反撃しても勝てる可能性はきわめて低い．それでは，小さいにもかかわらず逃げずに攻撃する個体が，わずかながらいたのはどうしてなのだろうか．それは，小さくても勝てる可能性がゼロではなく，わずかにあるためである．相手が同サイズか自分より小さく，しかも有利な体勢で出会ったとしたら勝てるかもしれない．この勝てる可能性と同じ割合で，攻撃する個体が出現すると考えられる．言い換えると，勝てる可能性を放棄して常に逃げるという戦術は，勝てる確率に見合う頻度で攻撃する戦術に負けてしまうのである．体がだんだん大きくなるにしたがって勝てる確率も増えていくので，攻撃する割合もそれに伴って増えていく．これは，フンバエが牛糞からいつ飛び去るのがいいかということで詳しく調べられている持久戦ゲームと同じ考え方で理解できる（デイビスほか，2015）．

亜成体では，交接器を振り回したところで交尾はできなかったが，さらに成長して成熟すると交尾できるようになる．このとき出会うとどうなるかと言うと，交尾と共食いが必ず起こるのである．小蕎君がこの年に観察した８例すべてで共食いが起こった（小蕎，2015）．亜成体では，出会ったときに攻撃する個体がせいぜい20～30％だったから，一気に増えたことになる．なぜこれほどの急増が起こるのだろうか．亜成体では，出会った相手に攻撃を仕掛けて負けてしまうと，ただ食べられてしまうだけである．一方，攻撃せずに逃げておけば，成熟するチャンスを待つことができる．しかし，成熟後に逃げ出すことには意味がない．繁殖できるはずの相手から逃げることは，繁殖の機会を一度放棄するのと同じことだからである．もしウミウシが魚と同じくらいの視力をもち，相手の大きさを正確に測れるのなら，相手が自分よりも小さいときに限って接近し，そうでなければ逃げるということもできるかもしれないが，そんな能力はもち合わせていない．それでも，触覚などもてる能力を総動員すれば，相手の情報はある程度得られるかもしれないが，情報収集せずに相手かまわず躊躇せずにがぶりとやる戦術には攻撃に遅れをとって負けてしまいそうである．つまり，ひとたび成熟すれば，もう逃げるという選択肢はなくなり，攻撃し，しかも交尾するしか道はないのだ．

成体の配偶行動で，双方が振り回している交接器の先端が触れ合ったかに見えるのになかなか交尾が成立せず，もどかしく感じることがよくある．観察者の立場からは「どのみちどちらかが食われてしまうのだから，せめて精子だけでも一刻も早く相手に渡しておくべきじゃないのか」と，なんともよくわからない行動だと最初は思っていた．けれども，よく考えてみると，これで理にかなっている．なぜなら，闘争を有利に進めていれば，負けて食われてしまうことになる相手に精子を渡す必要はないからである．相手に渡しても，せっかく作った精子をけっきょくは自分が消化してムダになるだけだ．そして，配偶行動の初めの段階ではどちらが勝者になるかわからないし，双方ともにもちろん勝つつもりで戦っているのだから，早々と精子を送る理由はどこにもない．闘いが進んで優劣が明らかになってくると，敗色が濃い方はせめて精子だけでも相手に送っておく必要が生じる．一方，勝ちそうな側も，相手を飲み込んでしまう前に精子を受け取っておかないと自分が作る卵の受精に使えない．だから，闘いの終盤になってようやく両者の利益が一致して交尾が成立するのだろう．このとき，勝ちそうな個体は飲み込もうとしている相手に精子を送っていないのではないかと思われるが，それは，双方を標本にして調べないことには確認できない．キヌハダモドキが十分採集できるのならもちろん調べたいのだが，今は他に調べないといけないことがたくさんあって，残念ながらそんな余裕はない．

闘うほかに道はない？

激しく争う動物の闘いのようすを喩えて「食うか食われるか，生死を賭けた闘い」などと表現されることがある．けれども，実際に「食うか食われるか」で闘っている動物はまずいない．ふつうは，捕食者が獲物を「食うか」，それとも獲物が「食われずに逃げ延びるか」で争っている．一方，同種（のとくにオスどうし）が争う場合には，相手を倒そうとしてはいても，食ってやろうとはしていないだろう．英語でも，激しい闘いを指して“dog eat dog world”という表現をすることもあるそうだが，犬どうしが相手を食うために争い合うことはまずない．こうした表現が実際に当てはまる例をあえて探すとすれば，共食いがそれに当たるだろうが，「共食いはよくないことなのか」の節に書いたように，共食いでは最初から優劣が決まっていて，「食うか食われるか」の争いとは言えないことがふつうである．これは性的共食いの場合でも同じで，カマキリでもコガネグモでも食うのはメスで食われるのは決まってオスであり，その逆にメスが食われてしまうことはけっして起こらない．しかし，キヌハダモドキの共食いはこれらの例とは異なり，闘いが始まったときにはどちらが勝者となり，どちらが敗者となるかが見えていないから，まさしく「食うか食われるか」の闘いがおこなわれていると言える．

カマキリやコガネグモの性的共食いと，キヌハダモドキのそれとの違いは他にもある．カマキリやコガネグモでは，共食いが起こることは意外と少なく，むしろ起こらずにオスが逃げ延びてしまうことがふつうである．その例外は，コガネグモの二回目の交接の後で，精子をメスに渡すための器官（触肢）が左右とも壊れてしまって，それ以後はもう交接できなくなったオスは抵抗せずにメスに食われてしまう．交尾後に必ず食われてしまうという点では，キヌハダモドキはコガネグモに似ているかに思えるが，キヌハダモドキは逃げ延びればそれ以後も交尾できるにもかかわらず食われていることが大きく違っている．交尾可能性という点では，キヌハダモドキはコガネグモではなくカマキリと比べるべきなのである．

食われたことの効果という点でも，カマキリやコガネグモと，キヌハダモドキとでは決定的な違いがある．先に見たように，コガネグモやカマキリのオスは食われることで交尾相手のメスの産卵数を増やし，その結果自分が残す子孫の数が増える効果を上げていた．では，キヌハダモドキではどうなのだろうか．コガネグモやカマキリは雌雄異体，つまりオスとメスが分かれているのに対して，キヌハダモドキは雌雄同体ですべての個体がオスでもありメスでもある点で大きな違いがある．キヌハダモドキでも，食われたことで自分の体が餌となって，食った配偶相手の産卵量が増え，渡した精子でその卵が受精すれば自分の子孫が増えることは同じである．しかし，食われた自分も卵をもっていて，もし食われなければその卵で子孫を残せたはずだったことはコガネグモやカマキリのオスとはっきり異なる．つまり，自分がすでにもっていた卵の量よりも，自分の体を使って相手が生産する卵の量がより多くなければ，食われることで子孫の数を増やしているとは言えない．食った相手は獲得した卵をそのまま卵として使うことはできず，いったん消化吸収してから卵として再生産しないといけない．自分の体の卵以外の部分は不要になるから，相手がそれを卵として再生産すれば合計卵数は増えるが，すべてを卵に転換するわけにはいかない．なぜなら，相手は増えた分の卵を収容するために体を大きくすることにも使わないといけないからである．さらに，自分の体と卵から相手の体と卵への転換効率はもちろん100％ではなく，共食い以外の通常の餌を食べて体や卵を作る効率と大きな違いはないはずである．つまり，自分の体が相手の卵になったときには，かなり「目減り」が起きてしまっているだろう．実際，共食いした個体は消化後に体が一回り大きくなったようには見えるが，倍ほどになったようにはとても見えない．

一方，共食いに勝って相手を食った方はずいぶん得をしているのだろうか．意外なことに，共食いによって増える子孫の数は負けた方と同じなのである．食ったことで自分が産む卵の増え方は上の計算とまったく同じであり，食ったことによって相手が産むはずだった卵を失ってしまうことも同じである．つまり，この共食いでは勝った方も負けた方も同じだけ子孫の数が増えることになり，そのことだけで言えば，「勝っても得しないし，負けても損しない」のである．

勝っても負けても同じことなら，なぜあんなに激しく争うのだろうか．もちろん，獲得する卵の数以外で，そこには大きな違いがある．それは，勝った方には次の繁殖機会があるのに対して，負けた方にはもう次の機会はないということだ．さらに言うと，自分を食った相手が自分の与えた精子を使って産卵するよりも前にまた別の個体と出会い，そこで第3のキヌハダモドキに負けて食われてしまうと，自分の子孫はまったく残せないというリスクがある．コガネグモやカマキリではメスは絶対に食われないから，自分を食った後で再交尾されて他のオスの精子との競争になり子孫の一部を失うことはあっても，繁殖した相手の再交尾によって自分の子孫をまったく残せなくなることはないだろう．そう考えると，キヌハダモドキは，当面の交尾相手との争いでは勝っても負けても大きな違いがないにもかかわらず，「絶対に負けられない闘い」に必死に挑んでいることがよく理解できる．

さらに，勝った個体の試練は熾烈な闘争で終止符が打たれるものではないらしい．かつて中野さんが観察し，小蕎君も実験中に観察したように，勝った個体が負けた相手をうまく消化できずに死んでしまうことがあるのだ．成熟した個体どうしが闘っているので，互いの大きさはあまり変わらない．自分とほぼ同じ大きさの相手を飲み込んで消化することには当然リスクを伴い，いつもうまくいくとは限らないのである．たとえばヘビのように，大きな餌を飲み込むことに長い歴史をもつ動物では，その進化の過程で飲みこむことへの適応が生じているが，ウミウシはそうではなく，捕食者となったことじたいの歴史が短い．キヌハダモドキはウミウシの中でも体が柔軟で大きな餌を自分の中に収めることに多少は適応しているように感じるが，それでも完全ではないのだろう．摂餌中のこうした「事故」がどのくらいの割合で生じているのかはまだ明らかにできていない．なにしろ，配偶行動を一度観察すると手持ちのキヌハダモドキが必ず1個体減ってしまうので，そうした数値をつかめるほどの実験例数を稼げていないのだ．それでも，今までにおこなった観察から推定すると，こうした事故は例外的な出来事ではなく，むしろ一定の割合で常に発生していると思われる．そのうえ，摂餌をうまく乗り越えたとしても，産卵でもまた別の大きな試練に直面しているらしいこともわかってきたのだが，そこまでたどり着いた観察例はさらに少なくなってしまうので，結論を得るにはもう少し時間がかかりそうである．

キヌハダモドキの性的共食いは，このように勝者にとってさえ試練の連続で，カマキリやコガネグモのメスのように相手のオスを栄養にすることで産卵数を増やすことが進化の原動力になったとはとうてい考えられない．いったん性的共食いに手を染めると，そこにはもう配偶を諦めて退却するという選択肢は残されておらず，食うか食われるかの世界の中で勝ち残るには，ただ「食われる前に食え」という戦略しかなくなるのだと考えられる．そして，このことはキヌハダモドキに限らず，性的共食いをおこなう雌雄同体動物がいたとすれば一般的に当てはまるだろう．つまり，リュウグウウミウシの仲間にもし性的共食いをおこなう種がいるのなら，そこでも同じことが起こっているだろうと予想される．

では，なぜキヌハダモドキはこのあまりすばらしいとは思えない戦略を採用するに至ったのだろうか．食性のわかっているキヌハダウミウシ（*Gymnodoris*）属は，ハゼの体表に寄生するスミゾメキヌハダウミウシ（*G. nigricolor*）を除いて，すべて他のウミウシを餌にしていることが知られているが，その中で共食いをおこなうのはキヌハダモドキ1種だけである．キヌハダモドキは同種だけでなく，同じ属の他の種も襲うことが報告されている．これ以外に同属他種を襲うものとしてはキヌハダウミウシ *G. inornata* だけが知られていた（Nakano et al., 2007）が，小蕎君が研究していくなかで，ヒメキヌハダ *G. subornata* などさらに何種かが同属他種を襲うことがわかってきた．なかでもヒメキヌハダは，頭の先端に短い小突起を数本備えている点がキヌハダモドキと似ている．けれども，交接器はキヌハダモドキのように大きくなくて，通常どおりの小さなものだし，生殖口の開口部の位置もキヌハダモドキのように体のやや後ろ寄りではない．おそらく，これらの同属他種食いの種のうちのどれかが「禁を犯して」同種食いを始めたのだろうが，キヌハダモドキと結ぶ中間段階の種は今のところ見つかっていない．

共食いを続けるキヌハダモドキは，そのうちだんだん数が減っていって滅びてはしまわないのだろうか．滅びるまではいかなくても，共食いをしない場合に比べれば，個体群としての増え方（増殖率）が低くなるのは避け難いように思われる．言い換えると，群淘汰的に損をしているのではないだろうか．この考え方は北海道大学の長谷川英祐さんが書いた『働かないアリに意義がある』(2010）にわかりやすく紹介されている．働かないアリが侵入した個体群は生産性が低くなってやがて滅びてしまうが，滅びるまでに他の個体群に侵入することを繰り返している，ということなのだが，アリにはしっかり働いている個体がいるのに対して，キヌハダモドキはすべてが共食いして生産性を下げている．だから，卵から孵化して幼生となって流れて行った先でも，そこで出会う仲間もみな共食いして生産性を下げるものばかりである．キヌハダモドキは，資源をめぐって競合するかもしれない近縁種も食べてその増殖率を下げているから，そうした種との相対的な比較では損はしていないのかもしれないが，働かないアリほどうまい存続のメカニズムはもっていないように思える．そして，共食いは長期的に見るとやはり損な戦略で，そのうち滅んでしまうのかもしれないという気がする．カマキリやコガネグモでは，1種だけでなくかなり多くの種が性的共食いをおこなうことがわかっているので，この戦略がある程度成功していて，種分化が起きるほどに長く続いているか，あるいは何度も繰り返し進化したことを示している．それに対して，キヌハダモドキが近縁種の中でただ1種だけ性的共食いの性質を進化させているのは，この戦略が長続きしないことを表しているのではないだろうか．

キヌハダモドキの生き方が優れた（うまい）戦略ではなく，下手な（まずい）戦略だとして，それでは彼らの生き方が本当に悪辣な戦略だと言えるのだろうか．ここで，本当に悪辣な戦略とは意地悪行動（spiteful behavior）のことを指す（デイビスほか，2015）．意地悪行動とは，自分が損をしてでもなお相手に損失を与える行動のことである．一見，これに当てはまるかに見える行動は数多く知られている．よく知られたところでは，ライオンやハヌマンヤセザル（ラングール）の子殺しがその例となる．こうした子殺しをおこなう動物は子を殺すことに伴う労力というコストを支払っているばかりでなく，潜在的な自分の将来の配偶者を減らすことにもなっている．もちろん，殺された子の母親にとっては大きな損失なので，意地悪行動と見えなくもない．ところが，殺したオスにとっては，そのことで母親が発情して自分の子を産んでくれることにつながるので，これは意地悪行動ではなく，単なる利己的な行動なのである．このように，意地悪行動は，詳しく分析すると利己的な行動にすぎないことが多く，本当にこのカテゴリーに属する行動は捕食寄生蜂と細菌の２例が知られているにすぎない．では，キヌハダモドキの共食い行動はこの稀な例に相当するのだろうか．先に見たように，この共食いが自分にも相手にも損失になっている可能性は十分にある．けれども，それだけでは意地悪行動だとは言えない．この行動を数理的に分析したW. D. Hamilton（1970）は，ある行動によって個体群全体が平均的に被る損失よりも血縁個体（身内）が被る損失の方が小さければ，それは意地悪行動とみなされるとしている．これに当てはまる状況を考えてみると，非血縁個体（身内以外）は必ず共食いするけれど，血縁個体は基本的に共食いしない場合がそれに当たるだろう．ウミウシが他人と身内を識別して行動を変えることはちょっと想定しにくいが，共食いが一瞬で起こる行動ではなく，かなりの時間を要することを考えると，その過程で身内と気づけば共食いを止めることは不可能ではないだろう．コガネグモの1種は識別できているとは言え，キヌハダモドキにそんな芸当ができるのなら驚くべき発見で，ぜひ確認してみたい．

さて，この章を読んでもなお，みなさんはウミウシのことをかわいいだとかきれいだとか，あるいは海の宝石だと思うのだろうか．私はそうは思わない．けれども，それでも私はウミウシが大好きで，予想もつかないその生き方をもっともっと明らかにしていきたい．

引用文献

Behrens, W. D. 2005. *Nudibranch Behavior*. 176pp. New World Publications, Florida.

Brown, W. D., Muntz, G. A. and Ladowski, A. J. 2012. Low mate encounter rate increases male risk taking in a sexually cannibalistic praying mantis. PLoS ONE 7(4): e35377.

デイビス・クレブス・ウェスト（野間口眞太郎・山岸 哲・巌佐 庸訳）．2015．『行動生態学　原著第４版』．共立出版．（原著： Davies, N. B., Krebs, J. R. and West, S. A. 2012. *An Introduction to Behavioural Ecology* 4th *Edition*. 520pp. Wiley-Blackwell.）

Hamilton, W. D. 1970. Selfish and spiteful behaviour in an evolutionary model. Nature 228: 1218-1220.

長谷川英祐．2010．『働かないアリに意義がある』．189pp. メディアファクトリー．

Herberstein, M. E. et al. 2005. Limits to male copulation frequency: sexual cannibalism and sterility in St Andrew’s cross spiders (Araneae, Araneidae). Ethology 111 (11): 1050-1061.

ジャレド・ダイアモンド（楡井浩一訳）．2005．『文明崩壊 滅亡と存続の命運を分けるもの』．草思社．（原著： Diamond, J. 2005. *Collapse - How Societies Choose To Fail Or Succeed.* Allen Lane.）

小蕎圭太．2015．『同時的雌雄同体キヌハダモドキにおける性的共食いの成立』．36pp. 日本大学生物資源科学部海洋生物資源科学科海洋生物生理学研究室卒業論文．

Kosoba, K. et al. 2016. Development of sexual cannibalism in a simultaneous hermaphrodite, *Gymnodoris citrina*. (In preparation).

Lelito, J. P. and Brown, R. D. 2006. Complicity or conflict over sexual cannibalism? Male risk taking in the praying mantis *Tenodera aridifolia sinensis*. American Naturalist 168 (2): 263-269.

Nakano, R. et al. 2007. Field observations on the feeding of the nudibranch *Gymnodoris* spp. in Japan. The Veliger 49 (2): 91–96.

Nakano, R. and Hirose, E. 2011. Field experiments on the feeding of the nudibranch *Gymnodoris* spp. (Nudibranchia: Doridina: Gymnodorididae) in Japan. The Veliger 51 (2): 66–75.

Prokop, P. and Václav, R. 2005. Males respond to the risk of sperm competition in the sexually cannibalistic praying mantis, *Mantis religiosa*. Ethology 111 (9): 836–848.

Prokop, P. and Václav, R. 2008. Seasonal aspects of sexual cannibalism in the praying mantis (*Mantis religiosa*). Journal of Ethology 26: 213-218.

Takeyama, T. et al. 2007. Filial cannibalism as a conditional strategy in males of a paternal mouthbrooding fish. Evolution and Ecology 21: 109-119.

Welke, K. W. and Schneider, J. M. 2010. Males of the orb-web spider *Argiope bruennichi* sacrifice themselves to unrelated females. Biology Letters 6 (5): 585–588.

Wignall, A. E. and Herberstein, M. E. 2013. Male courtship vibrations delay predatory behaviour in female spiders. Nature com. Scientific Reports 3, Article number 3557.

Young, D. K. 1967. New records of Nudibranchia (Gastropoda: Opisthobranchia: Nudibranchia) from the central and west-central Pacific with a description of a new species. The Veliger. 10 (2): 159-173.

第6章

チリメンウミウシの使い捨てペニス

関澤彩眞

チリメンウミウシの繁殖行動

海の宝石「ウミウシ」

将来の夢は「世界の七つの海を股に掛ける」と記したのは，小学校の卒業文集だった．小学6年生だった私は，「海洋生物の研究者になって，いろんな場所（海）へ調査に行きたい」という意味を込めて，この将来の夢を記したのだ．海洋生物と言っても，幼い私がとくに興味をひかれたのは魚やイルカなどのメジャーな生物ではなく，イソギンチャクやアメフラシといった，体の柔らかい無脊椎動物で，潮間帯にしゃがみ込み，目についたイソギンチャクに片っ端から指をつっこんで触手を引っ込ませたり，小さなハゼを捕まえてイソギンチャクに餌を与えたりしているような子どもだった．それから6年後もその夢は色あせることなく，私は「海洋生物」という名前のついた日本大学生物資源科学部海洋生物資源科学科に入学した．ところが受験生だった頃の私は，この「資源」の意味を理解していなかった．この大学では，私の好きな，人間にとっては何の有用性もなく資源にならないようなイソギンチャクやアメフラシといった生物が話題に上ることは当然ながら少なく，このようなマイナー生物好きの学生は，海洋生物と名のつく学科の中にいながらも，これまで同様に変わり者と呼ばれ冷遇を受けた．そこで初めて，慎重に大学選びをおこなわなければ，自分の好きな材料（生物）を使って，好きな分野の研究ができるわけではないことを知ったのだった．卒業研究のテーマを決める頃には海洋無脊椎動物の研究をしたいという希望を諦め，先輩たちの卒業研究テーマの中では一番興味のあった，魚の繁殖行動に関する研究をしている研究室のドアをたたいた．この研究室の教授の朝比奈 潔先生に話をうかがったところ，じつはこの魚類の繁殖行動のテーマは学部外の研究者との共同研究であり，野外調査で指導をしていたのは同じ日本大学でも経済学部で教養生物を担当している中嶋康裕先生であることを知った．最初の研究室訪問で朝比奈先生からひとしきり魚類の繁殖行動研究に関する話を聞いた後，私はつい「でも，本当に興味があるのは魚ではなくて，アメフラシやウミウシなんですよね…」と言ってしまった．それを聞いた朝比奈先生は「あ，そういえば中嶋先生はこれまで魚の繁殖行動が専門だったけれど，最近ウミウシの研究も始めたと言っていたよ．連絡してごらん」と話され，中嶋先生の連絡先を教えていただいた．こうして私は，幸運にも好きな材料のウミウシを用いて，興味のある分野である繁殖行動の研究をスタートさせることになった．

この「ウミウシ」は，色も形もひじょうに多様で，中には海の宝石と呼ばれるほどに美しい体色をもつものもいて，その多くは数 mm から数 cm ほどの小さな生きものである．近年ウミウシは，ダイバーを中心として大きな人気を集めており，ガイドブックや写真集，フィギュアからスリッパやタンブラーといったさまざまなグッズが売り出されているほどだ．私は，卒業研究を始める前は実際にウミウシを見たことがほとんどなく，こういった写真やグッズを見ては，「なんて魅力的な生物がいるんだ！」と夢を馳せていた．そんなウミウシに貝殻はないが，軟体動物門，腹足綱，後鰓亜綱に属す，れっきとした巻貝の仲間である．アメフラシなどを含む後鰓亜綱の仲間を広くウミウシと呼ぶこともあるが，本章では裸鰓亜目のみを「ウミウシ」と呼ぶことにする．これら狭義のウミウシは，殻が退化したため殻をもたず，外套膜に覆われた体の頭部に二本の触角をもち，体後部に二次鰓をもつ．外套膜の外側，つまり体の外に鰓が出ているので，裸鰓類と呼ばれている（図6-1）．ウミウシは世界中の海の，おもに浅瀬に生息している．殻が退化した巻貝であるウミウシは海底をのろのろと這って移動していて，その緩慢な動きと綺麗な外見からは意外かもしれないが，いわゆる肉食である．肉食，つまり動物食である彼らの多くはカイメンなどの固着性動物を食べており，一部に移動性の動物を食べる

図6-1　チリメンウミウシ．(a) 左側の頭部に2本の触角をもち（実線矢印），体後部に鰓をもつ（破線矢印）．(b) 生態写真．

種も存在する．ウミウシは色や形といった多様な外見や，餌を食べるための口の中の器官（歯舌）の形態を頼りに，分類に関する研究は比較的盛んにおこなわれているが，生態については繁殖行動も含めて専門的にはほとんど研究されていない．

ウミウシの繁殖行動をテーマに卒業研究をおこなうことになった私に，中嶋先生はまず「ウミウシの研究には必要なものが三つあります．一つ目は車の免許，二つ目はSCUBAダイビングの免許，最後は自炊能力だけれど，三つともそろっていますか？」と尋ねられた．ウミウシは日本全国に生息しているけれど，研究の拠点となると，ウミウシを効率良く見つけられて，効率よく実験できるような場所でなくてはならない．中嶋先生たちの研究チームでは，おもに沖縄県北部の瀬底島にある琉球大学の瀬底研究施設で研究をおこなっていた．この施設は海に隣接しており，船を所有していたり，SCUBAダイビングに必要な空気タンクの充填ができたり，たくさんの海水水槽が設置されていたり，外部利用者用の宿泊施設が併設されていたりと海洋生物の研究にはうってつけの施設である．しかし，沖縄は電車などの公共交通機関が充実していないため，長期滞在して研究をおこなうには車の運転が必要不可欠であった．幸い，現地滞在用に研究チームで車を1台所有していたが，私はその車を運転するための肝心な免許をもっていなかった．大学3年生当時の私は，沖縄でウミウシの研究を始める3月までに免許を取るための時間もお金もなく，何とか原動機付自転車の免許を取って沖縄入りを果たした．また，長年海洋生物の研究がしたいと思っていた意気込みとは裏腹に，二つ目の条件であるSCUBAダイビングの免許ももっていなかった．ウミウシは水深数mの浅い海にも棲んでいるが，複雑な構造の岩の影に隠れていたりするのでなかなか見つけづらく，SCUBAダイビングでじっくり海底やリーフエッジを探す必要があった．私は，瀬底島で研究を始める前にまずは那覇に数日滞在して，ダイビングショップでSCUBAダイビングの免許を取り，その翌日から瀬底島でウミウシ採集を始めることとなった．最後の条件である自炊能力に関しては唯一備えていたので，沖縄長期滞在でも食生活だけは保障されていた．

こうして私は研究に必要な三つの条件を何とかクリアして，チリメンウミウシ *Chromodoris reticulata*（図6-1）という種を対象に研究を始めた．チリメンウミウシは，シロウミウシ属の種でインド洋から西太平洋沿岸に分布し，日本では本州中部以南の岩礁域に生息し，春に繁殖をおこなう．体長は3〜6cm程度，外套膜は全体的に赤い網目模様に覆われており，縁は白い（小野，1999）．私がこのウミウシの研究を始める前に，琉球大学の修士課程の大学院生だった徳里政一さんや研究員だった関さと子さんが，中嶋先生といっしょにこのチリメンウミウシの交尾行動の観察や行動実験をおこなっていた．しかし，前述のとおり，ウミウシの繁殖行動については基本的な知見がほとんどなく，徳里さんや関さんがおこなった3年間の研究ではチリメンウミウシの繁殖行動の大きな謎をすべて解くことはできず，私が引き続き研究することになった．それぞれ研究に携わった時期は異なるけれど，徳里さんと関さんと私の三人を指導してくださった中嶋先生の四人の「ウミウシ班」で沖縄を調査地にチリメンウミウシの研究をおこなったことになる．

オスでありメスでもあるウミウシ

チリメンウミウシの繁殖行動の研究を最初に始めた徳里さんは，この種が瀬底研究施設付近で比較的多く採取することができる大型種で，他の種に比べて観察しやすいことに着目して，本種を研究対象として選んだそうだ．この種を研究対象に選んだのにはもう一つ重要な理由がある．徳里さんが，研究対象種を選ぶために，研究施設周辺で何種かのウミウシを採集して交尾行動を予備的に観察したところ，ウミウシの交尾継続時間には属間や種間で大きな差があり，長い種では一晩中交尾をおこなっていることが判明した．そんななか，チリメンウミウシの交尾時間は数分から数十分程度と短く，観察には最適であった．ウミウシの交尾はどんなようすなのだろうか？　ウミウシは，ごく一部を除いてすべてが同時雌雄同体なので，交尾の際は2個体がお互いにオス役とメス役を同時におこない，精子を交換する．彼らは精子を作る精巣と卵を作る卵巣が一つになった両性腺という器官をもっていて，1個体が同時に精子も卵も生産できる（図6-2a）．しかし，自家受精はせずに，必ず自分の精子と他人の卵を，自分の卵と他人の精子を受精させる他家受精をおこなう．同じ両性腺内で作られた精子と卵は，精子を運ぶ輸精管と卵を運ぶ輸卵管へとそれぞれ振り分けられて，その後自分の精子と卵は出会うことはなく，受精できないしくみにな

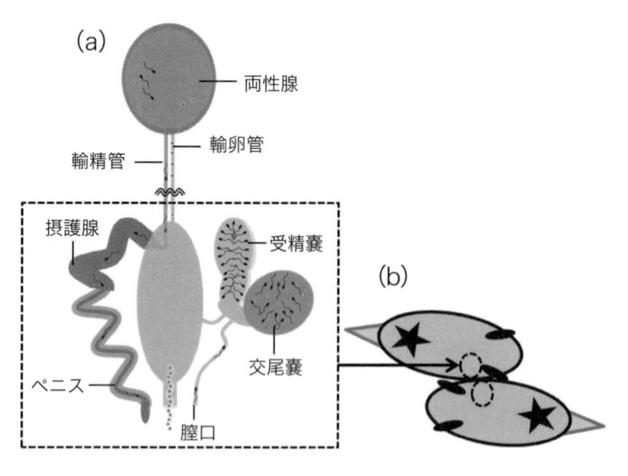

図6-2 ウミウシの生殖器系.（a）ウミウシの生殖器系の模式図．両性腺のみ体後部に位置し，破線で囲った器官はb）の破線楕円で表した右体側に位置する．（b）交尾中のウミウシ．右体側に位置する生殖口どうしを接して交尾をおこなう．

っている．また，交尾相手から精子を受け取るための雌器官である膣管をもっており，膣管の先には，受け取った精子を貯蔵するための交尾嚢と受精嚢という二つの嚢状の器官がある．何回かの交尾で得た精子をこれらの嚢へ貯蔵し，産卵の際にはこの貯蔵された精子を受精に使って受精卵を生む．さらには，この二つの嚢のうち，交尾嚢内の精子は消化可能なことが示唆されている．このように，多くのウミウシは，生殖に関わる雄器官である輸精管と，雌器官である輸卵管（産卵管）と膣管（交尾嚢・受精嚢）という3本の管をもっている（Leonard and Cordoba-aguiel, 2010）．ウミウシは複雑な生殖器官の持ち主なのだ．この複雑な生殖器官はウミウシの右体側の頭部寄りに位置していて，そのためこれら3本の管の開口部がまとまった生殖口も体の正中線上ではなく，右体側に位置している（図6-2b）．輸精管の一番先端にあるペニスも体の右側にある．ペニスが右側にあると言っても，輸精管と膣管と産卵管がまとまった開口部（生殖口）はふだんはなかなか見えない種が多い．繁殖期に2個体のウミウシが出会うと，生殖口を突出させ，お互いの生殖口を合わせて，自分のペニスを交尾相手の膣管に差し込み，交尾相手のペニスは自分の膣管に差し込まれて，それぞれ精子を注入する（図6-2b）．つまり，互いに精子を交換するの

図6-3 飼育容器内に産み付けられたシラナミイロウミウシの卵塊．黄色から橙色のリボン状の卵塊．

である．このような交尾様式により精子を交換して，リボン状の卵塊を産み（図6-3），この卵塊からベリジャー幼生が孵化する．ベリジャー幼生はしばらく海中を漂い，やがて海底へ着底して「ウミウシ」の形に変態し，繁殖期を迎えると交尾と産卵を繰り返し，約1年で生涯を終える．

オス役とメス役どちらを好むのか？

私たちウミウシ班の繁殖行動研究の第一歩は，ウミウシがどのようにして交尾をおこない，その交尾様式にはどんな意味があるかを調べたり，考えたりすることである．つまり研究目的は，ウミウシが子孫を残すための工夫，ウミウシの「繁殖戦略」を明らかにすることにある．生物は，できるだけ多く自分の子孫を残すために生きている．オスとメスが分かれている生物，つまり雌雄異体生物では，どんな生物でもオスの作る精子の数はメスの作る卵の数よりはるかに多く，オスは自分の精子をできるだけ多くの卵と受精させたいのに対して，メスは限られた数の卵をどの（誰の）精子を使って受精させるかにより慎重になるだろうと考えられる．その結果，多くの雌雄異体生物において，他の誰のでもなく自分の精子を使って多くの卵を受精させようというオスどうしの受精をめぐる競争が生じており，これを精子間競争と呼んでいる．一方，メスは生まれてくる子の生存や繁殖の能力・可能性が最大になるように，誰の，どの精子を使って自分の卵を受精すべきか，配偶相手のオス自身や精子を選択する．これをメスの配偶者選択や，精子選択と呼んでいる．たくさんの精子をメスに渡して自分の子孫を生んでほしいオスと，自分の子にとって最適な精子を受精に必要な分だけ欲しいメスとの間では，しばしばその利害が一致せず，葛藤が生じることになる．これを性的対立と呼ぶ．ウミウシ班一人目のメンバーだった徳里さんは，それぞれの個体がオスでもありメスでもある同時雌雄同体のウミウシでは，この性的対立が生じているのかどうかに着目した．もし性的対立が生じているのであれば，より多くの子孫を残せる方の性役割で交尾することを好む性質が進化しているはずである．徳里さんは，前述のとおり，ウミウシは交尾相手から受け取った精子を貯蔵するための交尾嚢と受精嚢をもち，さらに交尾嚢内の精子は消化が可能で，受け取った精子を栄養源に転用できると考えられていることから，オス役よりメス役を好むだろうと予測した．そして，同時雌雄同体であるチリメンウミウシが交尾の際にオス役とメス役どちらの役割を好むのかを調べた．

研究は，まず研究対象個体を野外で採集するところから始まる．徳里さんは，研究施設前のリーフエッジでSCUBA潜水によってウミウシを探して採集して，その個体の交尾行動を詳細に観察した．観察容器内をのろのろと這っている2個体のウミウシが出会うと，まず口球と呼ばれる，口に相当する器官で触りあい，互いのポジションを確認し，やがて生殖口のある右体側どうしを接して交尾の体制にはいる．ここまでは他の多くのウミウシと変わらないふつうの交尾様式が観察された．ところが，互いに右体側を隙間なく接して，ペニスを相手の膣に挿入して交尾が開始してからしばらくすると，一方の個体がもう一方の個体を口球で押しのけるような行動をとりだした．他方もそれに応戦するように口球を長く突き出して相手を押しのけ，やり合っているうちに，互いにペニスを挿入したまま2個体の身体が離れていき，ペニスが引き伸ばされていった．それぞれ逆方向に進んで離れていく2個体の間は細い糸のような2本のペニスだけでつながっている状態だ（図6-4）．2個体の距離が3，4cmに達してもペニスが伸長してつ

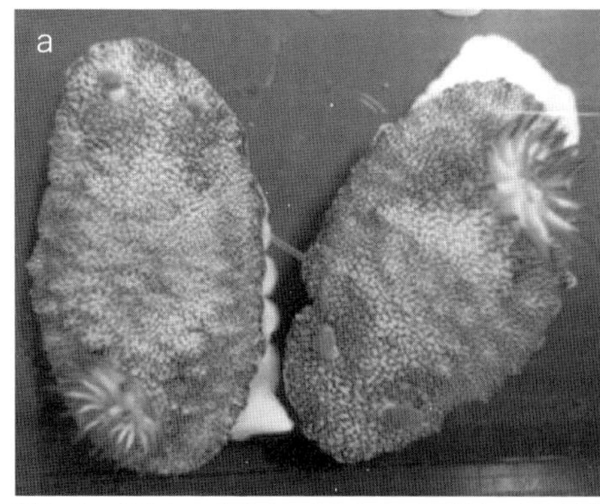

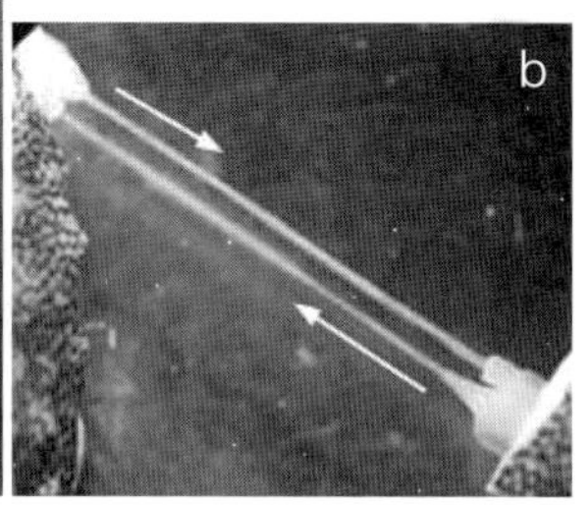

図6-4 交尾中のチリメンウミウシ（関澤ら，2013を改変）(a) 2個体が互いにペニスを交尾相手の膣口に挿入して相互交尾をおこなっている．(b) 交尾中に伸長したペニス．矢印はペニスの伸長方向を表す．

ながっていたが，それ以上離れるとペニスがお互いの身体から離れて交尾が終了した．徳里さんはこうしたチリメンウミウシの相互交尾を何例か観察しているうちに，一方が他方にペニスを挿入してオス役をおこなっていて，他方は相手のペニスを受け入れてメス役をおこなっているが，自分のペニスは相手に挿入できていないという，片側交尾を観察した．このように雌雄どちらかの性役割でしか交尾をおこなわなかった個体は，次の交尾ではどのようにふるまうのだろうか．徳里さんが当初予測したようにチリメンウミウシがメス役を好んでいるなら，片側交尾でオス役しかおこなえなかった個体は次の交尾では何がなんでもメス役をやろうとするはずである．しかし，そのことを確認しようにも，そもそも片側交尾はなかなか観察されない．そこで，徳里さんは片側交尾を人為的におこなわせることにした．交尾の体勢にはいりペニスを突出した2個体のうち，片方の個体のペニスの先をピンセットでつまんで挿入を邪魔しようとしたが，ウミウシのペニスは糸のように細いのでなかなか上手くつまめなかった．当時そのようすを見ていた，徳里さんの同級生で，魚類の繁殖戦略を野外で研究していた花原 勉さんは，「そんなに難しいのだったら，ペニスを切ってしまえば良いじゃないか」と言うよりも先に，観察中だったチリメンウミウシのペニスをハサミで切ってしまった．貴重な実験動物に対する，この花原さんの突然の暴挙にその場は凍り付き，徳里さんと花原さんの間にはしばらくは沈黙が漂っていたそうだ．それから数日後，徳里さんはこのペニスを切断されてオス役ができなくなってしまった人為的メス役専門個体を用いて，再び交尾観察実験をおこなってみた．すると，この個体は相手から精子を受け取るメス役としてだけではなく，なんと相手にペニスを挿入するオス役も同時におこなったのである．チリメンウミウシは一度ペニスを失っても数日でペニスを再生させて，オス役としてもまた交尾が可能になることが判明したのだ．ヒトデが腕を再生させたり，トカゲがしっぽを再生させたりするのはよく知られているが，ペニスを再生させるのは前代未聞である．私は当時のようすを知らないが，この驚きの発見に徳里さんと花原さんもきっとすぐに和解したに違いないと思っている．徳里さんは，チリメンウミウシは一度ペニスを失ってもすぐにペニスを再生できるのだろうと思い，この個体を用いてさらに2回，つまり計3回ペニスの切断と再交尾実験をおこなったところ，3回とも切断後1日で再交尾が観察された．3回続けて交尾実験をおこなったのは，2回だと「予備のペニス」があって，それを使っているのかもしれないけれども，3回だと毎回再生しているに違いないと考えていたからだそうだ．

チリメンウミウシは，ペニスを切除しても1，2日すると再交尾可能になることが明らかになったが，この実験の本来の目的はウミウシがオス役とメス役のいったいどちらを好むかを調べることにあった．徳里さんは，ウミウシはメス役を好むであろうと予測していたので，ペニスを切除されてメス役しかできなくなった個体は，その後も積極的にメス役として交尾をするだろうと考えた．そして，ペニス切除直後の個体を他の個体と遭遇させたが，切除後しばらくはメス役としても交尾することはなく，しばしば交尾を拒否するような行動をとったのだった．ペニス切除直後のチリメンウミウシはオス役としては交尾できないけれど，相手の精子を受け入れるメス役としては交尾できるはずなのに，切除から1日以上たたないと，メス役もオス役もおこなわなかった．この観察結果からは，メス役を好むだろうという当初の予測に反して，むしろオス役を好むことが示唆されたのだった．

ペニスを失っても翌日には再交尾可能

徳里さんは，チリメンウミウシはペニスを切除してもまもなく再生して再交尾可能になることを発見したけれど，修士課程在学中にはこのウミウシがオス役とメス役どちらを好むかの決定的な証拠を得ることはできなかった．そこで，徳里さんの卒業後，琉球大学の COE プロジェクトの研究員で，ツマジロモンガラという魚の繁殖戦略の研究をおこなっていた関さと子さんが中嶋先生に依頼されて，ツマジロモンガラの繁殖期以外の時間を利用して，ペニスを切除したチリメンウミウシを使って，オス役とメス役のどちらを好むかの確認実験をおこなうことになった．ウミウシのペニスはふだんは体内にしまわれているので，ペニス切除処理をするには，いったんウミウシたちに交尾をしてもらい，交尾の後半にペニスが伸びたときに切除しないといけない．そこで，関さんは徳里さんと同じように，まずはチリメンウミウシを交尾させて，ペニスを切除するタイミングを見計らっていた．ところが，切除処理の必要はなかったのだ．あるとき，関さんがペニスを切除するタイミングを逃して，しばらく放置しているうちに，すでにペニスがちぎれて容器の底に落ちていたのだった．その後も交尾中のペニスに注目して観察をおこなうと，毎交尾後にペニスがちぎれることが判明した．そこで関さんは，交尾でペニスを失った個体は，どれくらい時間がたてば再交尾可能になるのかを調べる実験をおこなった．一度交尾をしてペニスを失った個体に，約1時間ごとに新たな個体（前の交尾から24時間以上経過していてオス役もメス役も可能な個体）を与えて，再交尾をするかどうかを調べた．すべてで108例の再交尾実験をおこなった結果，交尾直後から9時間の間はオス役としてもメス役としても交尾をおこなわなかった観察例が39例と多く，8例でメス役のみの交尾行動が観察された（図6-5）．前の交尾終了9時間後から21時間まではすべての観察例で再交尾をおこなわず，前の交尾から22.4時間経過したときにはじめてオス役としてもメス役としても双方向に交尾をおこなった個体が現れた．前の交尾から21時間後から27時間の間では，7例でオス役のみの片側交尾，19例で相互交尾が成立したことが観察され，メス役のみの交尾や交尾不成立は観察されなかった（Sekizawa et al., 2013）．チリメンウミウシは，前の交尾から

前回交尾からの経過時間 (t = 時間)	不成立 (n)	片側交尾		相互交尾 (n)
		メス役のみ (n)	オス役のみ (n)	
$0 \leq t < 3$	13	3	-	-
$3 \leq t < 6$	12	4	-	-
$6 \leq t < 9$	14	1	-	-
$9 \leq t < 12$	16	-	-	-
$12 \leq t < 15$	10	-	-	-
$15 \leq t < 18$	3	-	-	-
$18 \leq t < 21$	6	-	-	-
$21 \leq t < 24$	-	-	3	11
$24 \leq t < 27$	-	-	4	8

図6-5 連続交尾実験による再交尾成立までの経過時間（関澤ら，2013を改変）．前回交尾から21時間以降経過するとオス役としての交尾が可能になり，オス役のみの片側交尾と相互交尾の成立が観察された．

21時間以降は少なくともオス役としては再び交尾が可能になることと，片方の性役割のみの交尾は比較的稀であり，基本的には相互交尾をおこなうことがわかった．つまりは，徳里さんの実験の終盤でも示唆されたように，チリメンウミウシは特別メス役を好んでいるわけではないことがわかっただけではなく，このウミウシは交尾ごとにペニスを失い，約1日で再び交尾が可能になることが判明したのだ．交尾に不可欠な器官であるペニスを毎回使い捨てにする動物は他に例がなく，当時この実験に関わった誰もが「これは大発見である！」と思った．しかしすぐに当時のウミウシ班は，「チリメンウミウシの使い捨てペニス」は他に例を見ない大発見であることはまちがいないが，それでもなお「なぜそんな大事なものを使い捨てにしてしまうのか？」「どのようにペニスを再生しているのか？」という大きな疑問が残ることに気がついた．

チリメンウミウシの使い捨てペニスの補充方法

ここでようやく私もチリメンウミウシの研究に加わることとなる．チリメンウミウシの使い捨てペニスの残りの謎について調べることになった．「なぜペニスを使い捨てにするのか？」を知るためには，まずは「チリメンウミウシがどのようにペニスを再生しているのか」その仕組みについて調べる必要があった．ところが，私がウミウシ班への加入を果たしたのは，徳里さんや関さんとはちょうど入れ替わりの時期だったので，二人からチリメンウミウシの扱いについて直接学ぶ機会がなく，私にとっては何もかも一からのスタートであった．

ウミウシの飼い方

研究の第一歩であるチリメンウミウシの採集すら一筋縄ではいかなかった．私は研究を始めるまでSCUBAダイビングの経験がなかったけれど，幸い中学・高校時代は水泳部に所属していたこととシュノーケリングの経験はあったので，SCUBAダイビングのスキルじたいには問題なかった．しかし，それまで一度もウミウシをダイビングで見つけたことがなかったので，どんなところにウミウシがいるかのイメージがわかなかったのだ．この年の3月8日に沖縄へ来てから，天気の良い日は毎日ウミウシ採集のために海に潜り，複雑な形をしたリーフエッジの岩の下を隅からすみまでのぞき込んだり，サンゴの間をのぞき込んだりしながらチリメンウミウシを探した．ついに大きな岩のようなハマサンゴの下から大きなチリメンウミウシを見つけることができたのは，約1ヶ月後の4月4日のことだった．不思議なことに1回見つけると，その後はチリメンウミウシが見えるようになった．それでも見つけられる頻度は1週間に1個体にもみたなかった．当時の瀬底研究施設には，私たちの他にも海に潜って研究をおこなっている学生がたくさんいたので，そういった学生にもチリメンウミウシ探しに協力してもらい，見つけた学生には中嶋先生からの報奨金（1個体採集につき地元食堂の定食一食分）が出たほどだった．それでも卒業研究をおこなった1年目に採集できたのは全部で13個体，その後の修士課程の2年間でも採集できたのは25個体だった．

ウミウシを採集してきたら次におこなうことは飼育だ．生物の研究と聞くと，なにか特別な実験機材を使ったり，特別な薬品を使ったり，難しいことをおこなっているのではないかと思う人も多いと思う．もちろん特別な機材や試薬や実験を駆使しないとできない手法の研究はたくさんあるが，マウスやメダカ，キイロショウジョウバエのような有名な実験動物とは違い，ウミウシのような飼育方法が確立されていない動物を初めて扱う場合は，飼育方法についても自分で考えて工夫をしなくてはならない．ウミウシに限らず，こうした研究材料を使って研究する際には，まずホームセンターや100円ショップに行き，飼育や実験のための材料探しをおこなう．ウミウシ班の先輩たちの残した道具を見てみると，直径7cm 位の円柱型のプラスチック容器の蓋に直径2mm 程度の小さな穴を複数開けた飼育容器があった．この中に1個体ずつウミウシを入れて海水かけ流しの大きな水槽に沈めて，ウミウシを飼育していたようだ．しかし，私はその飼育容器を見たときに，常に新鮮な海水を飼育容器内に供給するには上部の蓋だけではなく，底の部分にも穴が開いていないとうまく水が通らないのではないかと思った．先輩たちがこの容器にどうやってたくさんの穴をあけたのかわからず，容器の底にも同じような穴をあけることがすぐにはできなかった．そこで私は両端をメッシュで覆ったような容器が必要だと考え直し，300mℓ ペットボトルがちょうど手ごろな大きさだと思った．そして近所の自動販売機やスーパーに行き，いろいろなメーカーのペットボトルを見て回ると，メーカーによってはペットボトルの上下両端にちょうどよい溝があるものを発見した．急いでそのペットボトルを購入して中身を飲み干して，上部と底の部分をカッターでくりぬいて，ホームセンターで購入した網戸用のメッシュを両端にかぶせて，髪の毛を結んでいたヘアゴムでペットボトルの溝部分にフィットするようにメッシュを固定した．こうして常に新鮮な海水が通る快適な「ウミウシのお家」第一号が完成した．この第一号に少し改良を加えて，片方のメッシュは結束バンドで完全に固定して，もう片方は出入口としていつでも取り外しできるようにヘアゴムで固定した（図6-6）．いろいろな色のヘアゴムを買ってきて，オレンジ色のゴムはチリメンウミウシ，青色のゴムは他のウミウシといった具合に色分けすることで，その後の作業が楽になった．後に中嶋先生から，先輩たちがウミウシを飼育していたときより，このペットボトル飼育容器の方が長生きすると聞いたので，快適なお家作りには成功していたようだ．ただ，この快適なお家の材料を確保するために，飲みたくもない味のジュースを大量に飲んだり，それを周りの知人に強要したり，ときには研究施設の自動販売

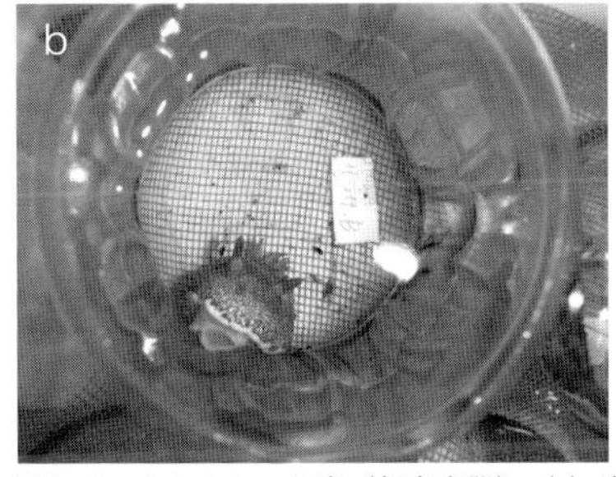

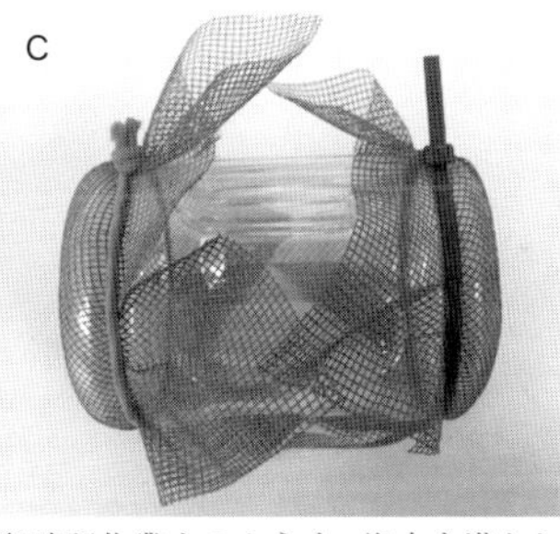

図6-6　ウミウシのお家（飼育容器）．(a) 産卵確認作業中のようす．海水を満たした白いプラスチック容器内に飼育容器を移し，片側のメッシュを外して産卵の有無を確認する．(b) 一つの飼育容器に一個体のウミウシと採集年月日と個体記号を記したメモを入れて，生海水かけ流し水槽内で飼育および個体管理をおこなった．(c) 300mℓペットボトルの両端を切り落としメッシュを張り飼育容器を作成した．

機の横に設置されたゴミ箱をあさらなくてはならなかった．

この飼育容器に，採集してきたウミウシたちを1個体ずつ入れて海水かけ流し水槽に沈めて隔離飼育をおこなう．この隔離飼育には重要な意味が二つある．一つは個体識別をするためである．実験をおこなう際に，どの個体をどんな実験に使用し，どの個体がどんな行動をしたのか正しく把握するために，個体識別のマークをする必要がある．たとえば，鳥類の場合は個体識別のために足輪を付けるが，ウミウシの場合は，この飼育容器の中に「160404チリメンA」といった具合に採集年月日と種と個体記号を書いた耐水紙のメモをいっしょに入れた(図6-6b)．隔離飼育の二つめの意味は，私の見ていないところで彼らが勝手に交尾をすることを防ぐためである．実験の目的に合うように，交尾をコントロールしたいので，行動実験中以外は隔離飼育をおこなった．また，ウミウシは繁殖期になるとあまり餌を食べなくなるようなので，餌をやる必要はないが，粘液で飼育容器が目詰まりしないように，定期的に容器を掃除する必要があった．この掃除に使用するのも私たちの生活に身近な歯ブラシである．

みずからペニスを切り落とすチリメンウミウシ

自分なりにウミウシの採集方法と飼育方法が確立できたら，ついに交尾行動の観察をおこなうことができる．野外から採集してきた貴重な個体を用いて，まずは先輩たちのように交尾行動を観察して，行動のようすや交尾時間などの記録を取った．この観察に使用するのは，プラスチック製のノギスとホームセンターで購入した透明なアクリル容器（27×9×6cm）とストップウォッチと100円ショップで購入したプラスチック製のスプーンである．透明な観察容器に海水を入れ，2個体のウミウシを飼育容器からスプーンですくって観察容器に移し，ノギスで体長を測ってから，交尾のようすを観察する．観察容器の中でなかなかウミウシが出会わない場合は，スプーンを使って少し動線を修正してお互いが接触するように促すこともあった．交尾が始まったらストップウォッチを用いて各アクションの時間を計測して，それらのようすを耐水紙に記録していった．ちなみにこのウミウシを扱う道具は研究者によってさまざまで，私はスプーンを使用しているが，後に出会ったウミウシ研究者の中野理枝さんは筆を使用しており，現在新たにウミウシ班に加わり中嶋先生と共にキヌハダモドキを研究している東京海洋大学の大学院生の小蕎圭太君はプラスチック製のスポイトを使用している．

交尾行動の観察法も自分なりに確立させ，卒業研究やその後の大学院進学後の前期博士課程の研究でおこなった観察の結果をまとめると，31例の観察例のうちすべてで相互交尾とペニスの自切が確認できた．交尾中の2個体の間の2本のペニスをよく見ていると，内側で精子が移動しているのが観察できたのが印象的だった．さらに，私の行動観察では，チリメンウミウシは交尾の終盤にまず相手個体の膣から自分のペニスの先端が抜けて交尾が終了することが確認できた．人為的に無理やり交尾を終わらせようと交尾中の個体を刺激したりしないかぎり，ペニスが途中でちぎれて相手個体の膣管に残るようなことはなかった．交尾時間は短い個体で1分程度，長い個体では20分程度で，平均9.5分程であった．そして，交尾終了からペニスを体外に伸長させたまましばらく這っているが，平均して20.5分後にペニスの自切が起こった（Sekizawa et al., 2013）．この観察で，チリメンウミウシが交尾中に動き出すことでペニスがちぎれているわけではなく，ペニスの先端を交尾相手から引き抜いた交尾終了後に，何らかの方法でみずからペニスを切って捨てていることが明らかになった．

ペニスの補充を可能にする雄性生殖器のしくみ

交尾行動の観察だけでは，なかなかペニスの自切・再生のしくみを考えるヒントをつかむことができなかったので，日本大学在学中の所属研究室の朝比奈潔先生は生殖器の構造をよく観察してみるようにアドバイスをくださった．後に私が進学した大阪市立大学大学院に当時在籍されていた沼田英治先生も，関さんがチリメンウミウシの行動実験をしている頃から「自切したペニスはわずか1日で再生するというけど，どうやって再生するの？　いくら糸のようなペニスだといっても，それを1日で作れるほどの速さで細胞分裂できる生物なんてきっといないよ」という疑問を投げかけていた．魚の生理学や形態学が専門の朝比奈先生と昆虫の生理学が専門の沼田先生の助言から，チリメンウミウシはあらかじめ「次のペニス」を体のどこかに用意しているのではないかという考えにいたった．とくに朝比奈先生は，タナゴという魚のメスの産卵管はふだんは蛇腹状に圧縮されていて，産卵の前にその圧縮された産卵管にリンパ液などを送ることで産卵管を伸長させて二枚貝の出水管内に産卵することを教えてくださり，チリメンウミウシのペニスも雄性生殖器であるもののタナゴのメスの産卵管のような蛇腹状の構造があるのではないかと言われた（Shiraai, 1964）．しかし，私が日本大学に在学中は，けっきょくこの「次のペニス」を見つけることができなかった．

日本大学を卒業後，より研究に集中できるような環境の大阪市立大学の大学院修士課程に進学することにした．大学院へ進学したものの，日本大学の卒業式にも大阪市立大学の入学式にも出席せず，大学4年生の3月には再び瀬底島へウミウシ採集へと訪れていた．沖縄ではチリメンウミウシの繁殖期は3月頃から始まるので，卒業式より入学式より何よりも優先されるのはウミウシの都合であった．進学先の先生方や事務の方の協力のおかげで，入学後の履修登録などの手続きを郵送で済ますことができ，入学前の3月から沖縄に滞在して，初めて大阪市立大学に登校したのは7月の半ば頃だった．この間，前期の授業を受けることができなかったので，後期に集中して授業を履修する必要があったことと，研究室の英語の輪読ゼミに出席できない代わりに，英語で書かれた生物学関連のテキストを日本語に全訳するという課題が課せられた．さらに，卒業研究の頃と違い，修士課程に進学後により効率よく野外調査を進めるためには原動機付自転車での移動では限界があったので，ついに自動車の運転免許を取ることも決意した．こうして大学院修士課程1年目は，午前中に海に潜ってウミウシを採集し，午後にはウミウシの交尾行動の観察をおこない，夕方に自動車学校に通い，夜に英語の課題をおこなうというハードな毎日になった．

修士課程に進学後の初めの課題はチリメンウミウシの「次のペニス」を探すことで，まずは実体顕微鏡を用いて自切したペニスを詳細に観察してみた．自切したペニスは約1cm 程度の糸くずのような形状をしていた（図6 - 7a, b）．さらには，徳里さんや関さんの先行観察において自切したペニスの表面は無数の逆棘（さかとげ）で覆われているという報告のとおり，ペニスの表面はペニスの伸長方向に対して逆向きの棘で隙間なく覆われていた（図6 - 7c）．これら自切したペニスを何個体分か観察してみたところ，この逆棘は先端部から基部に向けて徐々に少なくなり，大きさも徐々に小さくなり基部ではイボのような突起になっているものもあった．さらには自切したペニスの先端は膨らんでいたり，破れていたり，損傷を受けているものが多かった．実体顕微鏡で見てみると，この自切したペニスの回りにはモヤモヤとしたものが付着していることが多かった（図6 - 7b, c）．さらに拡大して観察をお

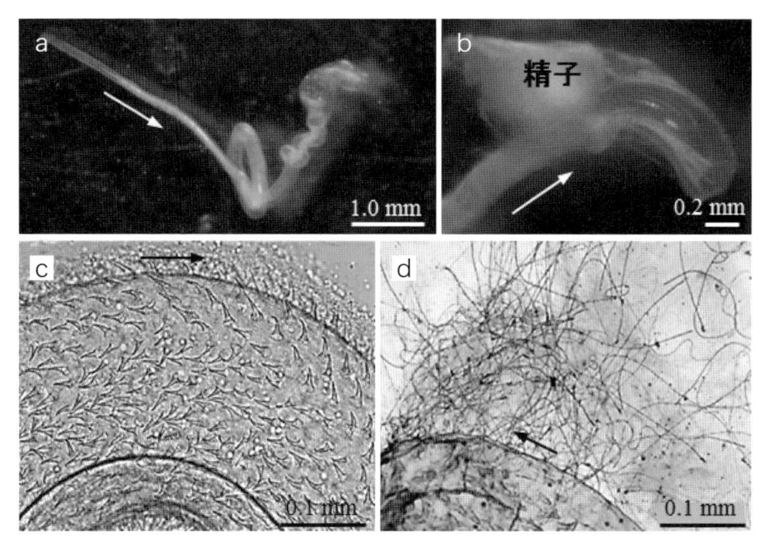

図6-7　自切したペニス（関澤ら，2013を改変）．(a, b) 自切したペニス．先端が膨張している．(c) ペニスの表面は無数の逆棘におおわれている．(d) 精子がペニスの逆棘に付着している．自切したペニスを風乾後にヘマトキシリンにより染色．(b) 多量の精子塊が自切したペニスの先端に付着している．矢印はペニスの伸長方向を表す．

こなうことができる光学顕微鏡を用いて観察をおこなったところ，このモヤの正体はペニスの逆棘に付着した精子だった．図6-7dの写真は，精子が見えやすいように青色の染色液を使って色を付けたものである．時には図6-7bのように肉眼でも見えるほどの塊状に白濁した多量の精子が付着していることもあった．このペニスの無数の逆棘と付着した精子については後ほど詳しく説明する．

沖縄での交尾行動の観察が終わった個体を研究室に持ち帰り，「次のペニス」を探すべく体内に格納されている生殖器の形態を観察してみた．体の中の生殖器のしくみを観察するには当然解剖をおこなわなくてはならない．たまたま他の目的で70%エタノールに固定したウミウシがあったので，解剖にはそのサンプルを使うことにした．じつはウミウシを含め軟体動物の解剖は難しいということを後に知ったのだが，生きたまま解剖をおこなうと，体のほとんどの部分が軟体部でできている彼らは，やわらかすぎて何が何だかわからなくなってしまうそうだ．逆に，100%のような高い濃度のエタノールで固定をおこなうと今度は脱水されすぎて固くなり，解剖がしづらくなる．通常，生きものの標本を作る際はホルマリンを用いることが多いが，ホルマリンは固定力が強いので，ホルマリン固定もウミウシの組織が固くなりすぎて解剖には向かない．私はたまたま70%エタノール固定で適度に脱水された，解剖に最適な硬さのサンプルで解剖を始めたが，ウミウシの解剖をおこなうのに試行錯誤していた中野理枝さんに，この固定法を教えてあげたらたいへん感謝された．70%エタノールで固定したウミウシを実体顕微鏡下で細かいピンセットとハサミを用いて外套膜をはがすと体後部側に両性腺という精子と卵を作る器官があり，そこから離れた頭部右側にいくつかの生殖器官がひとまとまりになった塊があった．この塊は粘液でくるまれて固まっているのだが，粘液をピンセットで少しずつはがしていくと，雄性生殖器官と雌性生殖器官に分けることができた．まずは，雄性生殖器を見てみると，輸精管は長く，粘液で固められて毛糸玉のようになっていた．その毛糸玉のような輸精管をほどいていくと開口部側は弾力がありつるつるとした管で基部側はもこもことした脆い構造の管になっていることがわかった．このつるつるとした部分がペニスに関係する部分であることまではわかり，体内に格納されている輸精管は比較的長いようだったが，交尾の際にこの部分からペニスがどのように体外に伸長するのかはわからなかった．朝比奈先生が考えていたような蛇腹のような構造も観察できなかったし，ナメクジに見られるような，交尾の際にペニスをめくり出したり引き戻したりするときに制御する牽引筋も観察できなかった．けっきょくチリメンウミウシのペニスの自切方法も補充方法もわからないまま，気づいたら大学院修士課程の2年目の野外調査期間も終わろうとしていた．

その頃には，観察や解剖などの実験方法がある程度確立されていたことと，このまま何もわからず修士課程を卒業できないのではないかという焦りから，沖縄の研究施設でもウミウシの行動観察の傍ら，並行して生殖器の解剖観察もおこなうようになっていた．相変わらずチリメンウミウシはなかなか見つからないし，貴重なサンプルを解剖して生殖器形態を観察しても何もわからない日々が続き，この頃はチリメンウミウシが夢にまでよく出てきた．現実にはウミウシはなかなか見つけることができないのだが，夢の中では海の中にチリメンウミウシが集まる木が生えていたことがあった．違う日の夢では研究施設が火事になって水槽にいるウミウシたちをバケツに移していっしょに避難しようとしているところに「ウミウシは捨てて早く逃げなさい」と怒られることもあった．そして，修士課程2年生で研究施設のある沖縄から大阪市立大学への帰還を翌日に控えたある日，ふだん借りていた実体顕微鏡は他の人が使用していたので，たまたま他の研究室の実体顕微鏡を借りてウミウシの生殖器の解剖をおこなっていた．その顕微鏡に装着されていた照明はふだん借りていたものより光量が強く，その照明でチリメンウミウシの輪精管を照らしたところ，内側にもう一本の管が通っている影が見え，しかもその内側の管は朝比奈先生が予想されたようにまさしく蛇腹状に圧縮されているように見えたのだった．輪精管は二重の管構造になっていて，この内側の影こそがきっとペニスなのだ！　と気づき，その解剖したサンプルを大切に大阪市立大学に持ち帰り，輪精管の内側にさらにペニスが隠れていることを，研究室の先生に報告した．

この輪精管の内部のペニスのようすはいったいどうしたら観察できるのだろうか．所属研究室の志賀向子先生に相談したところ，輪精管の表面を細かい剃刀を用いて切開し，内側のペニスを摘出して観察するようにアドバイスをくださった．志賀先生は昆虫の神経生物学が専門で，小さなハエの脳に外科的な手術をおこなうことが得意だったが，私には直径1～2mm 程度の輪精管から，その内側にある細い管を無傷なまま取り出すことはとてもできそうになかった．そこで，次には透徹（とうてつ）といって，脱水した組織をサリチル酸メチルという有機溶媒に漬ける処理をすると，組織が透けて内部の構造が観察できることを教えていただいた．こうして沖縄から持ち帰ったウミウシの輪精管に透徹処理をおこない，その中に格納されているペニスの形態を観察してみた．すると，ペニスの一部がコイル状に圧縮されていたのだった（図6-8）．朝比奈先生が予想されていた蛇腹構造とは少し違ったが，長いペニスをコンパクトに圧縮して格納しているという機能は同じであった．このペニスの圧縮されたコイル構造は前の交尾から少なくとも24時間以上経過した個体では観察されたが，交尾直後に固定し

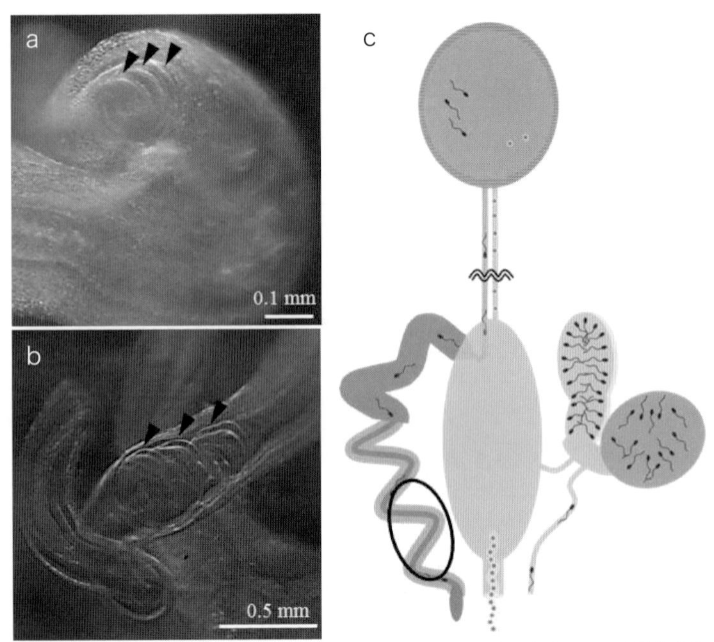

図6-8　ペニスのコイル構造（関澤ら，2013を改変）．(a) 体内に内蔵された輸精管内部のペニスがコイル状に圧縮された部位の断面像．(b) 同じ部位の縦断面像．▼コイル状の圧縮構造．(c) 生殖器系の模式図．輸精管の楕円で囲った部分の一部にコイル状の圧縮構造が観察された．

た個体からは観察されなかった．そして，何個体かの体内に格納されているペニスの長さをコイル部分を含めて測ってみたところ3cm 程度で，自切して捨てられたペニスの長さは1cm 程度だった．これらのことから，チリメンウミウシは少なくとも交尾3回分の長さのペニスを体の中に蓄えていて，交尾の際にこのコイル状に圧縮したペニスを引き延ばして使っていることがわかった．後に，チリメンウミウシの近縁種にもペニスの自切をおこなうものが何種かいることがわかり，それらの種も同じく長いペニスをコイル状に圧縮して体内に格納していることが観察された．対して，近縁種にもかかわらず，ペニスを自切しない種もいて，こちらの種では体内に格納されているペニスは短く，コイル状の圧縮構造は観察されなかった（関澤ほか，2011）．やはり，このコイルこそが使い捨てペニスの補充の重要なしくみだと考えられる．

さらに詳細なペニスの構造を観察するために，今度は輸精管の組織

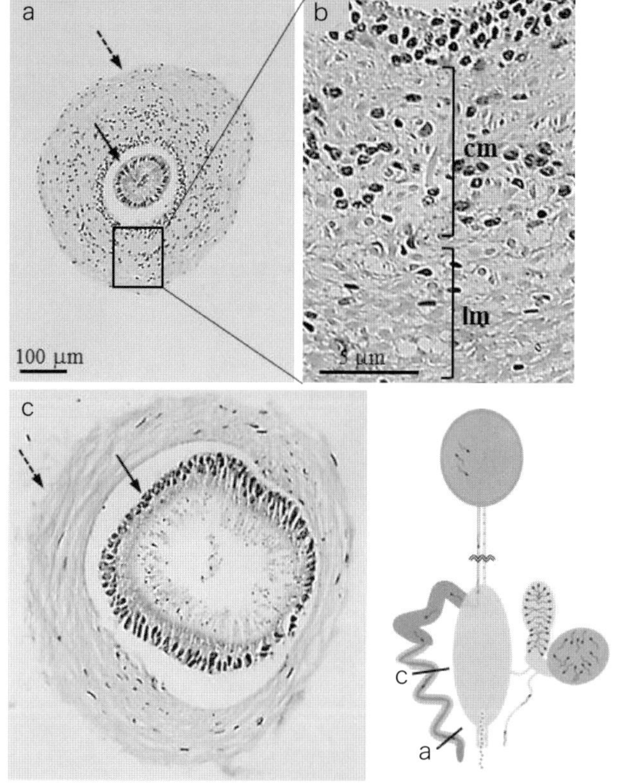

図6-9　輸精管断面の組織写真（関澤ら，2013を改変）．(a) 生殖口付近の輸精管（とペニス）の末端の断面像．(b) a の拡大写真．cm は輪走筋，lm は縦走筋，(c) 輸精管（とペニス）の中央部の断面像．輸精管の外側の管は体の基部から末端の開口部にいくにつれて厚くなっている．a,c は同じスケール．実線の矢印はペニスを，破線の矢印は輸精管の外側の管をさす．

切片を作成した．組織切片とは植物や動物の細かい体の構造を観察するために，体の一部の組織をホルマリンなどを用いて固定して，パラフィンのような固いものといっしょに固めて，薄切したものを観察しやすいように染色したものである．

まずは輸精管の輪切りの切片を作成して観察してみところ，やはり輸精管はその全長をとおして二重の管構造になっており，外側の管は体の基部から開口部にいくにつれて厚くなっているのが観察された（図6-9a, c）．さらには開口部付近では輸精管の外側の管は，輪走筋と縦走筋の2層の筋繊維が観察された（図6-9b）．これは括約筋のような構造で，この輸精管の外側の管は開口部付近ではきつく締めたり緩めたりできることを示している．外側の管に筋繊維が観察されたことに対して，内側のペニス自身には筋繊維は観察されなかったので，ペニス自身に運動できる能力はないのだろうと考えられる．

次に，輸精管の縦切り方向の組織切片を作成し，コイル構造部分と開口部付近と実際に交尾に使われて自切したペニスの形態を観察した．その結果，この三つの部分では細胞の形状や密度が異なり，図6 - 10a, b, cの青く染色された核は，コイル部分（図6 - 10a）ではペニスの伸長方向に対して横長なのに対して，開口部（図6 - 10b），自切したペニス（図6 - 10c）にいくにつれて縦長に引き伸ばされて，核の密度も少なくなっているように見える．核の大きさの指標として断面積を計測してみたところ，コイル部分，開口部付近，自切したペニスの順に有意に大きくなっていた（図6 - 10d）．輸精管の開口部のペニスの構造と自切したペニスの構造はよく似ており，実際の交尾に使用できる部分はこの開口部分のみで，コイル状に圧縮されているペニスはまだ準備中のペニスですぐには交尾に使えそうにない．開口部分のペニスを交尾で使用してしまうと，コイル状のペニスの準備部分を引き伸ばして次の交尾に使えるように変化させるまでに1日程度の時間を要するのだろう．

チリメンウミウシの使い捨てペニスの補充方法

これまでにわかったことからチリメンウミウシの交尾様式をまとめてみる（図6 - 11）．まず，2個体が出会うとお互いを触覚や口球で触りあいながら，右体側の生殖口を合わせて交尾の体制をとる．そうすると2個体の体内では，筋組織でできた輸精管の外側の管の蠕動運動により内側のペニスを伸長させて，交尾相手の膣に挿入するのだろう．そして交尾の後半にはお互いの膣にペニスが挿入された状態で，2個体が離れて引っ張られることによってペニスのコイル状に圧縮された部分がほどけてさらにペニスが伸長する．交尾中の2個体がさらに離れると，ペニスの先端が交尾相手の膣から抜けて交尾が終了する．しばらくペニスを体外に伸長させているが，やがて基部からペニスを自切してそのまま捨ててしまう．この自切のメカニズムまではまだわか

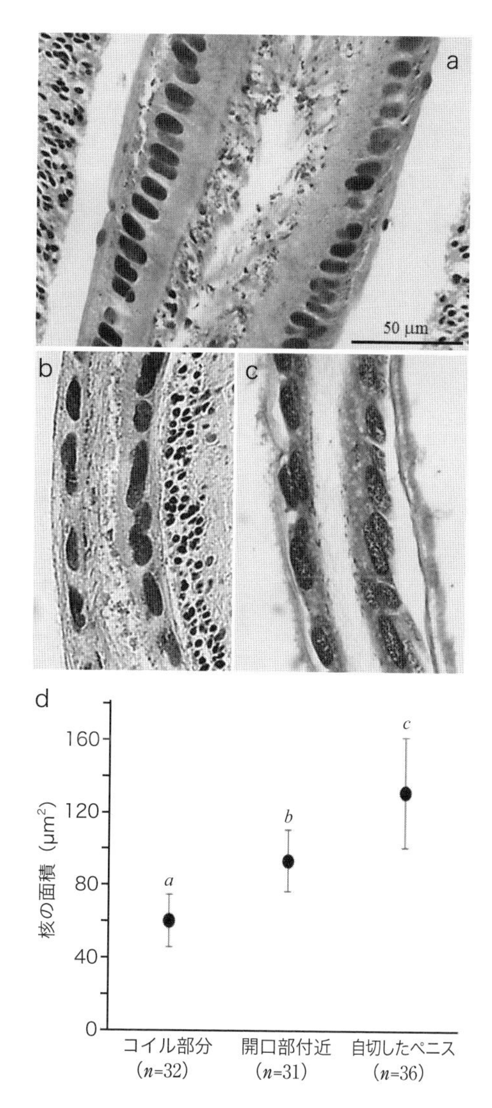

図6 - 10 ペニスの組織観察（関澤ら，2013を改変）．（a）体内に格納されたペニスのコイル状の圧縮部分の縦断面像．細胞は圧縮され，細胞はペニスの伸長方向に対して横長な形状．（b）体内に格納されたペニスの開口部付近の縦断面像．（c）自切したペニスの縦断面像．b, c の細胞はペニスの伸長方向に対して縦長の形状をしている．a, b, c は同じスケール．d）各部位の核の面積の比較．●は平均面積，エラーバーは標準偏差を表す．異なるアルファベット間（*a*, *b*, *c*）で各の面積は有意に異なる．（$P < 0.05$; Steel–Dwass test）．

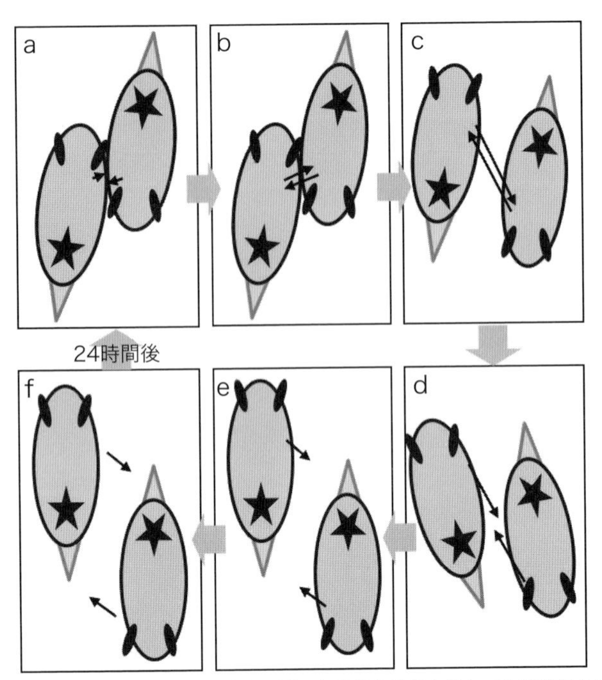

図6-11　チリメンウミウシの交尾様式．(a) 2個体が右体側を接して生殖突起を突出させて接触させる．(b) お互いの個体がペニスの先端を交尾相手の膣口に挿入して交尾を開始する．(c) ペニスの先端を交尾相手の膣に挿入したまま，進行しペニスが伸長する．(d) ペニスの先端が交尾相手の膣から抜けて交尾を終了する．(e) ペニスを体外に伸長させたまま20分前後這う．(f) 最終的にペニスを基部から自切し，這い跡に捨てる．ペニスの自切から約24時間後に再び交尾が可能となる．黒い矢印はペニスを表す．

らないが，輸精管の外側をきつく締めることでペニスをちぎってしまうことはできそうである．そして，新たに開口部にせり出したペニスが次の交尾に使える状態になるまで24時間程度の時間を要するのだろう．

チリメンウミウシは交尾3回分以上の長いペニスをコイル状に圧縮して体内に準備することで，24時間という短時間で連続的にペニスを補充できるしくみを備えていることがわかった．実際は同じ個体が5回以上交尾をするのも観察しているので，繁殖期中はかなり何度も交尾が可能なくらいの長さのペニスをもっているのではないかと思っている．こうして，使い捨てペニスの補充方法の謎が解け，その成果を修士学位論文にまとめてなんとか修士課程を修了できることになった．

修士学位論文発表会で，このチリメンウミウシの使い捨てペニスの補充方法について発表したところ，とある男性の先生が「自切したペニスはその後どうなるの？」と質問された．私は「ただ這い跡に捨てられて，朽ちるだけです」と答えたが，後にその先生の隣に座っていた方から話を聞いたところ「そうか，それはかわいそうだね…」とつぶやかれていたそうだ．しかしチリメンウミウシがかわいそうだとは思えない．ペニスを自切して二度と繁殖の機会を失ってしまうのであればかわいそうだが，一度の交尾でペニスを使い捨てしてもまた翌日には新しいペニスで交尾が可能になるのだから，（そのペニス補充にかかるコストを考えなくて良いのであれば）唯一のペニスを使いまわすような他の多くの動物よりも衛生的であり，保険にもなるチリメンウミウシのペニスはむしろ機能的だと思う．

なぜペニスを使い捨てるのか？

チリメンウミウシがペニスを使い捨てにする方法はわかったが，ではなぜこのウミウシはわざわざペニスを使い捨てにしているのだろうか？

この研究結果を学会などで発表すると「ちぎれたペニスは交尾栓になっているのではないか？」という質問をよくされた．交尾栓とは繁殖機会が多い動物で，ライバルのオスが自分の交尾相手のメスと交尾できないように膣を何かで詰めて塞いでしまうことをいう．この交尾栓は多くの昆虫や爬虫類だけではなく，モルモットなどの哺乳類でも知られている（バークヘッド，2003）．チリメンウミウシの場合は，まず交尾相手の膣からペニスの先端が抜けて交尾が終了し，基本的にはペニスは相手の膣に残ることはないので，交尾栓である可能性は低いだろう．自切したペニスを観察すると，先端が膨らんでいたり，一部が壊れていたりすることが多い．こうしたことから，一度の交尾で再利用が不可能なほどペニスが摩耗してしまう，または再び体内に格納するのが困難なほど形状が変形してしまう可能性が考えられる．

では，なぜ再び使用できないような長く変形しやすいペニスが必要になったのだろうか？　この疑問に関しては後述の「チリメンウミウシの使い捨てペニスはなぜ進化したのか？」で詳しく説明したい．

使い捨てペニスの反響

生殖器を使い捨てにして繰り返し交尾をおこなう動物の報告例はチリメンウミウシが初めてである．コガネクモというクモの仲間は触肢（pedipalp）と呼ばれる2本の附属肢をもっており，オスはこの触肢の内部に自身の精子を詰め込んで，交接の際にメスに精子を受け渡す．オスの触肢は一度交接に使うと壊れて使えなくなるため，彼らの生殖のチャンスは生涯に2回しかないが，2回目の交接後にはオスはメスに捕食されてしまうので，触肢を補充する必要はない（Fromhage and Schneider, 2006）．コガネグモは生殖に用いる附属肢を使い捨てにするという点ではチリメンウミウシと似ているが，複数回の交尾に備えて捨ててしまった生殖器の補充をおこなわない点ではチリメンウミウシと大きく異なる．このひじょうに特異なチリメンウミウシの使い捨てペニスの現象の発見のみならず，そのしくみも解明することができ，国内外の学会で研究成果を発表した．ところが，ウミウシというマイナーな同時雌雄同体動物の繁殖行動というテーマのためか，国内の学会では使い捨てペニスの現象じたいには驚く人も多かったが，「そんな変わったことをする（変わった）生物もいるんだね」というような評価が多く，反響はさほど大きくないように思えた．とある国内学会では，すぐ隣りの教室では魚類や海産動物の繁殖戦略の発表がおこなわれているにもかかわらず，なぜだか哺乳類や鳥類の高度な遊び行動の発表の中に私一人ウミウシの繁殖行動の発表がプログラムに組み込まれていることもあった．もしかしたら発表要旨を読んだ大会運営担当者が「ウミウシ」を水牛のような牛の一種か，マナティやジュゴンのような海牛（かいぎゅう）と呼ばれている動物と勘違いしたのかもしれない．私たちが当初期待していたよりも，この研究に対する反響が薄いのは，きっと日本には貝類や同時雌雄同体動物の研究をしている研究者が少ないからだと思い，国際学会でもこの成果の発表をおこなった．ところが，国際学会へ行ってわかったことは，世界的にみてもウミウシや同時雌雄同体動物を扱った研究はひじょうにマイナーであるということだった．それでも，国際学会では貴重な同時雌雄同体の繁殖行動の研究者と会うことができて，互いの研究の話ができたことはひじょうに嬉しかった．とくに，ドイツのテュービンゲン大学のR. Langeさんは，同じく腹足類の頭楯目の仲間であるウミコチョウが交尾の際にオス役として交尾相手に対して次の交尾を抑制するような物質を送ることを研究していて（Lange et al., 2014），私と歳も近く，彼女と出会えたことは自身の研究のモチベーションにもつながった．また，アメリカのJ. Leonardさんは，バナナナメクジというひじょうに大きなナメクジが交尾の際に相手のペニスを噛みちぎることを発見し，その機能や進化的意義について長年研究しており（Leonard et al., 2007），彼女も，雌雄同体動物の繁殖行動にはこんなにも興味深い現象がたくさんあるのに，なかなか世の中に認知されず冷遇を受けていると嘆いていた．

私が大学院の博士課程の3年生の時にこれらの研究の成果はやっと「Disposable penis and its replenishment in a simultaneous hermaphrodite（同時雌雄同体動物の使い捨てペニスとその補充）」というタイトルで『Biology Letters』という学術雑誌への掲載が決まった．この雑誌はメディアへの広報に力を入れているようで，正式掲載前にメディア向けの事前発表があり，そこでこの研究に興味をもったメディアがあれば連絡がくるので，適宜対応をするようにと指示された．これまでの学会発表での感触から，私たちの研究に興味をもってくれるメディアも何社かはあるかなという程度に思いのんびりしていたのだが，事前発表がされたとたんに，この論文の筆頭著者の私のところに大量の問い合わせのメールが届いた．その中には『Nature』や『Science』といった著名な雑誌のウェブサイト担当者からの問い合わせもあったのだが，英文メールに不慣れだったことと，あまりにも著名なメディアからの問い合わせに「nature」や「science」という単語の入った他の団体からの問い合わせかと思っていた．軽い気持ちで共著者の中嶋先生にこれら質問メールを転送して対応について相談したところ，本物の『Nature』や『Science』からの問い合わせであることを指摘されてひじょうに驚いたと同時に，そこで初めてこれらの雑誌に興味をもってもらえたことを喜ぶことができた．イギリスのBBCラジオからは「もし英語が話せれば，ラジオの生放送インタビューに電話で答えてください」という依頼もあった．しかし，残念ながら私は英会話が得意ではなかったため，この依頼は丁重にお断りするほかなく，自分の語学能力の低さが悔やまれる．その他にも事前発表から一週間近く National Geographic や Discovery Channel，BBC といった著名なメディアから科学サイト掲載用の記事に関する問い合わせが続いたが，だんだん科学系でないメディアからの問い合わせに変わっていき2週間程度でやっと終息した．当初のんびり構えていたが，慣れない英文メールへの対応が続き，この頃にはもうメールボックスを開くのが怖いと思うほどであった．このようにさまざまなメディアに取り上げてもらったおかげか，私たちのこの論文は後にこの『Biology Letters』誌の2013年最多ダウンロード論文 Top10に入ることができた．しかし，これだけ多くの人に論文をダウンロードしていただいたが，この論文を引用する研究者は当然ながらほとんどいない．

ここまで多くの著名なメディアや人々に興味をもってもらえるような研究ができたことはひじょうに嬉しく思っているが，この評価をいただくことになった研究は，共同研究者の徳里さんや関さんがたまたまチリメンウミウシを研究対象種に選び，徳里さんの同級生の花原さんが実験中に勝手にペニスを切ってしまったことがきっかけで（ペニスの自切と再生が）発見できた．さらには，修士課程の卒業すら危ぶまれていた私がある日たまたまふだんとは違う顕微鏡を用いて生殖器を観察したために（ペニスの補充のしくみを）発見することができて完成したものである．研究には着目すべきポイントを見極めるなどの能力ももちろん必要だが，こういった偶然が重なって成し遂げられるものなのだと不思議に思う．

チリメンウミウシの使い捨てペニスはなぜ進化したのか？

おもに修士課程在籍中の研究により，チリメンウミウシの使い捨てペニスの謎の一つであった「ペニスの補充方法」が明らかになったので，私はさらに大阪市立大学の博士課程に進学して，最後の謎である「なぜペニスを使い捨てにするのか？」つまりは，使い捨てペニスの進化要因について研究を続けることにした．

ライバルの精子の掻き出し

それまでの観察では，チリメンウミウシの自切したペニスは無数の逆棘に覆われていて，その棘には精子が付着していることがしばしば確認された（図6 - 7b, d）．このペニスの無数の逆棘にはいったいどんな機能があり，そこに精子が付着していることにはどんな意味があるのだろうか？　まずは無数の逆棘に覆われたペニスの機能について考えてみる．多くの昆虫（雌雄異体動物），とくにトンボの仲間では生殖器の付属器で交尾相手の体内にすでに貯蔵されていた別の交尾個体の精子を掻き出す精子置換をおこなうことがよく知られている．トンボは繁殖期に繰り返し交尾をおこない，メスは交尾相手のオスから受け取った精子を貯蔵するための受精囊という器官をもつ．アメリカアオハダトンボというトンボのオスは交接の際に，先端が鎌状になっている生殖器の付属器を用いてメスの受精囊内にすでに貯蔵されている他個体由来の精子を掻き出して捨てている．ウミウシもこのトンボと同様に交尾相手から受け取った精子を貯蔵するための二つの雌性器官，交尾囊と受精囊をもっている（デイビスほか，2015）．私は，チリメンウミウシもこのトンボのように，ペニスの逆棘を用いて交尾相手の交尾囊もしくは受精囊内のライバルである他個体由来の精子を掻き出しているのかもしれないと考えた．実際に精子の掻き出しがおこなわれているかどうか調べるためには，交尾後に自切したペニスに付着した精子がいったいどの個体の精子かを確かめる必要がある．そこで，この自切したペニスに付着した精子からゲノムDNAを抽出し，その精子がどの個体由来のものか調べることにした．

自切されたペニスに付着した精子塊は誰のものか？

具体的には，これまでの実験手順と同様に野外からチリメンウミウシを採集してきて，まずは1個ずつ隔離飼育をおこなった．精子の由来を調べるような実験では，本来なら一度も交尾を経験していない未交尾個体を用意するのが理想的だが，ウミウシは継代飼育が困難なため，未交尾個体を用意することができない．そこで，少なくとも採集後には交尾をおこなわせないために，1個体ずつ隔離飼育をおこなった．しばらく隔離飼育をおこなった個体を4個体1セットで，すべての組み合わせで交尾するように2日もしくは3日おきに3回連続交尾をおこなわせた．たとえば，A, B, C, Dの4個体を用いて，まず「AとB」，

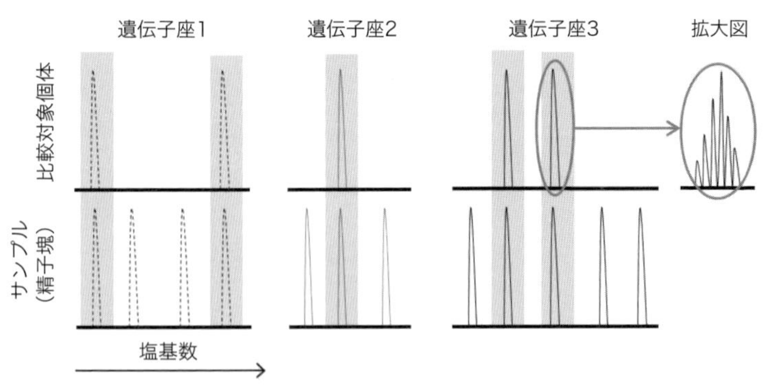

図6-12 マイクロサテライト解析法模式図．上段は各個体の遺伝子型の検出結果の例を模式的に表した．下段は精子塊サンプルからの遺伝子型検出結果例を模式的に表した．横軸はマイクロサテライトマーカーの塩基数を表す．実験に使用した全6遺伝子座で，比較対象個体と精子塊サンプルの遺伝子型を比較して，網掛けで表したように同じ遺伝子型が検出された精子塊サンプルは，比較対象個体の遺伝子を含むとして判断した．

「CとD」を交尾させて，1日もしくは2日間をあけて，次に「AとC」，「BとD」を交尾させ，さらに1，2日あけて最後に「AとD」，「BとC」を交尾させた．2回目と3回目の交尾の際に自切したペニスを回収し，実体顕微鏡下で細いピンセットを使って精子をペニスからはがして回収して，DNA抽出用に保存した．こうして4個体1セット計5セット全20個体を用いて，40個近い精子塊のサンプルを回収することができた．そして，この精子塊サンプルと実験に用いたウミウシ20個体からDNAを抽出し，6個のマイクロサテライトマーカーを用いて精子塊サンプルと各個体の遺伝子型を比較して，精子がどの個体由来のものなのかを調べた．ここでは，精子を渡すオス役のことを（精子）提供個体，精子を受け取るメス役のことを（精子）受け取り個体と呼ぶことにする．マイクロサテライトとは，ゲノム中に散在する数塩基の単位配列の繰り返しからなる領域で，この反復回数は個体により異なり，多型に富むことから個体識別や父性判定の遺伝マーカーとして利用されている．各個体の遺伝子型を決定するために，遺伝子型の検出結果を実際に遺伝子解析ソフト上でみてみると，ある一つの遺伝子座において，図6-12の上段のように1本または2本のピーク状のバンドで表される対立遺伝子が検出される．ウミウシは二倍体なので，各個体のサンプルからはヘテロ接合の個体なら図6-12上段の遺伝子座1

や3のように二つの対立遺伝子，ホモ接合の個体なら図6-12の遺伝子座2のような一つの対立遺伝子が検出される．このように遺伝子解析ソフトは自動的に遺伝子型を読み取って決定してくれるものの，一つの対立遺伝子として認識されたバンドもよくみると複数のピークによって構成されていることが多く（図6-12拡大図），その数がきょくたんに多く，くわえてヘテロ接合で二つの対立遺伝子のサイズが似ている場合は遺伝子型を正確に決定するのが困難なことがある（井鷺，2001）．そのため，実際には解析ソフトで機械的に遺伝子型決定をおこなうだけではなく，たくさんの個体の対立遺伝子のピーク画像を自分の目で見比べて，この個体のこの対立遺伝子とあの個体のあの対立遺伝子は同じ遺伝子型であるかどうかを判断しなくてはならない．この判断がなかなか難しく，解析を始めた頃には，対立遺伝子のピーク画像を見ても同じ遺伝子型なのか違うのかさっぱり判断がつかなかった．ところが，いろいろなサンプルの対立遺伝子の検出パターンを見ていると，その遺伝子座の癖がわかり判断がつくようになってくる．このように遺伝子解析ソフトの機械的な判断と自分自身の目による判断を総合して，最終的に各個体の遺伝子型を決定した．この実験に用いた全20個体でマイクロサテライト6遺伝子座による遺伝子型の組み合わせは異なり，それぞれの個体を識別することができた．遺伝子解析には高度な技術や実験機材，解析ソフトが必要だが，それでも最後には人間の目が必要になるのだ．

親個体は異なる遺伝子型をもつことで識別できたので，次に精子塊のサンプルから抽出したDNAの遺伝子型を調べてみた．すると精子塊サンプルには，一つのサンプルから三つ以上の対立遺伝子が検出されるものがいくつかあった．ペニスに付着した精子塊全体からDNAを抽出しているため，三つ以上の対立遺伝子が検出されたサンプル中には複数個体由来の精子が含まれていると考えられる．今回の実験では，解析に用いた6遺伝子座すべてにおいて比較対象個体と同じ対立遺伝子が精子塊サンプル中から検出された場合に，その精子塊に対象個体の精子が含まれていたと判断した．その結果，解析に用いた精子塊サンプルの7割以上にあたる精子塊から提供個体とも受け取り個体とも一致しない対立遺伝子の組み合わせが検出された．そこで，これらの精子塊サンプルから検出された遺伝子型の組み合わせを「他人」由来として，精子塊サンプルに含まれていた遺伝子型の検出パターンを整理した．その結果，それぞれ「他人のみ」，「他人と提供個体」，「提供個体と受け取り個体」，「提供個体のみ」の遺伝子型が検出された4パターンに分類された（Sekizawa et al., 2012）．提供個体の精子が自身のペニスに付着する可能性は十分に考えられる．精子塊から受け取り個体の遺伝子型が検出されたのは，交尾の際に両個体のペニスは隣り合っているので，交尾終了時に受け取り個体の精子が提供個体のペニスにも付着したためという可能性が考えられる．そして，「他人」の遺伝子型が検出された7割以上のサンプルでは，チリメンウミウシは提供個体でも受け取り個体でもない他人の精子をペニスに付着させて捨てていたことが確かに証明された（投稿準備中）．では，具体的にはこの「他人」はいったいどの個体なのだろうか？　一回前の交尾個体の精子を掻き出しているのだろうか？　それとももっと前に交尾をおこなった個体の精子なのだろうか？　それを確かめるためには，この3回連続交尾実験が役立つ．3回目の交尾で得られた精子塊の解析においては，少なくとも2回前までの交尾個体の遺伝子型が明らかなので，比較検証が可能である．ところが，この他人の遺伝子型は，全6遺伝子座において連続交尾実験をおこなった前の交尾個体とも前の前の交尾個体とも完全には一致せず，具体的にどの個体の精子かは特定にいたらなかった．「他人」のものと判断された精子塊の遺伝子型の組み合わせからは，そもそも連続交尾実験に用いた1セット4個体どれもがもたない対立遺伝子が検出されたサンプルもあり，交尾実験より前の野外での交尾由来の精子を掻き出していることを示している．このことはさらに，交尾相手個体（受け取り個体）の体内には3回以上前の交尾個体の精子が貯蔵されていたことを表している．「他人」のものと判断された精子塊から検出された遺伝子型が，全6遺伝子座において前の交尾個体とも前の前の交尾個体とも完全には一致しないということはこれら直近の交尾個体の精子をまったく掻き出していないことになる．しかし，複数個体由来の精子が混ざった精子塊では，それぞれの個体の精子は少量であり，DNA 量が足りないために解析が不十分だったサンプルもあるかもしれない．

今回の実験のみでは精子を掻き出すことの効果まではわからないが，チリメンウミウシは交尾相手の体内にすでに貯蔵されている他個体由来の精子を確かに掻き出していることが証明された．

チリメンウミウシの使い捨てペニスはなぜ進化したのか？

チリメンウミウシの精子掻き出しが遺伝子解析実験により立証されたところで，使い捨てペニスの進化要因について考えてみたい．ペニスの自切が進化したのは，この精子の掻き出しを効率良くおこなうためではないかと私は考えている．チリメンウミウシは，長くて逆棘が無数に生えたペニスを交尾相手の体内に挿入して，自身の精子を送りこむだけではなく，相手の体内にすでに貯蔵されている他個体由来の精子を逆棘で絡め取っているのだろう．精子の掻き出しがよく研究されているトンボの仲間では，オスの鎌状の生殖器の付属器には牽引筋がつながっていてこの鎌を動かしてメスの体内のライバルの精子を掻き出しているが，チリメンウミウシのペニスじたいには筋繊維は観察されなかったので，ペニスじたいを動かして精子を掻き出しているとは考えづらい．そのため，チリメンウミウシは，ライバルの精子が貯蔵されている場所にペニスを挿入して周りにある精子をたくさんの逆棘に付着させることで絡め取っていると考えられる．そして，ライバルの精子を絡め取る前に提供個体の精子があふれ出てしまったときには，自分自身の精子が大量にペニスに付着してしまうのだろう．このように長くて無数の逆棘が生えたペニスは精子の掻き出しには有利だが，ペニスをいったん体外に伸長させると，交尾後に再び体内に引き戻すのが困難になるだろう．くわえて，一度の交尾でペニスの逆棘に他個体由来の精子が付着すると，埃のついたマジックテープのように，次の交尾では効率よく精子を掻き出せなくなるだろう．さらには，掻き出したライバルの精子をペニスに付着させたまま交尾をおこなえば，次の交尾相手にライバルの精子もいっしょに渡してしまう可能性がある．このような形態的および機能的な不利のため，チリメンウミウシは交尾後にペニスと掻き出した精子をみずから切り落として捨てているのだと考えられる．ドイツのテュービンゲン大学で同時雌雄同体動物の繁殖行動の研究をおこなっているNils Anthesさんも，私たちのチリメンウミウシの使い捨てペニスの補充に関する論文について，Natureウェブサイトのインタビューのなかで「もし遺伝子実験によりチリメンウミウシが交尾後にペニスの逆棘でライバルの精子をからめとっていることが明らかになったとしたら，ペニスを使い捨てにするということは，まるで汚れた注射針を使い捨てにするように，彼らにとって最適な方法なのだろう．使い捨てにしないと，次の交尾にライバルの精子と自分の精子が混ざってしまう危険性があるかもしれない」とコメントしている．

おわりに

今回はチリメンウミウシの使い捨てペニスというひじょうに特異と思われる繁殖行動を紹介したが，じつは興味深い繁殖行動を示すウミウシはチリメンウミウシだけではない．交尾中に相手を口で投げ飛ばすほどに攻撃的なシロウミウシ *Chromodoris nona*，巨大な球状の生殖突起を絡ませてただじっと一晩中交尾を続けるホシゾラウミウシ *Hypselodoris infucata*，交尾相手を食べてしまう性的共食いをおこなうキヌハダモドキ *Gymunodoris citriaa* などさまざまである．しかし，これらの種がなぜこんなことをするかはもちろんまったく明らかになっていない．このようにウミウシの生態に関しては，繁殖行動一つにおいても解明すべく課題がたくさんあるが，なかなか研究が進まないのが現状である．なぜならば，ウミウシの生態について研究している研究者が圧倒的に少ないのである．よく研究が進んでいる鳥や魚や昆虫といった分類群とは違い，何か一つおもしろい現象を見つけたとしても，バッググラウンドがあまりにも少なすぎるので，まずは自分たちで行動からメカニズムにいたるまで地道に基本的な知見を集めなくてはいけない．多くのウミウシの写真集やグッズの存在は，ウミウシが市民権を得ていることを示しているようにも見えるが，「ウミウシを研究している」というとたちまち変わり者と言われる．ウミウシはその派手で多様な外見のみに注目が集まりがちだが，その生態も魅力的であり，研究の価値がある生物だと私は思っている．この本を読んで，ウミウシや他の貝の仲間の人間の日常では考えられないような奇妙な生態を知り，興味をもってくれる人が少しでも増えてくれることを願っている．そうすればいつかはこの本の著者らがなぜ貝という生物の研究をしているのか？　という変わり者の動機くらいは理解してもらえる日が来るかもしれない．

参考文献

バークヘッド ティム著・小田 亮・松本晶子訳．2003．乱交の生物学 精子競争と性的葛藤の進化史．新思索社．

Davies, B. N., Krebs, R. J. and West, A. S. 著．野間口眞太郎・山岸 哲・巌佐 庸訳．2015．行動生態学 原著第4版．共立出版株式会社．

Fromhage, L. and Schneider, J. M. 2006. Emasculation to plug up females: the significance of pedipalp damage in Nephila fenestrata. Behav. Ecol. 17: 353-357. (doi: 10.1093/beheco/arj037).

井鷺裕司．2001．第3章 マイクロサテライトマーカーで探る樹木の更新過程．森の分子生態学 遺伝子が語る森林のすがた．種生物学会編集．文一総合出版．

Leonard, J. and Cordoba-aguiel, A. (eds) 2010 *The Evolution of Primary Sexual Characters in Animals*. Oxford Univ.

Leonard,J.L., Westfall,J.A. and Pearse,J,S. 2007. Phally polymorphism andreproductivebiologyin Ariolimax (Ariolimax) buttoni (Pilsbry andVanatta, 1896) (Stylommatophora: Arionidae). Am. Malacol. Bull. 23, 121-135. (doi:10.4003/0740-2783-23.1.).

Rolanda, L., Johanna, W. and Nils, A. 2014. Cephalo-traumatic secretion transfer in a hermaphrodite sea slug. Proc. R. Soc. B 281: 20132424.

関澤彩眞・志賀向子・中嶋康裕．2011．ペニスを自切・補充するウミウシとしないウミウシ．日本動物学会第82回大会．

Sekizawa, A., Shiga, S., Goto, G.S. and Nakashima, Y. 2012. A sea slug removes allo-sperm with its thorny penis after copulation. International Behavioral Ecology Congress 2012, Lund, Sweden, poster.

Sekizawa, A., Seki, S., Tokuzato, M., Shiga, S. and Nakashima, Y. 2013. Disposable penis and its replenishment in a simultaneous hermaphrodite. Biology Letters, 23 April 2013 vol. 9 no.2 (doi:10.1098/rsbl.2012.1150).

Shirai, K. 1964. Histological study on the ovipositor of the role bitterling, *Rhodeus ocellatus*. 北海道大学水産学部研究彙報．14: 193-197.

第7章

カイメンに居候するホウオウガイ
—二枚貝とカイメンのユニークな共生関係

椿　玲未

はじめに

あらゆる水域に生息する二枚貝

二枚貝類は名前のとおり二枚の殻をもつ貝類のグループの総称で，アサリやハマグリなどに代表されるように食用とされる種も多く，私たちの生活にもなじみ深い．食用とされる種の多くは，潮間帯から潮下帯にかけての浅い海や汽水域に棲むが，じつは二枚貝はそのような浅い海だけではなく，世界中の潮間帯から深海にいたるまで存在している．水域ごとに特徴的な二枚貝類相を形作ることも多いため，種多様性もひじょうに高い．

また，地理的な分布や生息深度範囲の広さだけでなく，二枚貝が生息場所として利用する基質もひじょうに多様である．アサリやハマグリなど砂や泥に埋まって暮らすもの，カキなど岩盤や転石に固着するもの，そして生物の体表に付着するものなど，じつにさまざまな基質を利用する．つまり，水あるところに二枚貝ありといっても過言ではないほどに二枚貝は現在あらゆる水域で隆盛をきわめている．

二枚貝類の多様化の歴史と生息環境の拡大

二枚貝類が現在のように多様な環境への進出を遂げた背景には何があるのだろうか．その要因としてまず挙げられるのは，効率的な懸濁物食システムの獲得である．二枚貝類に限らず，多くの底生生物はプランクトンなどの水中の懸濁物を餌としている．これは陸域の生態系と比べるとひじょうに特徴的な点で，水域では水中に漂う豊富な懸濁物に下支えされた生態系を形作る．懸濁物は，場所による多寡はあるものの，基本的には水中のどこでも手に入れることができる資源なので，懸濁物食を獲得した生物は分布拡大の大きな一つの障壁である「食物の獲得」という問題をクリアできることになる．そのため，この懸濁物食性はさまざまな分類群で獲得されているが，なかでも二枚貝は効率的な懸濁物濾過システムを発達させた．二枚貝は密集した繊毛をもつ鰓を使って懸濁物を濾しとる．鰓は通常ガス交換，すなわち呼吸をするための器官であるが，二枚貝ではこれを流用して摂餌の役割も果たしている．二枚貝の鰓の表面には繊毛が並んでおり，その厖大な数の繊毛で懸濁物粒子を捕捉する．捕えた粒子は別の繊毛列の動きによって口に運ばれ，その際，栄養とならない砂粒などの不要な粒子は粘液で固めて，偽糞として体外に排出する．二枚貝の鰓を使った濾過システムはひじょうに効率が良く，数 μm の粒子であれば9割以上を捕捉することができるという（Ward and Shumway, 2004）.

さらに二枚貝は足糸や水管の獲得によって，ほとんどの底生生物が進出できなかった環境にも進出していった．足糸は基質に固着するために二枚貝が分泌する糸状の分泌物で，二枚貝に固有の器官である．イガイ類に代表される多くの二枚貝はこの足糸で強く基質に接着することによって，流れが強い海底や波あたりが強い潮間帯等の厳しい環境下での生息が可能となった．また，この足糸はちぎれてしまっても容易に再生産することができるので，捕食者からの攻撃や強い波浪によって基質から剥がれてしまった場合にもまた基質に固着して生き残る可能性がある．さらに，一部の二枚貝は，外部からの水の出し入れをより効率化する入水管と出水管からなる水管をもつようになった．アサリを砂抜きするとき，貝殻の合わせ目からニューッと伸びてくるあの2本の管が，水管である．二枚貝は内臓塊を包み込む外套膜という2枚の膜をもっているのだが，水管は左右の外套膜縁が癒合したもので，伸縮性に富んでいる．二枚貝はかつてはせいぜい浅く埋まるのが精いっぱいだったが，この水管の獲得により，砂や泥などの底質に深く潜った状態でもスノーケルのように水管だけ表層に出して，そこから新鮮な海水を獲得できるようになった．水管を進化させた内生性の二枚貝類が著しい多様化を遂げた背景には，“中生代の海洋変革（Mesozoic Marine Revolution; MMR）”と呼ばれる中生代後期の海洋での生物相の大きな変化が深くかかわっている．中生代の後期に貝やウニなどをはじめとする堅い殻をもった有殻生物を捕食することができる真骨魚類や甲殻類の十脚類などの捕食者が台頭し，その結果多くの表在性の底生生物が絶滅し，代わりに底質に深く潜る内生性や分厚く捕食されにくい殻を獲得した生物が多様化を遂げ，海の生物相がガラリと入れ替わってしまった．MMRとはこの中生代の大きな海洋生物相の変遷を指す用語で，1977年に古生物学者のVermeijiによって命名された．この中生代後期における急激な捕食圧の上昇への有効な対抗策を講じることができずに衰退の一途をたどった腕足類などの底生生物とは対照的に，二枚貝類は足糸による基質への固着性能の向上や内生性の獲得をつうじて，多様化を加速させた．

他の生物に引っ付いて暮らす二枚貝

中生代後期以降の内生性二枚貝類の多様化に比べると，足糸を武器に表在性のまま留まった二枚貝類の多様化はそれほど顕著ではなかった．これは，やはり足糸による固着がいかに強力であったとしても，表在性の動物に対する捕食圧の上昇によってその多様化が抑えられていたということを示す証拠であろう．そこで，一部の表在性のグループでは，捕食を回避するためのさまざまな形質を手に入れた．その代表は，ホタテガイなどで有名な，水をジェット噴射して捕食者から逃避するという行動である．これは捕食者から逃げるという被食回避戦略だが，一部のグループでは捕食者に狙われにくい他の生物の体表に付着するという独自の進化を遂げた．寄主（ホスト）となる生物は二枚貝と同様に底生生活をおくる種で，分類群は刺胞動物，環形動物，棘皮動物，節足動物，海綿動物など多岐にわたる．節足動物など運動能力の高い動物に付着すれば，自分は動かずして捕食者から逃げることができ，海綿動物や刺胞動物などの捕食者から身を守るための化学物質をもつ動物に付着すればそもそも捕食する生物が少なくなるというわけだ．

さらに，他の生物の体表に付着するメリットは他にもある．底生生物は，自分の体の表面に生物が付着すると餌を採る妨げになるなどの不利益が生じるため，通常生物の付着を阻害するような機構をもっている．節足動物では体表のクリーニング行動，海綿動物では抗付着性の化学物質など，分類群によってその機構は異なるため，その付着阻害機構に打ち勝つことは容易ではない．しかし，これは逆にある種の付着阻害機構を打破できれば，他の種はその種に付着することができないので，ほぼ独占的にその種をホストとして利用できることを意味する．つまり，岩の上などでおこなわれている激しい「場所争い」に参加する必要がなくなるということだ．

二枚貝の多くの分類群で生物付着性が進化しているが，とくにウロコガイ上科とウグイスガイ上科で顕著に種数が多い．この二つのグループは共に多岐にわたる分類群をホストとして利用するが，その多様化のパターンは対照的である．ウロコガイ上科は，系統的に遠く離れた寄主間でも頻繁に寄主転換を起こしながら多様化を遂げてきたのに対して，ウグイスガイ上科では刺胞動物や海綿動物に付着するグループは岩石付着種からそれぞれ独立に起源し，系統的に隔たりのある種への寄主転換は起こっていないことが示唆された（Goto et al., 2012; Tsubaki and Kato, 2011）．さらに，ウグイスガイ上科の分子系統解析と化石記録を合わせた解析から，ヤギ類をはじめとするソフトコーラルを寄主とするグループでは，ホストの多様化と時期を同じくして多様化が起こっていることが示唆されている．これは，ウグイスガイ類二枚貝がホストと密接な関係をもちながら多様化してきたことを強く示唆する結果である．

しかし，化石記録や分子系統解析からはその生物が過去にたどってきたであろう道程しか示すことができず，両者が実際にどのような生活史をもち，どのような関係性にあったのかということは見えてこない．そこで私は，とくに海綿動物（以降「カイメン」）と密接な共生関係を結ぶ2種のウグイスガイ上科二枚貝に着目して研究を進めることとした．通常，ウグイスガイ上科の二枚貝は岩などの固い基盤に付着するための足糸をもっているが，カイメンに埋まる種では成貝になるとカイメンに埋まる生活に完全に適応して足糸を失う．つまり，足糸なしでは基盤に付着することはできないので，彼らはもはやカイメン無しでは生きてはいけない体になってしまっているのだ．

カイメンに埋まって暮らす二枚貝

なにはなくとも野外観察

研究対象とする生物を決めたら，何をおいてもまずは実際に野外で観察してみることである．カイメンを棲み家にするウグイスガイ上科の二枚貝は日本にはホウオウガイ *Vulsella vulsella* とヤブサメガイ *Crenatula modiolaris* の2種が知られているが，この2種が同所的に生息する沖縄本島の羽地内海(はねじないかい)で観察をおこなうことにした．羽地内海は本部半島と三つの島（屋我地島(やがじしま)・奥武島(おうじま)・古宇利島(こうりじま)）に囲まれた静かな内海で，沿岸の埋め立てが進む沖縄本島において奇跡的に残された広大な干潟である．羽地内海は穏やかな内海環境で，台風の際は近隣の船舶の避難所としても使われている．底質は砂泥で覆われ，その上に大小さまざまな石が転がり，場所によっては岩盤が露出している．

転石や岩盤の表面をていねいに見ていくと多くのカイメンを発見することができ，さらにそれをよく観察してみると表面に不自然な「スリット」をもつカイメンを見つけることができた（図7-1）．このスリットこそが，ホウオウガイ・ヤブサメガイの二枚の貝殻の合わせ目なのだ．写真のとおり，ほんの一部を除き貝殻のほぼ全体がカイメンにすっぽり覆われてしまっているため，採集する段階では自分が採った貝がはたしてホウオウガイなのかヤブサメガイなのかよくわからない．そこでまず，この不自然な「スリット」をもつカイメンを片っ端から採集して，どの貝がどのカイメンに共生しているのかを調べてみた．その結果，ヤブサメガイは多くの種のカイメンに共生していたのに対して，ホウオウガイはモクヨクカイメン属の一種 *Spongia* (*Spongia*) sp.（以降，モクヨクカイメン）にのみ共生していた（図7-1）．さらに，興味深いことにヤブサメガイはかなり広い寄主範囲をもつにも関わらず，ホウオウガイがホストとして利用するモクヨクカイメンにはまったく付着していなかった．この2種が共生するカイメンの種についてはこれまで断片的な報告はいくつかあったものの，網羅的に寄主範囲を調べた研究はなかったため，ヤブサメガイとホウオウガイでこれほどまでに寄主範囲が異なるということは知られていなかった．この顕著な寄主範囲の違いの背景にはいったい何があるのだろうか？

ホウオウガイ

ヤブサメガイ

図7-1 カイメンに埋まって暮らすホウオウガイとヤブサメガイ．いずれの貝も貝殻がほぼすっぽりとカイメンに覆われており，カイメンの体表に見える「スリット」が貝殻写真の赤で示した部分と対応する．ホウオウガイはたった1種のカイメンをホストとして利用する一方，ヤブサメガイは他種のカイメンを利用する．また，ヤブサメガイはホストであるカイメンの種ごとに異なる多様な色彩の貝殻をもつ．

ヤブサメガイは本当にジェネラリスト？

生態学では，広い範囲の寄主を利用する生物を「ジェネラリスト」，逆に一つの種しか利用しない生物を「スペシャリスト」と呼び，区別している．カイメンを利用する2種の二枚貝では，ヤブサメガイがジェネラリスト，ホウオウガイがスペシャリストということになる．

しかし，採集したヤブサメガイをカイメンから取り出して見てみると，その殻はじつに多様な色彩をもつ．さらに，殻の色彩はホストとなるカイメンの種とよく対応していた（図7-1）．現在，日本国内からはヤブサメガイ属二枚貝はヤブサメガイ1種しか報告されていないが，記載文に基づき殻の形態から同定した結果，他に少なくとも4種の日本初記録となるヤブサメガイ属二枚貝類が確認できた．ヤブサメガイ属の種分類が妥当であるならば，この結果は4種それぞれが高い寄主特異性をもつスペシャリストだと結論できる．しかし，種分類が未確定な現状では，ヤブサメガイはホストとして利用するカイメンの種類によって貝殻の色彩が可塑的に変化するという可能性も捨てきれないため，ジェネラリストである可能性も依然残る．今後，ヤブサメガイ属の種分類が妥当かどうかを再検討し，ホストとなるカイメンとヤブサメガイ属各種の対応関係を明らかにする必要があるだろう．

ホウオウガイとモクヨクカイメンの一対一の関係

ホウオウガイは数あるカイメンの中からモクヨクカイメンのみをホストとして利用し，さらに同所的に生息するにもかかわらずヤブサメガイはモクヨクカイメンにはけっして付着しないことから，私はホウオウガイとモクヨクカイメンが一対一の絶対的な関係にあるのではないかと考えた．そこで，モクヨクカイメンにとってもホウオウガイは唯一無二のパートナーなのかを調べるために，手当りしだいにモクヨクカイメンを採ってきてホウオウガイの有無を調べた．その結果，採集したすべてのモクヨクカイメンにはホウオウガイが共生していた．しかもその生息密度は高く，どのモクヨクカイメンにもびっしりと密にホウオウガイが詰まっており，多いものでは1個体のモクヨクカイメンに500個体以上のホウオウガイが共生していた．これらのことは，両者は互いに欠くことのできない一対一の絶対的な関係にあるということを強く示唆している．

さらに，モクヨクカイメンを解剖してみると，体内には生きた貝だけでなく死殻も大量に残されていた（図7-2）．これは，定着場所を探す稚貝にしてみると，誰も入っていないカイメンはもはや残されていないだけでなく，どのモクヨクカイメンもすでに先住者が所狭しと陣取っているというかなり厳しい状況である．私はそのような厳しい環境で生き抜くホウオウガイの基本的な生活史を，まず調べることにした．

図7-2　カイメン内部に残されたホウオウガイの死殻．死殻内にはゴカイなどが棲み込むことが多い（矢印）．

ホウオウガイの生活史

カイメン共生生活のはじまり

ホウオウガイは，外部から海水を取り込む入水部分を除いて完全にカイメンに埋まって暮らしている（図7-1）．ホウオウガイのカイメン居候生活は，稚貝がカイメンの表面に足糸で定着するところからスタートする．ホウオウガイは成貝になるとカイメンに埋まる生活に適応して完全に足糸を失うが，稚貝はまだ足糸をもつ．フナクイムシなどの一部の二枚貝は基盤に穿孔する能力をもち，みずから基盤に潜っていくが，穿孔能力をもたないホウオウガイはカイメンの成長によって貝殻がカイメンに覆われることで，しだいにカイメンの中に埋まっていく．ホウオウガイはカイメンの体内に埋まることで，外部から物理的にアクセスが難しくなり，またカイメンのもつ化学防衛物質によって捕食者から狙われにくくなる．ではいったんカイメンの中に埋まってしまいさえすれば，ホウオウガイは安穏と生きていけるのかというと，現実はそんなに甘くない．というのも，ホウオウガイが捕食者から守られるのはカイメンに埋まっている部位だけなので，もしもホウオウガイがカイメンよりも早く成長しすぎると貝殻がカイメンから大きく露出することになるため，捕食者に狙われやすくなる．反対に，カイメンの成長がホウオウガイよりも早すぎても，ホウオウガイはカイメンの体内に完全に埋まってしまい，外部から餌や新鮮な海水を取り込むことができずに死んでしまう．このようにホウオウガイは常にホストであるカイメンと同調して成長する必要があるため，定着して貝殻がカイメンに覆われたからといってけっして油断はできない．

サイズ分布からホウオウガイの一生を推定する

ホウオウガイはいつ産まれて，どのくらいで大人になり，何歳くらいで死ぬのだろうか．そのような基本的な生活史を直接観察するためには，野外で同じ個体に標識をつけてその成長を追跡することがもっとも望ましい．しかし，ホウオウガイは完全にモクヨクカイメンの中に埋まってしまうためサイズを図るためにはカイメンから抜き出すしかないので，非破壊的にその成長を追うことは難しい．そこで私は，年間をとおしてホウオウガイのサイズ分布を調べることによって，その基本的な生活史を推定しようと考えた．幸いにして，ホウオウガイはカイメンの中に密生しているので，1回の調査で5個体程度モクヨクカイメンを採集してくればサイズ分布を調べるのに十分な数のホウオウガイを得ることができた．調査は2010年4月から翌2011年の3月までの1年間，約2ヶ月に一度のペースで7回おこなった．まずは，持ち帰ったモクヨクカイメンを解剖して，埋まっているすべてのホウオウガイを取り出した．いずれの調査でも少なくとも200個体以上のホウオウガイを得ることができ，全調査をとおして2914個体ものホウオウガイを採集することができた．採集したすべてのホウオウガイの殻長，殻高，殻幅を計測し，月ごとのサイズ分布を得た．

ホウオウガイの年間スケジュール

得られた1年分のサイズ分布のグラフを並べてみると，まず9月だけで殻幅5 mm 以下の稚貝がひじょうに多いということがわかった（図7-3)．7月の調査では5 mm 以下の個体はほとんど得られなかったことから，ホウオウガイ稚貝のカイメン上への定着は年に一回，7月から9月の間に起こるということがわかった．さらに，各調査で得られたホウオウガイのうち，ランダムに50個体を選んで解剖して性成熟の

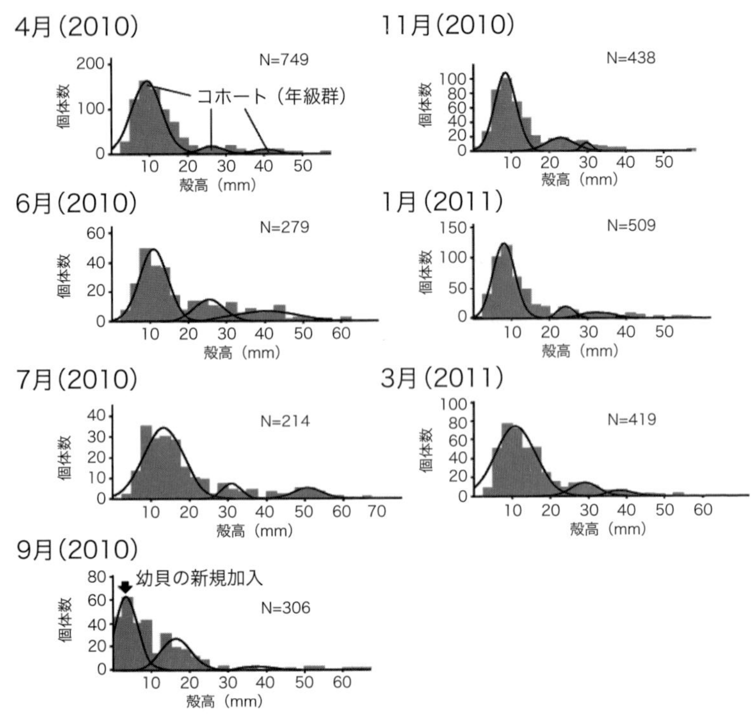

図7-3 調査した月ごとのホウオウガイのサイズ分布．三つの年級群（コホート）が認められる．

具合を調べたところ，春先から初夏にかけて生殖巣が大きく成長していき，9月以降は冬に向かってどんどんやせ細っていくことが確かめられた．この結果から，春先から繁殖の準備を始め，夏には放卵放精をおこない，ほどなくしてモクヨクカイメンの上に稚貝が定着するというホウオウガイの年間スケジュールが明らかになった．

ホウオウガイの性成熟を調べているうちに，一つ奇妙なことに気がついた．体の小さな個体では性比はオスに大きく偏り，大きな個体ではメスに偏っているのだ（図7-4）．この性比の偏りを引き起こす原因は，小さいメスの死亡率が高い，あるいは，まずはオスとして性成熟し，大きく成長した後にメスに性転換するためかいずれかである．しかし，ホウオウガイは雌雄ともモクヨクカイメンに埋まって暮らすため捕食者が雌雄どちらかを見分け，選り好みして捕食するということは考えにくいので，前者の可能性はきわめて低い．とすると，ホウ

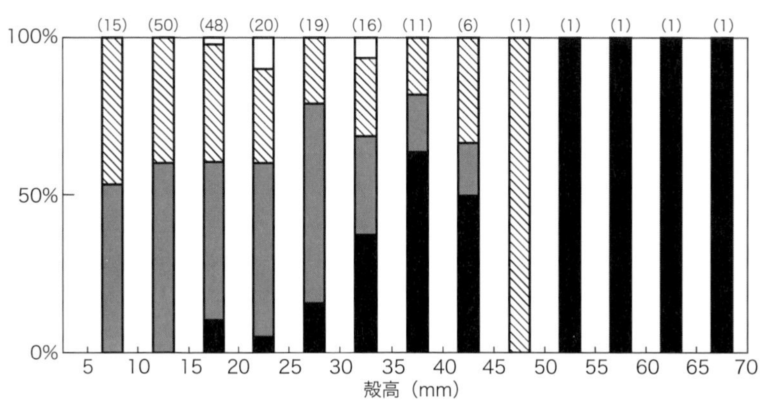

図7-4 殻のサイズごとの性比．小さな個体ではオスが多いが，大きくなるにしたがいメスの比率が高くなっていく．

オウガイはオスとして性成熟した後，メスに性転換すると考えるのが合理的である．このようなオスからメスに性転換する繁殖システムを雄性先熟という．雄性先熟は二枚貝ではよく見られる繁殖システムで，ホウオウガイと同じウグイスガイ上科に属するアコヤガイ *Pinctada fucata* やマベ *Pteria penguin* でも確認されている．放卵放精で繁殖する動物では，メスの適応度は生産できる卵の量に依存するので体サイズに比例して上昇していくのに対して，オスもメスと同様に体サイズと精子量が相関するが，一定以上のサイズになると自分の周辺にある卵が受精し尽くしてしまうため，適応度は周辺の卵数に依存して頭打ちになる．そのような環境では，小さいうちはオス，大きくなるとメスとして繁殖参加する雄性先熟の繁殖システムを採用した方が，一生をとおして見るとよりたくさん自分の子どもが残せると推測される．

サイズ分布から見えてきた生活史

これまでの調査から，ホウオウガイは雄性先熟の繁殖システムをもち，春から夏にかけて生殖巣が発達し，7月から9月の間に稚貝の新規加入が起こるということがわかった．では，ホウオウガイはいったいどのくらいの成長速度で何年くらい生きて，いつオスからメスに性転

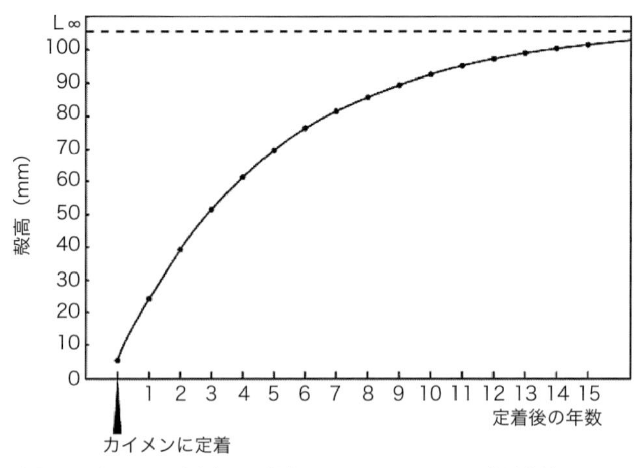

図7-5　殻のサイズ分布から推定されたホウオウガイの成長曲線.

換するのだろうか？　それを調べるために，季節ごとのホウオウガイのサイズ分布をさらに詳しく解析することにした．そこで目をつけたのが，「ホウオウガイの新規加入は年に一回」という点である．同じ時期に定着した個体はサイズが似通っているので正規分布になるはずなので，この正規分布の山が時間の経過とともにどのように移行していくかを見れば，ホウオウガイの成長を追えるはずである．このような解析方法はコホート解析と呼び，水産重要種の資源量の推定などでよく用いられる手法である．コホートとは年齢群のことで，個体郡内にはその年に産まれたものや前年に産まれたもの等いくつかの年齢の異なる群が存在し，それぞれの年齢群に対応した正規分布が存在する．だらだらと一年中繁殖するような種ではこの方法は使えないが，年一回繁殖のホウオウガイではこの方法が使えるというわけだ．

そこでさっそくコホート解析をしてみたところ，ホウオウガイのサイズ分布は三つの年齢群からなると示唆された（図7-3）．しかし，定着後3年目と推測される年齢群の平均サイズが3 cm程度であるのに対して，ホウオウガイの最大サイズは10 cm程度であったことから，実際は3歳以上の年齢のホウオウガイも少数ではあるが存在するようである．そこで，年間をとおしてのサイズ分布の変動と最大サイズに基づき，ホウオウガイの成長曲線を推定した（図7-5）．その結果，

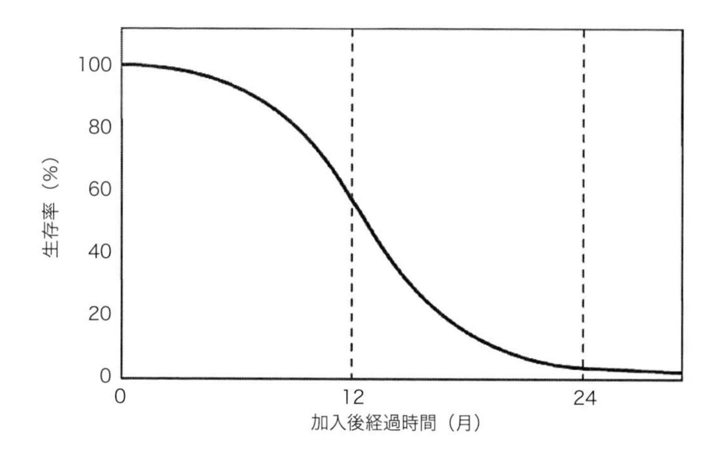

図7-6　推定されたホウオウガイの生存曲線．2年以上生きる個体はひじょうに稀である．

最大クラスのホウオウガイは20歳弱程度だと推察された．これは，3歳までにほとんどのホウオウガイは死んでしまうが，少数の貝は生き残って大きく成長するということを示唆している．

では，どの段階で死亡率がもっとも高まるのだろうか．この問いに答えるために必要となるのが生存曲線だ．生存曲線は時間の経過にしたがって個体数がどのように減っていくかをグラフ化したもので，生物の生活史を明らかにするうえでは欠かせない情報である．ホウオウガイの場合はコホート解析から各年齢群の個体数を推定することができるので，その推移に基づいて生存曲線を推定した．その結果，新たに定着した稚貝はカイメンと共に成長していくが，定着翌年の夏頃に死亡率のピークを迎え，2年後には9割以上の貝が死に絶え，2年以上生きる貝はほんの一握りであった（図7-6）．若齢個体が定着翌年の夏にきょくたんに死亡率が高くなる要因はまだよくわかっていないが，台風による強い波の影響や夏の干潮時のきょくたんな水温上昇などが関わっているのかもしれない．さらに，2年後以降の死亡率はかなり低くなることから，2年目をなんとか乗り切りさえすれば，ホウオウガイはかなり長生きすることがわかった．またカイメンの体内には古い大きな死殻も数多く残されていることから，ホウオウガイのホストであるカイメンは，少なくともそれ以上長生きであることは間違いない．大部分は2年以内に死んでしまうホウオウガイにとって，自身の寿命よりもはるかに長生きなカイメンは，消滅の心配の少ない安定した環境であると言えよう．

また，成長曲線から推定すると，定着した翌年の夏にはオスとして性成熟し，さらにその翌年以降には性転換してメスになるということも明らかになった．定着からわずか1年でオスとして成熟して，死亡率の高い時期を乗り越えて2歳を無事迎えた個体のみがメスに性転換という性決定様式は，若齢での死亡率が高いホウオウガイにおいては，繁殖参加の機会を少しでも増やすことができる適応的な戦略だろう．

ホウオウガイとモクヨクカイメンの共生関係の解明をめざして

密集するホウオウガイの謎

さて，ホウオウガイの生活史がだいたいわかったわけであるが，まだ大きな問題が一つ残されている．モクヨクカイメンとホウオウガイはいったいどういった共生関係なのかということである．ホウオウガイはカイメンに埋もれることによって捕食者から狙われにくくなるという明らかなメリットがあるが，モクヨクカイメンにとっては何かメリットがあるのだろうか？

これまでの研究から，どの時期でも採集したモクヨクカイメンには必ず高密度でホウオウガイが共生しており，けっして他の二枚貝は共生しないことが明らかになった．もし単純にモクヨクカイメンの抗付着機構が不十分なために大量のホウオウガイの付着を許しているとすれば，寄主範囲の広いヤブサメガイも付着しているはずである．と考えると，やはりモクヨクカイメンにとってもヤブサメガイではなくホウオウガイに共生してほしい事情があるのではないだろうか？　そこで私は，ホウオウガイとモクヨクカイメンの共生関係の謎を探ろうと考えた．

そもそもカイメンとは

本題に入る前に，まずは簡単にカイメンがどういう生きものなのかを説明したい．

カイメンはもっとも原始的な多細胞動物としてよく知られている．

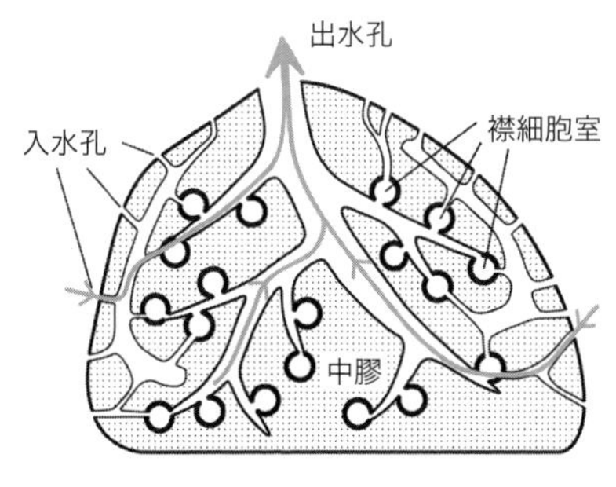

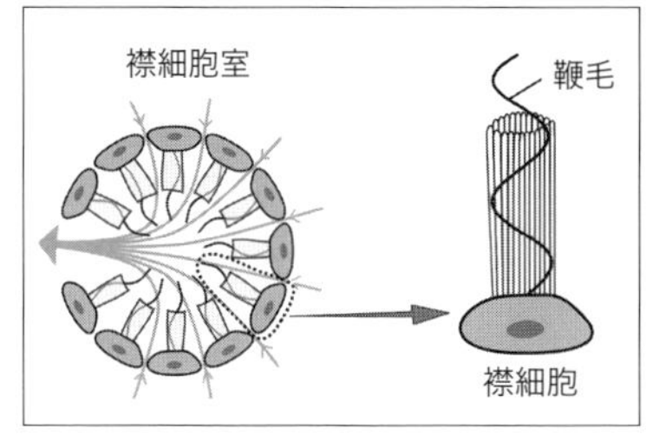

図7-7　カイメン体内の水の流れ.

また，乾燥させたカイメンはボディスポンジや洗顔用スポンジとして用いられるため，知らないという人はほとんどいないだろう．しかし，実際に生きているカイメンを観察したことがあるという人は驚くほど少ない．

ではカイメンは特殊な場所にしかいない珍しい生きものなのかというと，まったくそんなことはない．意識して探してみると，少し磯を歩くだけでも多くの種のカイメンと出会うことができる．鮮やかなオレンジ色が印象的なダイダイイソカイメン *Halichondria japonica* などはその代表であるが，そのような派手なめだつカイメンだけではなく，海底の石の上や海藻の根元などにも多くのカイメンが潜んでいる．カイメンの種数・バイオマスはひじょうに高く，カリブ海での調査では全底生生物のバイオマスのうち半分以上がカイメンによって占められているという報告もある（Diaz and Rutzler, 2001）.

カイメンの体内には網の目のような水路（水溝系）がびっしりと張り巡らされており，その水路の中を絶えず海水が循環している．カイメンは襟細胞の鞭毛を用いて水流をおこして海水を取り込み，海水中の懸濁物をおもに襟細胞で捕捉して食べる（図7-7）．一部のカイメンでは，自分で海水中の餌を採るだけでなく，体内に共生した光合成微生物からも光合成産物の一部をもらいうけている．これは，カイメンが光合成微生物に安全な棲み家を提供する代わりに，光合成微生物はカイメンに栄養を受け渡すという相利的な関係と言えよう．また，カイメンは光合成をおこなう微生物だけではなく，多くの微生物を住まわせている．一部のカイメンでは，1個体の体積のなんと約6割が共生微生物によって占められていると報告されている（Wilkinson, 1978）．これらの共生微生物の大半は，カイメンの体腔を満たす中膠と呼ばれる部位に共生しているが，一部の微生物は細胞内にまで入り込んで，カイメンと密接な関係を結んでいる．カイメンに共生する微生物からは薬学的に有用な有機化合物が数多く見つかっているため，カイメン共生性微生物に関する研究は盛んにおこなわれている．

しかしカイメンと共生関係を結ぶのは，何も微生物ばかりではない．カイメンの水溝系は，エビやゴカイなどの比較的体の大きな動物にとっても絶好の棲み家となる．カイメンの体内に潜むそのような動物はひじょうに多様で，ブラジルでおこなわれた調査ではたった1個体のカイメンから五つの動物門にまたがる76種2235個体もの大型共生者が得られたという（Ribeiro et al., 2003）．このようにカイメンの体内には多様な共生者が棲み込むことから，Pearse（1932）は自身の論文の中でカイメンを“living hotel”「生きているホテル」と表現した．しかし，そのような大型の「居候者」たちに関する研究はいまだ少なく，カイメンという特殊な生息環境で彼らがいったいどのような生活をおくっているのかは謎に包まれたままである．彼らはホストであるカイメンにとって，どのような利益，あるいは不利益をもたらす存在なのだろうか．カイメンのバイオロジーという観点からも，ホウオウガイとモクヨクカイメンの共生関係はひじょうに興味深い．

モクヨクカイメンにとってのメリットは？

ホウオウガイとモクヨクカイメンの共生関係を解き明かすために，まず，ホウオウガイとカイメンの共生関係について言及した論文を探してみることにした．すると，二枚貝と大型生物（微生物でない生物）との共生関係についての総説記事の中で，ホウオウガイに関するひじょうに興味深い記述を見つけた（Savazzi, 2001）．この総説では定量的なデータは示されず著者の観察のみに基づいて仮説を提唱しているが，両者の関係はホウオウガイだけが得をする片利共生関係ではなく，カイメンにとってもホウオウガイの殻を骨格代わりに利用することでより構造を補強できるというメリットがあると主張している．さらには，ホウオウガイに色水を吸わせてみたところ，カイメンの体内に濾過済みの水を排水していることが確認されたため，ホウオウガイは濾過済みの水をカイメンの体内に排水することで，カイメンを排水溝代わりに利用しているという．なるほど，これは一見もっともな仮説である．とりわけ，ホウオウガイの寄主であるモクヨクカイメンは，ほとんどのカイメンがもつガラス質の骨格である骨片をもたないので，貝殻による構造補強は重要な役割を果たすだろうと想像できる．また，濾過済みの水には餌となる粒子がほとんど残されていないため，これを再び吸い込んでしまうのはホウオウガイにとってひじょうに効率が悪いので，カイメンを排水溝がわりに使用済みの水を流すというのはひじょうに理に適っている．しかし，モクヨクカイメンの立場からみればホウオウガイに水洗トイレよろしく排水をじゃーじゃー体の中に垂れ流されたらたまったもんじゃないのではないか？　もしそうならば，ホウオウガイに骨格の役割をしてもらう程度では，この共生関係はカイメンにとってどうも割にあわなさそうに思える．

ホウオウガイを優しく包み込むモクヨクカイメン

ホウオウガイとヤブサメガイは共にカイメンに埋まって暮らす生活に適応して足糸を失っているが，両者には機能的に大きな違いが一つある．ヤブサメガイは貝殻をピッタリと隙間なく閉じることができるが，ホウオウガイはそれができないのだ．カイメンの外に出る部分はもちろん隙間なく閉じることができるのだが，カイメンに埋まっている部分の一部は常に少し隙間ができる．この隙間部分こそがホウオウガイの出水部位である．もしカイメンにとって，ホウオウガイからの排水がただのいらない水だとすれば，カイメンはみずから手を下さなくともその隙間を覆いさえしなければ，捕食者が隙間からホウオウガイの身を食べてくれるので必要な骨格だけ得ることができる．しかし，実際はそうはならず，ホウオウガイの殻の隙間は必ずカイメンで覆われ，捕食を免れることができている．そこで私は，モクヨクカイメンにとってもホウオウガイからの排水は役に立つのではないかと考えた．

モクヨクカイメンは静かに暮らしたい

カイメンに限らず，生物は本質的には「楽をして暮らしたい」ものである．とりわけ，密接な共生者がいる場合には，そいつをこき使って自分は楽をしようという方向へ進化していく．しかし，これはもう片方の共生者についても同じことがいえるので，その拮抗状態で，互いに何とか収支がプラスになるようなもちつもたれつの関係が生まれることがある．じつはこれこそが相利共生関係の実態なのだ．では，ホウオウガイとモクヨクカイメンも互いに利用し合う相利共生関係なのだろうか？

一つは，Savazzi（2001）の総説でも挙げられていたとおり，ホウオウガイの貝殻が果たす骨格としての構造補強の役割であろう．これはカイメンだけでなく，ホウオウガイにとっても外敵から守られるという大きなメリットもあり，単純にカイメンに棲む，ということじたいが相利的な行為だ．では，モクヨクカイメンの体内に排水を流すというホウオウガイの行為には，モクヨクカイメンにとって利益になる面はないのだろうか．

モクヨクカイメンもホウオウガイも共に水中の有機物を濾しとって食べる懸濁物食者なので，餌を採るためには水の流れが必要である．カイメンは襟細胞の鞭毛運動によって水流を起こすわけだが，じつはこれはかなりの重労働であるらしい．ある種のカイメンでは水流を起こすために全体の約3割ものエネルギーを水流を起こすために使っているという報告もある（Hadas et al., 2008）．そこで私は，モクヨクカイメンはホウオウガイの出す排水の流れを利用することによって，自分で水流を起こすコストを節約できているのではないかと考えた．ホウオウガイが濾過した水は外部から取り込む水に比べると含まれる餌や酸素は減っているが，それを差しい引いても水流を自分で起こすよりはマシならば，モクヨクカイメンがホウオウガイをやさしく包み込む十分な理由となる．そこで，「モクヨクカイメンはホウオウガイをポンプ代わりに利用して，効率よく体内の水循環をおこなっている」という仮説を立て，検証することにした．

水の行方を追う

まず，ホウオウガイの排水が本当にすべてモクヨクカイメンの体内に流れ込むのかを確認することにした．鰓の繊毛運動の方向性から考えると，ホウオウガイの体に入った水は間違いなくカイメンの体内に深く埋まった方向に流れていくものの，モクヨクカイメンにその水流を受け入れる構造がなければ，行き場をなくした排水はカイメン体内には吸い込まれず直接外部に漏れ出る可能性も捨てきれない．そこで，ホウオウガイに蛍光色素を含んだ色水を吸い込ませて，どこから出てくるかを直接目で見て観察することにした．野外では周辺の水の流れの影響が強すぎるので，採集したモクヨクカイメンを実験室に持ち帰って水槽内で観察をおこなった．野外からモクヨクカイメンを持ち帰った後，まずはバケツから水槽に移して，環境に慣らすため最低1時間以上はエアレーションをかけて水槽内に放置してから実験をおこなった．そしてこの時間を利用して，モクヨクカイメンを横4方向と上からの計5方向から撮影し，埋まっているホウオウガイの分布図を作成し，各個体に番号を割り当てた．これは，行き当たりばったりで適当に選んだホウオウガイで実験していてはデータに重複が起こってしまう危険性があるので，ちゃんとどのホウオウガイで実験をおこなったか対応づけるためである．さらに，どのホウオウガイからの排水がモクヨクカイメンのどの出水孔から排出されたかも同時に対応づけるため，出水孔にも番号を割り当てた．このホウオウガイと出水孔を個体識別する作業が終わると，いざ実験である．実験は，対象とするモクヨクカイメンに埋まっているすべてのホウオウガイにスポイトで色水を流し込み，それがどの孔から出てきたかをひたすら記録していく作業である．場所によってはホウオウガイの開口部が下側を向いていたりして色水を流し込みにくく，ひじょうに根気のいる実験である．

実験は3個体のモクヨクカイメンでおこない，埋まっていたすべてのホウオウガイ計56個体の開口部分に色水を流し込んで，どの穴から出てくるかを観察した．その結果，15個体は残念ながら観察中ずっと活動を停止していたため色水を吸い込まなかったが，色水を吸い込んだ41個体のホウオウガイでは，例外なく色水は吸い込まれた後しばしの間をおいたのちにモクヨクカイメンの出水孔から排出された．また，それぞれのホウオウガイから流れ込んだ水はすべてモクヨクカイメンの特定の一つの出水孔から排出されるわけではなく，個体によってそれぞれ特定の孔につながっていた．しかし，この対応は必ずしも一対

図7-8　ホウオウガイの排水を受ける部分には，肉眼で確認できるほどのサイズの入水孔が並ぶ（矢印）．スケールは1 cm.

一ではなく，複数のホウオウガイとつながる出水孔や，1個体のホウオウガイが複数の出水孔につながっていた例もあった．実験した個体数が少ないために断定はできないが，大きなホウオウガイほど多くの出水孔につながる傾向が見られた．これはおそらくホウオウガイの排水量に相関しているのだろう．いずれにせよ，この実験から予想どおりホウオウガイの吐き出す水はすべてモクヨクカイメンの体内に流れ込むということは確認された．

太い入水孔？

ホウオウガイから排出された水は，確かにモクヨクカイメンの体内に吸い込まれるということが確認できたわけだが，モクヨクカイメンの水路にはいったいどうやって入っていくのだろう．Savazzi（2001）によると，「ホウオウガイの出水孔に面した部分には穴が空いている」とある．そこで実際にモクヨクカイメンを解剖して，ホウオウガイに面した部分を観察してみると，なるほど文献に書いてあったとおり複数の孔が空いていることが肉眼でも確認できた（図7-8）．

ここで少しカイメンの体の構造に話を戻そう．上述のとおりカイメンの体の中に張り巡らされた水路は，餌を採るため，そして呼吸をするために必須の構造なのだが，通常その水路網への水の入口は体の表面にある直径数十 μm 程度の小さな孔である．カイメンの入水孔は体表のいたるところに無数に存在しているが，小さすぎて肉眼では確認できない．つまり，カイメンの体表にある目に見えるサイズの孔は例外なく水の入口ではなく出口なのだ．しかし，ホウオウガイの出水部分に面したモクヨクカイメンの入水孔は直径数 mm 程度で，十分目に見えるサイズである．この孔から水が出ることはまずありえないので，これはカイメンとしては例外的に大きな入水孔と言えよう．つまり，モクヨクカイメンは通常の小さな入水孔に加えて，ホウオウガイからの排水を受けいれる太い入水孔という二つの入水経路をもっているのだ．しかし，これはあまりに通常のカイメンの入水孔と異なるので，その先の構造がどうなっているのか検討がつかない．ホウオウガイからの排水を受け入れる水路は分岐をあまりせず，太さはそのまま直接出水孔につながっているのだろうか？　しかし，そのようなバイパス構造ならば，ホウオウガイが起こしたせっかくの水の流れをモクヨクカイメンは水路内の水流の効率化にはほとんど利用していないことになる．そこで，モクヨクカイメンの体内の水路がいったいどうなっているのかを調べることにした．

水路のレプリカ

水路の構造を調べると決めたが，実際どうやって調べたらいいのだろう？　まずは単純に，解剖バサミで水路を切り開くかたちでモクヨクカイメンの解剖を試みた．しかし，水路は想像以上に複雑な立体構造をとるため，水路がどこに続くのかすぐに見失ってしまい，この方法はいたずらにカイメンを切り裂くだけで失敗に終わった．積み上げられたカイメンの死体の山を目の前に，なんとか非破壊的な方法でやるしかないという結論にいたった．

そこで，解剖せずに水路の立体構造を把握する何かいい方法はないか文献をあたってみたところ，「水路の型取り」という方法を発見した（Bavestrello and Burlando, 1988）．出水孔から樹脂を流し込んで固めた後，カイメンの肉の部分を次亜塩素酸で処理して溶かすことにより，水路のレプリカを得るという方法だ．その論文によると，樹脂

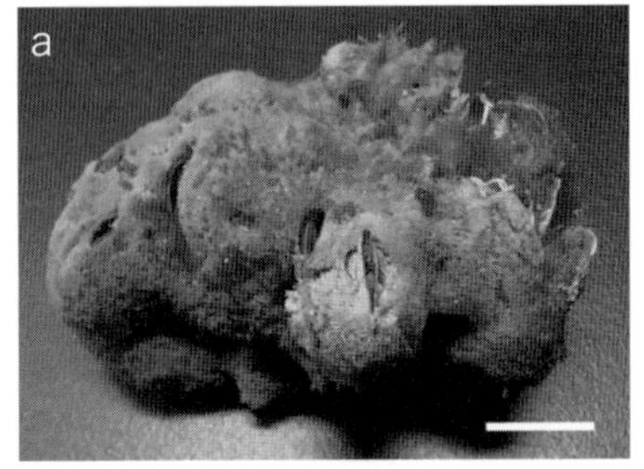

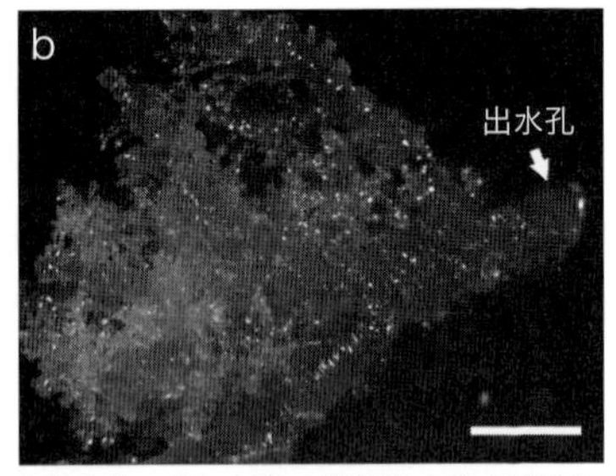

図7-9　(a) 型取りされたモクヨクカイメンの水路全体．(b) 無数の微細な水路が癒合して，出水孔にいたる．

はヒトやマウス等の哺乳類の血管の型取りをするために用いられる専用品らしく，それをカイメンの水路の型取りに代用したというわけだ．さっそく，その特殊な樹脂を購入してこの方法を試してみることにした．

野外から採ってきたモクヨクカイメンを大きな洗面器に移し替え，出水孔に注射器の先端を差し込んで注射器を押し進めていった．乱暴にやってしまうと注射器の先端でカイメンを傷つけてしまうので，慎重に注射器を押して樹脂を流し込む必要がある．だからといって慎重にやりすぎると今度は樹脂が固まってしまい，途中でそれ以上注射器が進まなくなる．そんな失敗を繰り返し，何度目かの挑戦でようやく迅速かつ慎重に樹脂を入れていくコツを掴んだ．うまく樹脂が全身に行き渡ったということは，カイメンの体表から小さな粒状の樹脂が大量に溢れ出てくることで確認できる．この粒状の樹脂は，体表にある入水孔から溢れ出てきたものだ．樹脂が全身に行き渡ったことが確認できたら，あとは放置して固めた後，次亜塩素酸で肉を溶かせばモクヨクカイメンの水路のレプリカの出来上がりだ（図7-9）．得られたこの樹脂標本を調べれば，モクヨクカイメンの水路の立体構造が把握できるはずである．

しかし，水路は想像以上にカイメンの体内で密に張り巡らされていたため，そのままではホウオウガイからの排水を受けるダクト部分の構造がわからない．そこで，樹脂標本全体から必要部分を切り出して，実体顕微鏡と走査型電子顕微鏡で観察をおこなった．まずは，通常の入水経路であるモクヨクカイメンの体表面の構造を観察してみたとこ

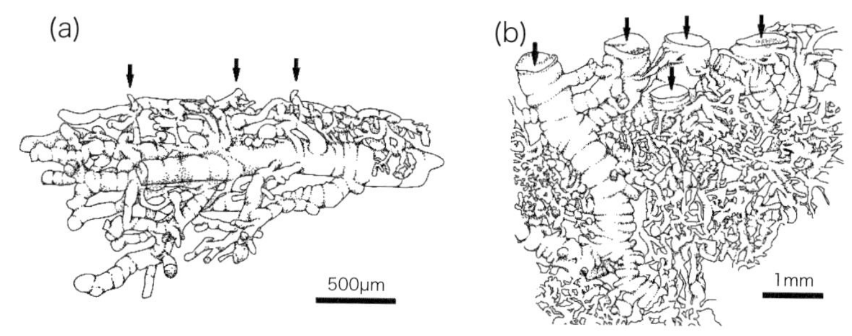

図7-10 体表面からの入水経路（a）と，ホウオウガイからの入水経路（b）.

ろ，入水孔から入った水は細い水路に流れ込んだ後，少し太い入水管に融合し，その入水管がまた枝分かれをして体の内部に入り込んでいくという構造になっていた（図7-10）．次に，太い入水管の行方はどうなっているのかを調べるために，ホウオウガイに面した周辺部分を切り出して，構造を観察したところ，肉眼で観察したとおり太い入水管が認められた（図7-10）．そして，その行方を調べてみると一目瞭然で，太い入水管は体内に入るほど細い水管へと無数に枝分かれをしていた．これは，ホウオウガイの排水をそのまま出水孔に流すバイパス構造のようなものは存在せず，太い入水管は無数に枝分かれした細い水路を通過してから出水されるということを示す結果である．細い水路では粘性抵抗が大きくなるため，ホウオウガイの生み出す強い水流を利用することはモクヨクカイメンにとってひじょうにメリットが大きいのだろう．

ホウオウガイはポンプ代わり？

このように，ホウオウガイからモクヨクカイメンの体内に流れ込んだ水は，モクヨクカイメンの体内の細い水路を通ってから外部に排出されるということが明らかになったが，これはモクヨクカイメンにとってどの程度重要な“ポンプ”の役割をはたしているのだろうか？モクヨクカイメンには，ホウオウガイが必ず高密度で共生していることから類推すると，モクヨクカイメンにもたらされるホウオウガイからの水流は無視できないほど重要な存在ではないだろうか．そう考えて，実際どのくらいの量の排水がカイメンの体内に流れ込んでいて，そして，それはモクヨクカイメンの体全体を巡る水のうちどのくらいの割合を占めるのかを調べることにした．

これを調べるためには，モクヨクカイメンの排水量と，その個体に共生しているすべてのホウオウガイの排水量の合計を比較する必要がある．しかし，モクヨクカイメン単体での排水量を調べることはひじょうに困難である．ホウオウガイはモクヨクカイメンにあまりに深く食い込んで共生しているため，共生しているホウオウガイをすべて取り除くとなるとモクヨクカイメンへのダメージがあまりに大きすぎる．そこで私は，モクヨクカイメン単体での排水量そのものを直接計測することは断念して，代わりにホウオウガイが埋まった状態でのモクヨクカイメンの排水量を計測し，そこから共生するホウオウガイすべての総排水量を引き算することで求めようと考えた．

そこでまず，ホウオウガイが共生したままの状態のモクヨクカイメンの排水量を計測することにした．方法はひじょうに単純で，出水孔のそばに濃い色水を垂らし，その移動速度と出水孔の面積を積算することで，一つの出水孔の単位時間当たりの排水量を求める．これを30個ほどの出水孔でおこなった結果ばらつきがそれほど大きくなかったため，その平均値を一つの出水孔当たりの排水量として推定した．単一出水孔当たりの排水量がわかれば，出水孔の数を数えるだけでモクヨクカイメン全体の排水量を推定することができる．次に，ホウオウガイの排水量を求める必要がある．前述のとおり，どのモクヨクカイメンにも多数のホウオウガイが共生しているため，そのすべてのホウオウガイ個体の排水量を直接計測することは途方もない作業量となってしまう．そこで，モクヨクカイメンの排水量を出水孔の数から簡易に推測したのと同様に，ホウオウガイも貝殻のサイズと排水量の相関関係があれば，簡単に全ホウオウガイの排水量を推定することができると考えた．実験はサイズがバラバラなホウオウガイ43個体でおこない，モクヨクカイメンと同様に色水の移動速度と出水部分の面積に基づいて，それぞれの排水量を算出した．その結果，予想どおりホウオウガイの排水量は貝殻のサイズと強い相関関係にあることが確かめられた．得られた排水量と貝殻サイズの関係式を用いて，すべてのホウオウガイの総排水量を推定することができた．これで，モクヨクカイ

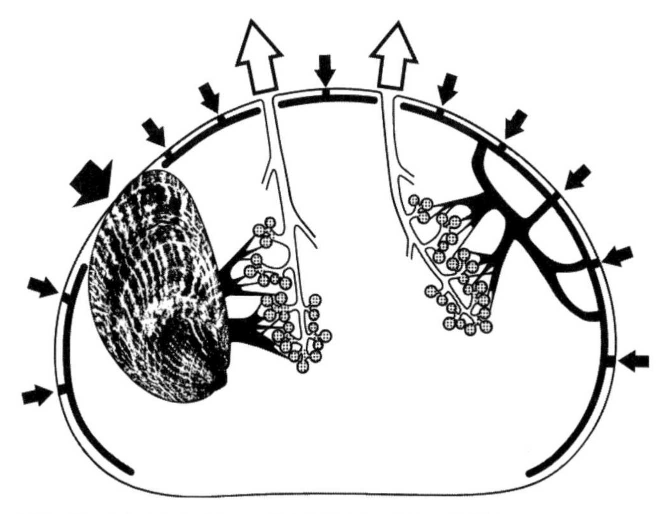

図7 - 11　モクヨクカイメンの体内を巡る水の流れの模式図.

メンにとってホウオウガイはどの程度有効なポンプなのかを確かめるために必要なデータが出そろった.

8個体のモクヨクカイメンとそれに共生するホウオウガイの排水量を算出して比較した結果，驚くべきことにモクヨクカイメンが排出する水の総量の約半分程度はホウオウガイの排水由来であるということが明らかになった．これは言い換えると，モクヨクカイメンはホウオウガイの産み出す水の流れのおかげで，水流を起こすために使うエネルギーが約半分ですむということを意味する．どうやらモクヨクカイメンにとってホウオウガイはなくてはならないポンプの役割をはたす重要なパートナーらしい（図7 - 11）.

カイメンは水路と水流に依存する

そもそも，なぜカイメンは体の中を張り巡る水路をもち，その中に水を流し続ける必要があるのだろうか．その一つの理由は，先にも述べたとおり水中の懸濁物を濾しとって食べるためである．単純に考えて，得られる餌の量は取り込む水の量に比例するので，できるだけ多くの餌を採るためにはできるだけ多くの水を取り込む必要があるのだ.
餌となる微小な有機物はおもに襟細胞の襟に当たる部分で濾しとる.

次に，ガス交換，すなわち呼吸のためにも水路内部に新鮮な水が行き渡る必要がある．有名な細胞の再集合実験でも知られるとおりカイメンは組織や器官の分化がまったくないので，すべての細胞がガス交換するためには個々の細胞が拡散によってガス交換をおこなう必要がある．拡散の範囲はきわめて狭いので，水路の隅々まで酸素を含んだ水を運び届けることによって，ようやくカイメンはちゃんと呼吸できるのだ．つまり，カイメンは餌をとる・呼吸するという動物としてもっとも基本的な営みを水路を流れる水に依存しているのだ．さらに，カイメンにとっては排出する水の流速もひじょうに重要である．もしも，カイメンのポンプ能力が低いためにあまり遠くまで水を排出できなければ，餌や酸素が減った使用済みのみずからの排水を再び取り込んでしまい，効率が悪くなる．また，カイメンは配偶子や幼生も水の流れに乗せて外に放出するため，できるだけ遠くまで勢いよく水を排出した方が子孫の分散に有利である．

このようにカイメンが生きていくためには水流を起こして水路の隅々まで水を行き渡らせ，使い終わった濾過済みの水は遠くに排出することが必要である．しかし，水流を起こすためには少なからずコストがかかるため，そのコストカットはカイメンにとって死活問題であろう．ホウオウガイはモクヨクカイメンの水流創出コストの削減に一役かっているということが見えてきた．

ホウオウガイのおこぼれ頂戴

少なくともホウオウガイの存在によってモクヨクカイメンの排水速度が上がり，使用済みの水を再濾過してしまうリスクは低くなるだろう．ではさらに，カイメンにとって水流がもつ他の二つの役割，つまり採餌や呼吸にも貢献できているのだろうか．この問いに答えるためにはホウオウガイの排水の中にはモクヨクカイメンが利用できる餌や酸素がいったいどの程度残されているのかを知る必要がある．そこで，まず先行研究を調べてみたところ，二枚貝とカイメンはそもそもおもに利用する餌の粒子サイズが異なることがわかった．二枚貝は基本的に数 μm 以下の粒子の濾過効率はひじょうに悪く，半分以上は取りこぼしてしまうという（Ward and Shumway, 2004）．それに対して，カイメンがおもに利用する餌のサイズは1,2 μm 以下のひじょうに小さな粒子である（Pile et al., 1996 ; Ribes et al., 1999 ; Hanson et al., 2009）．これは，ホウオウガイが取りこぼす小さなサイズの餌をモクヨクカイメンが利用するという関係を強く示唆している．そこで，ホウオウガイに取り込まれる前の水とホウオウガイの排水を採ってきて，その中に含まれる植物プランクトンの密度を比較してみた．その結果，まだ予備的なデータだが，2 μm 程度の植物プランクトンは少なくとも全体の半分程度がホウオウガイによって濾過されることなく排出されていることが示唆された．つまりホウオウガイの排水の中にはモクヨクカイメンが利用できる餌がたっぷり残されているのだ．さらに，カイメンは二枚貝がほとんど利用できない数 μm 程度の粒子も効率よく捕捉できることも考慮すると，モクヨクカイメンにとってホウオウガイはポンプとして利用できるだけでなく，餌も供給してくれる素敵なパートナーなのであろう．さらに，カイメンの水路は場所によってはひじょうに細く，大きな粒子が流れ込むと目詰まりを起こしてしまうが，ホウオウガイが大きな粒子をあらかじめ除去した水ではそのようなリスクも回避できるだろう．

このようにカイメンが栄養を貰い受けるという共生関係は，カイメンと共生性のシアノバクテリアとの関係でも知られている．シアノバクテリアが光合成産物の一部をカイメンに受け渡すのだ．一部のカイメンでは，体積の約半分はシアノバクテリアによって占められているとも推定されており，カイメンとシアノバクテリアの相利共生関係はかなり一般的にみられるようである．すべてのシアノバクテリアがカイメンへの栄養供給に寄与しているわけではないが，全体積におけるシアノバクテリアの比率が高い種ほど，供給される光合成産物により強く依存する傾向がある．カイメンは水中の懸濁物を濾しとって食べるため，栄養を採るためには水流を起こす必要があるが，共生シアノバクテリア量が多い種ではシアノバクテリアからの栄養供給があるため，単位時間当たりの濾過水量は共生シアノバクテリア量が少ない種に比べて少ないことが確かめられている（Weisz et al., 2008）．また，水流を起こすための襟細胞室の密度も，共生シアノバクテリアが多い種ほど少ないという（Poppel et al., 2013）．これらの研究は，カイメンが餌を採るために必要な水の量は呼吸に必要な水量よりはるかに多いことを示している．おそらくホウオウガイとモクヨクカイメンの共生関係でも同様に，もしホウオウガイがいなければモクヨクカイメンは呼吸に必要な量よりずっと大量の水を取り込んで餌を濾しとらなければならないが，ホウオウガイからの餌の供給によってそのコストも抑えられているのだろう．

水流が結ぶホウオウガイとモクヨクカイメンの相利共生関係

一連の実験から，ホウオウガイが濾過済みの水をモクヨクカイメンの体内に吐き出すことにより，ホウオウガイにとっては栄養の乏しい排水を自分の体からできるだけ遠くに運んでもらえるのにくわえ，モクヨクカイメンにとってもホウオウガイの起こす水流を利用することでみずから水流を起こすコストを節約できることがわかった．ホウオウガイとモクヨクカイメンの関係は，どちらか片方だけが一方的に利益を得るだけの関係でなく，水流を介して互いに利益を得ている相利共生関係にあるということが初めて示されたわけである．しかし，これでホウオウガイとモクヨクカイメンの共生関係の謎がすっかり解けたわけではなく，むしろ新しい研究のスタートラインに立ったにすぎない．たとえば，ホウオウガイの寄主選択機構や他のホウオウガイ属の種の寄主範囲など，まだまだわからないことはたくさんある．また，異なる種の生物どうしが協力的な相利関係を結ぶ例はこれまでに数多く報告されているが，生物は互いに相手から最大限の利益を得ようと利己的に行動するため，相利共生関係は宿命的に不安定である．そこで本来不安定な相利共生関係が維持される背景には，相手の過剰な搾取に対して罰を与える機構が存在する．固着生物であるホウオウガイとモクヨクカイメンでも何らかの制裁機構が存在するのだろうか．疑問は尽きない．さらに，ホウオウガイと同様にカイメンに共生するもののまったく異なる種を利用するヤブサメガイについても，分類の整理やホストであるカイメンとの関係性など，解き明かすべき問題はまだ山積みだ．

また，ホウオウガイとモクヨクカイメンに限らず，濾過食者にとって水の流れは摂食効率に関わる重大な要因である．たとえばフジツボでは，周囲の流速が遅いときは積極的に水中を脚で掻いて餌を積極的に集めるが，水流が一定以上のスピードになるとあまり脚を動かさずにじっと餌が引っかかるのを待つようになる（Riisgard and Larsen, 2010）．つまり，周囲の流速に合わせて能動摂食と受動的摂食を使い分けているのだ．海では濾過食性の固着生物どうしの共生関係は一般的に見られる．ホウオウガイのようにホストの体内にはまり込んで一対一の絶対的な共生関係を築くものから，日和見的にホストの巣穴に共生するものまで，両者の関係性はさまざまであるが，狭い空間で密接して生活をおくるいじょう，必ず互いの起こす水流や存在そのものが周囲の流体環境に大きな影響を与える．この章で紹介したような，共生者が起こした水流をホストが余すところなく取り込んで利用するというのはもちろん珍しいケースだが，周囲の流体環境を介した生物の相互作用はおそらく無視できないほど大きいだろう．この研究を端緒として，これまで知られてきた海の共生関係を水流という視点から見つめなおしてみると今までは知られてこなかったような思わぬ発見があるかもしれない．

おわりに

本章では，カイメンに棲むという変わった生態をもつ二枚貝を紹介した．巻貝であれば，カタツムリに代表されるようにお世辞にも素早いとは言えないものの，這い回る姿は簡単に確認できるが，二枚貝は一見何の動きもない．さらに，カイメンも二枚貝と同様に一見まったく動かないので，二枚貝とカイメンの共生するコロニーはさながら海底の岩のようで，見る人の心をひきつけるようなビジュアル的な魅力は正直何一つない．しかし，その何の変哲もない姿からは想像できないような水流を介した巧みな共生関係をこの二者は築きあげているのだ．

貝類学を志す人は，幼少の頃から貝殻の美しさに魅せられた人が多い．しかし私は，じつはじっとしていてつまらない貝にはまったく興味がなく，むしろ海中を生きいきと泳ぎ回る魚が大好きな子どもだった．その頃の貝に関する思い出といえば，岩にへばり付いたイガイがあまりに動かないので本当に生きものなのか疑わしく思い，石で貝殻を砕いてみたらつぶれた軟体部が飛び出してきたので，「あぁこいつら本当に生きものなんだな」と感心したことくらいだ．しかし，貝が起こす強い水流を初めて目の当りにしたときに「動きがなくてつまらない」という私の二枚貝観は一変した．動きがないなんてとんでもない，涼しい顔をしてこんなに激しく水流を起こしていたとは．それまでは，ただの背景として捉えていたごちゃごちゃした海底が，突如鮮やかな色彩を帯びたように感じたのをよく覚えている．貝殻ではなく貝の生きざまに魅せられた私の目には，ホウオウガイとモクヨクカイメンの水流を分かち合う関係は，定着したらもうその場からほとんど動くことができない二枚貝と海綿動物がなしえた相利共生関係の一つの究極の形として，泥まみれの海底で燦然と輝いてさえ見えるのだ．

参考文献

Bavestrello, G. and Burlando, B. 1988. The architecture of the canal systems of *Petrosia ficiformis* and *Chondrosia reniformis* studied by corrosion casts (Porifera, Demospongiae). Zoomorphology 108: 161–166.

Diaz. MC. and Rutzler, K. 2001. Sponges: an essential component of Caribbean coral reefs. Bull Mar Sci 69: 535–546

Goto, R. Kawakita, A., Ishikawa, H. Hamamura, Y. and Kato, M. (2012). Molecular phylogeny of the bivalve superfamily Galeommatoidea (Heterodonta, Veneroida) reveals dynamic evolution of symbiotic lifestyle and interphylum host switching. BMC Evolutionary Biology 12:172.

Hadas, E., Ilan, M. and Shpigel, M. 2008. Oxygen consumption by a coral reef sponge. Journal of Experimental Biology, 211(13): 2185–2190.

Hanson, C. E., McLaughlin, J., Hyndes, G. A. and Strzelecki, J. 2009. Selective uptake of prokaryotic picoplankton by a marine sponge (*Callyspongia* sp.) within an oligotrophic coastal system. Estuar Coast Shelf Sci 84: 289–297.

Pearse, A. S. 1932. Inhabitants of certain sponges at Dry Tortugas. Pap Tortugas Lab 28: 117–124.

Pile, A. J., Patterson, M. R. and Witman, J. D. 1996. In situ grazing on plankton ,10um by the boreal sponge *Mycale lingua*. Mar Ecol Prog Ser 141: 95–102.

Poppell, E., Weisz, J., Spicer, L., Massaro, A., Hill, A. and Hill, M. 2014. Sponge heterotrophic capacity and bacterial community structure in high-and low-microbial abundance sponges. Marine Ecology, 35(4): 414–424.

Ribeiro, S. M., Omena, E. P. and Muricy, G. 2003. Macrofauna associated to *Mycale microsigmatosa* (Porifera, Demospongiae) in Rio de Janeiro State, SE Brazil.

Estuar Coast Shelf Sci 57: 951–959.
Ribes, M., Coma, R. and Gili, J. M. 1999. Natural diet and grazing rate of the temperate sponge *Dysidea avara* (Demospongiae, Dendroceratida) throughout an annual cycle. Mar Ecol Prog Ser 176: 179–190.
Riisgard, H. and Larsen, P. 2010. Particle capture mechanisms in suspension-feeding invertebrates. Mar. Ecol. Prog. Ser. 418: 255–293.
Savazzi, E. 2001. A review of symbiosis in the Bivalvia, with special attention to macrosymbiosis. Paleontol Res 5: 55–73.
Tsubaki, R., Kameda, Y. and Kato, M. 2010. Pattern and process of diversification in an ecologically diverse epifaunal bivalve group Pterioidea (Pteriomorphia, Bivalvia). Molecular Phylogenetics and Evolution 58: 97–104.
Tsubaki, R. and Kato, M. 2012. Host specificity and population dynamics of a sponge-endosymbiotic bivalve. Zool Sci 29:585–592.
Tsubaki, R. and Kato, M. 2014. A novel filtering mutualism between a sponge host and its endosymbiotic bivalves. PLoS One, 9(10): e108885.
Ward, J. E. and Shumway, S. E. 2004. Separating the grain from the chaff: particle selection in suspension-and deposit-feeding bivalves. J Exp Mar Biol Ecol 300: 83–130.
Weisz, J. B., Lindquist, N. and Martens, C. S. 2008. Do associated microbial abundances impact marine demosponge pumping rates and tissue densities? Oecologia, 155(2), 367–376.
Wilkinson, C. R. 1978. Microbial associations in sponges. I. Ecology, physiology and microbial populations of coral reef. Mar. Biol. 49: 161–167.

おわりに

この本の著者には，貝の研究を本職として，それで給与を得ている者はじつはわずかなのだが，皆生物学の大学院教育を受けているという点ではプロ（専門家）である．しかし，一部をのぞいて特殊な機器を使った研究ではないため，アマチュアでも同じようにできそうな研究だと感じる人もいるだろう．それどころか，80年前の阿部 襄さんだって同じ結果を出せただろうと思えるかもしれない．プロの研究者とアマチュアとはどこが違うのだろうか．素粒子物理学や天体物理学では神岡の地下1000mに巨大な観測装置を設置したり，目標の星まで何年もかかって到達するロケットを飛ばしたりして観測するので，アマチュアにできないことは明らかだろう．しかし，観測に用いる装置が問題なのではない．それらの装置を自由に使わせてもらえたところで門外漢には操作方法がわからないし，操作を教えてもらっても何を観測すればよいのかわからない．一方，プロは何をどうやって観測するべきかという研究の方法論を理解している．貝の研究に話を戻せば，貝がやっていることの意味はどうすれば解明できるのかという研究の進め方を知っているのがプロである．

生物学においても，細胞の微細構造を知るための電子顕微鏡やDNA配列を調べるためのDNAシーケンサーと呼ばれる装置はずいぶんと高価なので，研究に使う装置はどれもアマチュアにはとても手が出ないものになっていると考えるのがふつうだろう．けれども，動物の暮らし方を探る研究では，必ずしもそうではない．たとえば，阿部 襄さんの時代に海の貝を飼育して調べることは，海水がすぐに手に入る臨海実験所でなければできなかったが，今では人工海水が市販されているので，海から遠く離れた家庭に置いた小型水槽でも簡単に観察できる．パラオでの阿部さんは，潜水が得意な沖縄出身者を雇用して貝を採ってもらっていたが，今なら自分でスキューバ・ダイビングをして採ることができる．そこまで昔に遡らなくても，三十数年前の自分の院生時代を振り返れば違いは明らかだ．大学院入学当時には，研究対象の動物の行動を8ミリフィルムで撮影していたが，フィルム代に加えて現像代もかかるので，気軽には利用できなかった．やがて，家庭用のVHS（やベータ）ビデオテープで撮影できるようになり，テープは比較的安価な上に何度も再利用できて便利になったが，それでも研究室にあるビデオカメラの台数が限られていたため，使うのは順番待ちの状態だった．ところが，今では誰もが持ち歩いているスマートフォンで簡単に動画を撮影できる．撮影速度（毎秒の撮影コマ数）が向上したことから撮影性能も昔とは段違いで，画像を止めて一部を拡大して確認することもできる．100円均一ショップで三脚を買ってきて取り付ければ，長時間撮影も問題なくこなせる．つまり，以前よりはるかに優れた研究環境をたやすく実現できるようになったのである．それなら，プロの研究方法をまねることで，これまで誰も知らなかった貝の行動や生態を自分で解き明かせることになる．

気の利いた昆虫図鑑を見ると，種類の見分け方だけでなく，どの季節にどこで現れるかとか何を食べているかなどが詳しく載っている．この本を読んで「貝の研究っておもしろいなあ」と思い，貝に代わって新たなストーリーを語ってくれる人が次々に現れて，貝類図鑑でもそんな説明を読める日が来ることを期待している．

2016年3月20日

著者を代表して　中嶋康裕

索　引

【タ】

【ナ】

【ハ】

【マ】

【ヤ】

【ラ】

著者紹介（掲載順）

木村一貴（きむら　かずたか）
1982年生まれ
東北大学生命科学研究科博士課程修了　博士（生命科学）
現在，東北大学生命科学研究科　博士研究員
専門　進化生態学

宇高寛子（うだか　ひろこ）
1980年生まれ
大阪市立大学大学院理学研究科後期博士課程修了　博士（理学）
現在，京都大学大学院理学研究科　助教
専門：動物生理学

吉岡英二（よしおか　えいじ）
1958年生まれ
京都大学大学院理学研究科博士後期課程修了　理学博士
現在，神戸山手大学現代社会学部　教授
専門：海洋生物学

濱口寿夫（はまぐち　ひさお）
1959年生まれ
九州大学大学院農学研究科博士課程中退
現在，沖縄県立埋蔵文化財センター　副参事
専門：海洋生物学

中嶋康裕（なかしま　やすひろ）
別掲

関澤彩眞（せきざわ　あやみ）
1985年生まれ
大阪市立大学大学院理学研究科後期博士課程修了　博士（理学）
現在，琉球大学熱帯生物圏研究センター
専門：動物行動学，行動生態学

椿　玲未（つばき　れみ）
1985年生まれ
京都大学大学院人間・環境学研究科博士後期課程修了　博士（人間・環境学）
現在，海洋研究開発機構海洋生命理工学研究開発センター
専門：海洋生物生態学，バイオミメティクス

編著者紹介

中嶋康裕（なかしま　やすひろ）
1953年生まれ
京都大学大学院理学研究科博士課程修了 理学博士
現在，日本大学経済学部 教授
専門：動物行動学，進化生態学
主著：『うれし，たのし，ウミウシ.』（岩波書店，2015）
『虫たちがいて，ぼくがいた—昆虫と甲殻類の行動』（共編著　海游舎，1997）
『魚類の繁殖戦略２』（共編著　海游舎，1997）
『魚類の性転換』（分担執筆　東海大学出版会，1987）

装丁　中野達彦
カバーイラスト　北村公司

貝のストーリー—「貝的生活」をめぐる７つの謎解き

2016年４月20日　第１版第１刷発行

編著者　中嶋康裕
発行者　橋本敏明
発行所　東海大学出版部
〒259-1292　神奈川県平塚市北金目4-1-1
TEL　0463-58-7811　FAX　0463-58-7833
URL　http://www.press.tokai.ac.jp/
振替　00100-5-46614

組　版　新井千鶴
印刷所　株式会社真興社
製本所　株式会社積信堂

ISBN978-4-486-02093-6